融けるロボット
テクノロジーを活かして心地よいくらしを共につくる13の視点

安藤健

JN213514

MIRATUKU

融けるロボット　テクノロジーを活かして心地よいくらしを共につくる13の視点

目次

二章

融けるロボット

はじめに

　私が「ロボット」というものに携わり始めたのは二〇〇四年、今から二〇年前のことである。それまでの私は、ロボット、もっと言えば、テクノロジーというものにあまり接点も興味もない人間だった。

　温泉や紅葉が名物の三重県菰野町《こもの》という田舎で育ち、どちらかと言えば、人工物よりも自然の中でくらすことに慣れていた。幼い頃は、山や川で虫を捕ったり、大好きな野球をすることが楽しみで、父親に渓流釣りに連れて行ってもらったときに食べたイワナやヤマメのおいしさを当たり前のものと思っていた。夜になれば、近所にあった昔ながらの温泉にもよく入りに行ったものだ。今考えれば、なんと贅沢なくらしかと思う。

　そんな私は、何となく東京の大学に進学し、理工学部機械工学科に入った。特に機械が好きだったというわけではなく、入学試験のマークシートの一番上を鉛筆で塗り潰した程度の思い入れだったような記憶がある。サークル活動に明け暮れているうちに三年生となり、研究室を選ぶタイミングがやってきた。周りを見渡せば、車好きや電車好きなど、機械に強い愛情を持つたくさんの優秀な学生たちで溢れていた。何となく機械工学科に入った私には、どうにもなじめそうにない環境であった。

そんなときに出会ったのが、「医療福祉工学研究室」という名の研究室であった。聞けば、「日立製作所」でロボット開発をしていた偉い人が、二〇〇一年に教授として立ち上げた比較的新しい研究室で、医療や福祉の現場で使う手術ロボットや生活支援ロボットの研究をしているという。ロボットを動かすために生体の臓器の特性を調べたり、立ったり歩いたりといった人間の動作の分析を行っていたりもしていた。機械よりも人間に興味があった私は、機械工学科では珍しい研究をしているその研究室の門を叩くことにした。私がロボットに携わることになった瞬間である。

研究室のゼミや卒業研究を通して、少しずつロボットや生体に関する知識を増やしていった私は、大学院の修士課程になると、本格的にリハビリテーションロボットの研究を始めた。最初にトライしたテーマは、「末期がん患者の寝返りをサポートするロボット」だった。がんは末期になると背骨に転移し、最期は痛くて寝返りもできなくなるので、何とかしてほしいという困りごとを解決せよ、というのが私に与えられたテーマだった。

本格的に医療の現場に出入りするようになったのはこの頃で、共同研究先である「静岡がんセンター」を度々訪問するなかで、がんの痛みが人の生活に与えるインパクトの強さや子どもだろうと関係なく襲うがんという病の非情さ、そして、死というものに直面する恐ろしさを知ることになった。

大学院の博士課程になると、自分自身の博士論文研究に加えて、後輩の学生たちの指導をするようにもなった。教員としても活動するようになり、ヨチヨチながらもロボット研究者として歩み始めた気がした。

その活動の中では、脳卒中患者の歩行リハビリロボットの研究開発を行った。脳卒中になると程度の差はあるが、半身麻痺になることが多い。どうしても麻痺した側の足が上がりにくくなったり、左右の歩行バランスが崩れたりする。そのような状況でも、ロボット技術を使って何とか歩けるように訓練することを目指したのである。

そんな頃、忘れもしない出来事が起こる。共同研究先である静岡の企業を訪問後、東京の下宿先に戻る新幹線の中で電話が鳴った。かけてきたのは母親で、「父が倒れたので、すぐに戻ってきてほしい」とのことだった。新幹線は便利な半面、残酷でもあった。一刻も早く実家のある三重に行きたかったが、静岡から東京に向かった新幹線は、逆向きに方向転換することはできない。心臓がドキドキと音を立てている。

一旦、新横浜まで行き、そこから名古屋を経由して、三重県四日市市の病院に駆け付けると、父親はICUの中で横たわっていた。脳出血であった。かなりの重度ということで、呼びかけてもほぼ反応はない。生まれて初めて、父親が死ぬかもしれないと思った瞬間であった。幸いにも一命を取り留め、急性期病院で一カ月程度過ごしたのち、東海地方では有名な回復期のリハビリテーション病院に転院できることになった。

転院先を探すにあたって、指導教官や共同研究を行っていたリハビリの専門家の方々にも相談したため、転院先の病院の先生も、私がリハビリ関係のロボット研究者であることは知ってくれていたようだった。父親のお見舞いやリハビリの様子を見に行くたびに、病院の方々は丁寧に現場を見せてくれたり、リハビリの目的や内容の説明をしてくれた。そこではまさに、先端の理論に基づいたリハビリテーションが実践されていた。

大変貴重な機会だなと思う一方で、そこで見た光景には「ロボット」というものは一切存在しなかった。目に映るのは、父の機能を回復させようと、立ったり歩いたりする練習を汗だくになってサポートしてくれる理学療法士や、父の麻痺や認知の状況を正確に把握した上で、適切かつパーソナライズしたリハビリを行ってくれる作業療法士、言語療法士の方々の姿であった。

当時の私は、リハビリロボットの研究者として論文を書き、時には学会で表彰していただくような立場であったにもかかわらず、自らの研究の対象としている症状で苦しむ父親に向かって私にできたことは、「諦めずにリハビリしよう！」という声かけだけだった。何のために研究していたんだろうか……と思わずにはいられなかったし、これほど無力感に苛まれたことはなかった。

大学の研究室における研究内容と、現場でのリハビリテーションのギャップに、まさに直面したのである。そう、当時の現場ではロボットは使われていなかったのだ。残念だが、現実を突き付けられた瞬間であった。そして、研究だけで終わっては意味がない、技術というものは、現場で使われて、役に立って、初めて意味があるのかもしれない……そう思った瞬間でもあった。

一方で、大学での研究では感動的な現場に出会うこともあった。特に印象的だったのは、重度脳性麻痺の子どもの移動支援ロボットの研究をしていたときのことだ。ある子どもとそのご家族に協力していただいて、長期にわたる実験を行っていたのだが、そのお子さんは基本的には車椅子で生活をしていて、移動には介助が必要な状態だった。それでも、右足は少し動かすことができた。健常者のように滑らかにというわけにはいかないが、「振戦」と言われる不随意の震えを伴ったような状態で何とか動かすことができたのである。傍から見て、その動きは感情や意思を表現しているようにも見えた。

研究はその右足の動きを「加速度センサ」で読み取り、子どもの行きたい方向を推定し、その方向に車椅子を自動的に動かすというものだった。言葉にすればシンプルだが、実現するにはかなりレベルの高い技術が求められた。右足を動かすといっても、意図しない震えの信号がとても大きく、意図的な動作が埋もれてしまい、意図を抽出することが難しい。また、意図的な動作も毎回同じように再現性高く動かすことができるわけではなかった。今でいう「ディープラーニング（深層学習）」と呼ばれる技術が脚光を浴びる少し前の時期であり、ＡＩ（人工知能）技術を駆使して、子どもの意図を推定するというアプローチをとっていたが、プロジェクトは想像以上に難航を極めた。医療系の共同研究者からは、「君たちの技術が子どもの成長を止めてしまっている」とまで言われ、協力してくれている子どもや家族に対しても申し訳ない気持ちでいっぱいになった。

しかし、実証実験の最後に奇跡のようなことが起きた。目的地に向かって、車椅子に乗った子どもが動き始めたのである。スイスイとまではいかないものの、その子は懸命に足を動かし、少しずつ目的地に近づいていったのだ。「偶然か？」とも思ったが、何度か目的地を変更しても、毎回到達できるようになった。その子が目的地に到達するたびに、実験場所だった体育館全体の熱量が上がっているように感じた。もしかすると、その子にとっては生まれて初めて、自分の意思で目的地まで到達するという体験だったのかもしれない。

その後も、真剣な表情で足を動かしながら、目的地に到達するたびに満面の笑みを見せてくれた。自分が到達できる様子を両親に見せられたことも嬉しかったようで、頻繁に親御さんのほうを振り返っていた。「自分はできるよ」という自慢げな表情にも見えた。そして、その様子を見た親御さんも、驚きの表情と共に、とても嬉しそうな様子だった。笑顔が連鎖していくのがわかった。我々も嬉しさと、安堵と感動とが入り混じったような、何とも言えない不思議な感情になったことを覚えている。

技術的に言えば、もしかすると、実験を重ねるうちにＡＩが子どもの動作の特徴を、たまたま学習できただけなのかもしれない。しかし、間違いなく言えるのは、その子がとてつもなく頑張ったということである。自分の意思を精一杯表現し、自分ができる限りの動きを行おうとする意思があったからこそ、実現できた結果だった。

このように、二〇〇四年にロボットに携わり始めてから、二〇年の間に数々の失敗や後悔を重ねてきた。研究を行い、論文を書いても、必要なときに必要な人に、その技術を持続的に届けられない無力感と罪悪感を抱くことが度々あった。しかしその中で、ロボットというテクノロジーが持つ可能性、人間が持つ素晴らしい可能性を知ることができた。論文に書くだけ、特許にするだけ、実証実験を行うだけでは社会は変わらない。そのテクノロジーが社会で使われ、誰かの役に立ってこそ、テクノロジーの可能性が活かされるということを思い知らされた。そして、役に立っているとき、技術は決して目立たない。まるでその場に融けて存在感すらなくなることを知ったのである。

私は、工学系の研究者としてキャリアをスタートした。その後、より現場を知るために医学系の保健学科で教員として働いたが、やはりモノやサービスを実戦投入していくためには、企業人として活動すべきと思い、二〇一一年にアカデミアの世界から産業の世界に活動の軸足を移すことに決めた。

世の中の人手不足を背景に、ロボットの活用が様々な分野で模索されている。ロボットの可能性を最大限に引き出し、人と社会が持っている可能性を広げるためには、どのようなことが必要だろうか。本書では、私がロボット研究開発者として経験し学んだこと、業界の皆さんが懸命に活動する様子を見るなかで気が付いたことを通して、これらの問いについて考えたい。

本書では、まず一章で、そもそもロボットというテクノロジーは何なのか、そして、なぜ今、世の中でロボットに対する期待が高まっていて、何が難しいのかという点を整理したい。その上で、二章で今までロボットが使われてこなかった領域にロボットを有効活用するために持つべき13の視点に関して、事例を交えながら考えていきたい。そして、三章では、未来のロボットが提供しうる価値を議論し、人、社会、地球全体というより広い視野で、我々が目指したい社会像について解像度を上げていきたい。本書全体を通して、ロボットというテクノロジーが持つ歴史、現在の挑戦、未来の可能性について考えるなかで、テクノロジーを社会に意味のあるかたちで実装していくために必要な視点を整理していく。

翻って、テクノロジーの使いこなしについて考えていくことは、我々というそれぞれの存在が、ありたい生き方、創りたい社会像を考えていくことに他ならない。しかし、ロボットをはじめとしたテクノロジーは、何かの目的のための手段として研究開発がされているはずが、いつの間にか手段が目的化してしまいやすい。我々は、そのことに気を付ける必要がある。

技術者の「当たり前」と、技術者でない人の「当たり前」は異なるだろう。お互いの知識や経験がつくり出す「当たり前」や「あるある」という感覚の違いを乗り越え、より良い技術、より良いくらし、より良い社会や地球について議論・実践するきっかけになれば幸いである。

ROBOTICS

一章

ロボットというテクノロジーと社会実装の現在地

ロボットとは何なのか?

「ロボット」という言葉を聞いて、あなたは何を思い浮かべるだろうか。マンガに出てくるようなヒト型ロボット、家の中を動き回るロボット掃除機、最近ではファミリーレストランで食事を運ぶネコ型ロボットを目にしたことがある人も多いだろう。もしかしたら、製造や物流の現場で、実際にロボットを使った業務に日々携わっている人もいるかもしれない。

「ロボット」という言葉は、作家のカレル・チャペックが一九二〇年に書いた戯曲『ロッサム・ユニバーサル・ロボット会社(R.U.R.)』に登場する人造人間に名付けられた、チェコ語で労働を意味する「robota」が語源であると言われている。つまり、労働のためのツールとして、ロボットは誕生したのである。

その後、多くの研究者などが「ロボットとは何か」について議論を繰り返している。一九六〇年代まで遡ってみると、ロボットコンテストの創始者としても知られる東京工業大学(現在の東京科学大学)の森政弘先生らは、ロボットを「移動性、個体性、知能性、汎用性、半機械半人間性、自動性、奴隷性の七つの特性をもつ柔らかい機械」と定義した。また、世界初のヒューマノイドロボットの開発などで知られる早稲田大学の加藤一郎先生は、ロボットを「脳と手と足の三要素をもつ個体、遠隔受容、接触受容器をもつ、平衡覚、固有覚をもつ、これらの三条件を備える機械」と定義している。

言葉は少し難しいものの、どちらの定義も人間っぽいロボット、いわゆる「ヒューマノイド」と呼ばれるようなロボットがイメージされる。ロボットアニメに慣れ親しんだ日本人にとっては、ある程度しっくりくる定義かもしれない。

私にとって一番しっくりとくる定義は、経済産業省が二〇〇六年に発行した『ロボット政策研究会報告書』の中に書かれている、「センサー、知能・制御系、駆動系の三つの要素技術を有する、知能化した機械システム」というものである。つまり、人間でいう目などのセンシングの機能、脳や神経にあたるインテリジェンス（知能）を生み出す機能、筋肉や骨にあたるアクチュエーション（動作）を実行する機能の三つがあれば、ロボットと呼んでよいというものだ。

実にシンプルかつ広義な定義である。この定義に従えば、自動運転車のように周辺環境をセンシングして情報処理を行うことで、車線に沿ってステアリングを制御するものは広義のロボットに該当する。もっと言えば、衣類の汚れの種類や量をセンシングし、汚れに応じてドラムの制御を変更する最新型の洗濯機も、広義にはロボットとして扱ってよいだろう。そして、日本を訪問した多くの海外の方が驚く、部屋に入ると自動でふたを開け、使用後に立ち上がると自動洗浄され、ふたが閉じられるトイレも、ある意味では最先端のロボットと言うこともできる。

逆に、自動翻訳システムやスマートスピーカーなどは、センサーと知能系はかなり高いレベルであるものの、可動部・駆動部がないため、ロボットとしては扱わないという判断になる。本書における「ロボット」は上記の広義な定義をもとに、議論を進めていきたい。

ロボットがもたらす三つの価値

ロボットを構成要素に分解したのが、先ほどの定義の一文になるわけだが、技術による提供価値という点で考えると、大きく三つに分類できる。

①自動化技術による価値
②遠隔操縦技術による価値
③自己拡張技術による価値

一つ目の「自動化技術による価値」は本命中の本命であり、人が行っている作業をロボットに代替させる際に、「より速く」「より精確に」「より安く」などを実現することで、作業の生産性・効率性を向上させることである。これまでは主に自動車製造工場における大量生産が、自動化による省人化・生産性向上という価値を背景にして、ロボット市場をけん引してきたことは紛れもない事実である。今後も先進国における人手不足を背景として、工場の自動化が進み、産業用ロボットの市場は広がっていくだろう。

さらに現在、重い部品などを扱うような産業ロボットだけでなく、安全性を高め、人間の隣で働けるようになった「協働ロボット」という新しいタイプのロボットへの投資も増加している。協働ロボットは人の近くで作業できることに加え、価格面で少し安価ということもあり、これまでロボットが活用されてこなかった分野で使われ始め、世界の産業用ロボット全体の出荷台数の一〇%を占めるまでに成長してきている。例えば、食品・医薬品・化粧品の「三品産業」と呼ばれる市場への拡大に一役買っているのである。

この自動化の価値をさらに分解していくと、アウトプットを上げるものと、インプットを減らす(もしくは、アウトプットのロスを減らす)ものという視点があり、以下のように分類することができる。

・アウトプット増加：高品質化／均質化、高精度化、大規模化、高速化／オンデマンド

化、長時間稼働化、高密度化
・インプット削減：省力化／省人化、需要変動対応、エラー削減、故障削減（予防）、BCP（事業継続計画）対応、セキュリティ／プライバシー配慮、トレーサビリティ、リクルーティングコスト削減

ロボットの用途は地域によって、どの価値が最も意味をもつかは異なるだろう。例えば、新型コロナウイルスが広まったときには、人が出社することすら困難になり、BCP（事業継続計画）としてのロボット活用という話が盛り上がった。一方、離職率が高いなど雇用が不安定な国では、リクルーティングコストや教育コスト、さらには品質が不安定になるリスクを減らす手段として、ロボットが積極的に導入されることもある。

二つ目の「遠隔操縦技術による価値」は、文字通り、人が行うのが困難もしくは危険な場所での作業を、ロボットを用いて遠隔から実施し、例えば実施者の安全を確保するためのものである。この類いのロボットは、「きつい」「汚い」「危険」のいわゆる3K対応として昔から存在するものだ。近年ではこれらの3K対応に加えて、新型コロナウイルスへの「感染」の予防というKへの対応（危険に含まれると考えることもできる）、移動コス

トの低減、多様な人の社会参画の促進や地政学リスクへの対応など、新しい価値創出がなされ、その価値が見直されている領域である。

遠隔化は、もともとは原子力発電所内や宇宙など、人が簡単には行けないような場所において、自動化が難しい作業を遠隔操縦型ロボットで遂行するために使われることが多かった。簡単に言えば、リモコンによるロボット操作である。例えば、二〇一一年三月に起きた東日本大震災および福島第一原子力発電所事故の対応において、国内外の遠隔操作型クローラロボットが多数活用された。遠隔操作で制御された移動ロボットから送られてくる原発内の映像を覚えている方も多いのではないだろうか。

産業用ロボット以外で急速に普及している手術支援ロボット（図1）も、この価値のカテゴリーに入る。自動で手術を行うことは現時点では難しいが、操作型のロボットを経由すれば手術を行うことができる。操作する術者の手先の動きを完全にコピーし、さらには、余計な手ぶれを取り除いた上で、同じ手術室内の離れた場所に設置された手術用のロボットアームを動かすのである。この際のポイントは、あくまでも認知・判断・手術操作は人である術者が行うことである。

遠隔化のベースにある発想は、ロボット技術やＡＩ技術が急激に進化しているとはいえ、まだまだ人間のほうが得意なこと、性能が良いことは多々あり、それであれば、人間

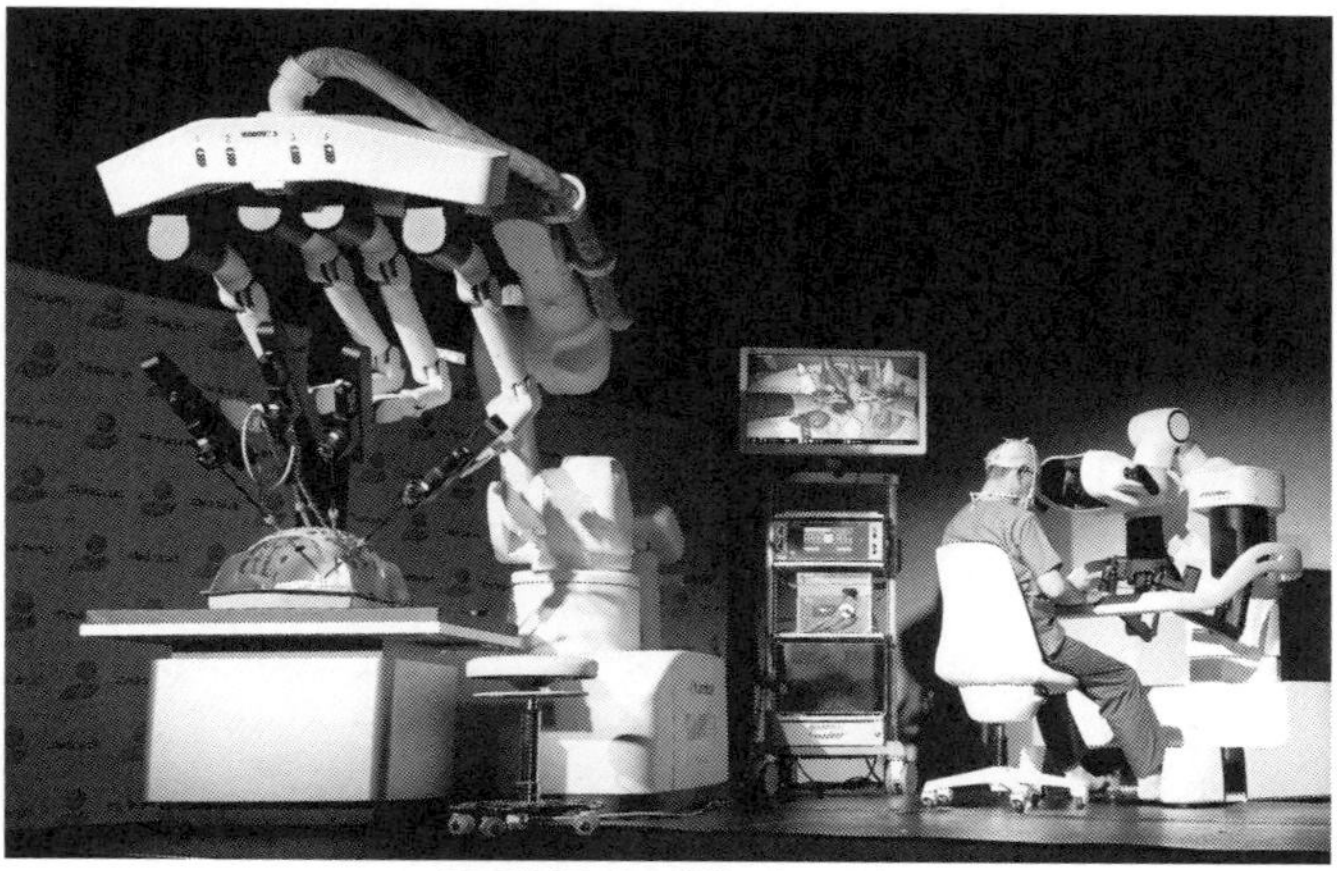

図1. 手術支援ロボット(提供:メディカロイド)

の持つ頭脳を積極的に活用しようというものである。危険な作業であれば、人が直接に行わずに済むことで安全性は高まるし、判断が難しい作業などは、人の知能を使い、より賢く作業できる。人の知能は、長年積み重ねてきた経験、教育や学習などから獲得する「結晶性知能」と、新しい環境に適応するために、新しい情報を獲得・処理・操作する「流動性知能」という二つに分類される。

残念ながら、処理スピードや直感力といった流動性知能は二〇代をピークに低下していくが、理解力・洞察力・コミュニケーション力といった結晶性知能は二〇歳以降も上昇し、歳を重ねても安定している。遠隔技術をうまく活用することで、衰える知能はＡＩなどで補助してもらいながら、経験をもとにした知能をうまく活用して遠隔技術を操ることで、ロボットの価値をより発揮できるようになる。

三つ目の「自己拡張技術による価値」は、人の身体や心に作用する価値である。人が持っている能力や感性を拡張する・引き出すことで、それぞれの人がありたい姿やありたい状態に近づくのをサポートする。このような技術については三章で詳しく説明するが、「自己拡張技術」と呼ぶことにする。

この価値領域では、従来は義手や義足などのテクノロジーがその役目を果たしている。最近では、装着型ロボットが様々な現場で活用され、リハビリテーションで歩行能力を再獲得するのに使われたり、生産・物流現場などで重い荷物を持ち上げるサポートに使われたりしている。

そして、物理的な「力」といった身体状態をサポートするだけでなく、精神的・社会的な側面をサポートするロボットの事例も増えてきている。中でも多くの注目を集めているのが、コミュニケーションロボットである。例えば、アニマルセラピー効果を狙って生き物のように動き、ギネスワールドレコーズの「世界で最もセラピー効果があるロボット」

に認定されたアザラシ型ロボット「PARO（パロ）」や、「GROOVE X」の家族の一員としてくらす「LOVOT［らぼっと］」などが有名である。

このように、ロボットの提供価値を三つに分類して説明してきたが、より細かく分析していくと、ロボットが提供する価値領域は意外に広いことがわかる。もちろん、一つのロボットが単独の価値を提供するものもあれば、複数の価値を同時に提供するものもある。

ロボットの原型と実世界での活躍

そもそも、世の中にロボットが登場したのはいつ頃かご存じだろうか。厳密に起源を定義するのは難しいが、古代ギリシャ時代の数学家・発明家のヘロンが考案した「自動ドア」が最初とも言われている。この自動ドアは蒸気の力を利用したものだった。祭壇に火が灯されると、空気が膨張して容器の水を押し出し、押し出された水の重さを利用してドアを開く。火が消されると、逆の動きでドアが閉まるという仕組みだ。ある種のからくりで、センサーがないため厳密にはロボットの定義から外れるが、ロボットの起源という意味では紀元前まで遡ることができるのだ。

日本では、江戸時代に茶運び人形が開発された記録が残っている。「からくり人形」というジャンルで語られることが多いが、お茶を入れた茶碗を人形の茶托に置くと、人形がそれを客のところまで運び、茶碗が取られると停止する。客がお茶を飲み終わり、茶碗を茶托に戻すと反転し、元の場所まで運ぶという優れものである。日本初の機械工学専門書といわれる細川頼直著『機巧図彙《からくりずい》』に詳しく記述され、機構や図面だけでなく、分解や組み立て、自動制御の仕組みなどがわかりやすく説明されている。まさに、日本のロボットの礎と言えるだろう。

その後、特に日本に影響を与えたものといえば、やはりアニメだ。昭和の時代にテレビ放送された「鉄腕アトム」や「鉄人28号」は、当時の子どもたちを魅了した。前述したロボットの価値という視点で見れば、鉄腕アトムは自らの意志で自律的に行動する自動型、鉄人28号は主人公の持つコントローラーで操作する遠隔型に分類されるものである。

話をアニメから現実の世界に戻すと、実世界では、一九五〇年代後半から工場などでの作業の自動化を目指した産業用ロボットの開発が始まった。今では一兆円産業である産業用ロボットも、簡単に産業として立ち上がったわけではない。この産業用ロボットの黎明期の話には、新しい産業を立ち上げるポイントが詰まっており、少し詳しく振り返ってみよう。

時は一九五四年、アメリカ人技術者であるジョージ・チャールズ・デボル・ジュニア氏が、動作を記憶させて、その動きを再生する装置に関する「Programmed Article Transfer（プログラムド・アーティクル・トランスファー）」という基本特許をアメリカで出願した。その後、「産業用ロボットの父」として知られるジョセフ・フレデリック・エンゲルバーガー氏がデボル氏の特許を買い取り、一九六一年に産業用ロボットの会社「Unimation（ユニメーション）」を共同設立した。今で言う、ロボット系スタートアップの第一号である。

その翌年、一九六二年には世界初の産業用ロボット「Unimate（ユニメート）」が完成し、アメリカのゼネラルモーターズのダイキャスト工場に導入されている。同じくアメリカの「AMF（American Machine and Foundry）」も、一九六一年に産業用ロボット「Versatran（バーサトラン）」を開発し、翌年商品化している。このことからも、一九六一年が「産業用ロボット実用化の年」と言えるかもしれない。

ここまでの開発年表では順調そうに見えるが、アメリカでは、産業用ロボットの普及は思ったよりも進まなかった。ロボットは危険なモノ、仕事を奪うモノといった印象や、そもそも性能が不十分だったことなど、その理由は様々あるようだ。

そのような産業用ロボットが日本に入ってきたのは、一九六六年にエンゲルバーガー氏が来日し、東京で講演したことがきっかけだろう。講演には、二〇〇名（約七〇〇名という資料もある）ものロボットに興味を持つ経営者が参加したと伝えられている。その人気は凄まじく、アメリカで行われた同様の講演と比べると数十倍の規模の人が集まったのである。

それを機に、日本におけるロボット熱がさらに高まり、一九六八年に「川崎航空機工業（現在の川崎重工業）」がユニメーションと技術提携契約を締結。いよいよ産業用ロボット・ユニメートの技術が日本に導入されることになった。

翌年一九六九年には、日本初の国産産業用ロボット「川崎ユニメート２０００型」が誕生している。このときのユニメートは、重さ一・六トン、大きさ一・六メートル×一・二メートル×一・三メートルで、可搬重量はわずか一二キログラム。それでも、価格は一二〇〇万円（当時の初任給の平均が三万円なので、現在の価値にすると約八〇〇〇万円）だった。

決して安いとは言えないこのロボットに大きな期待を寄せたのが、モータリゼーションの進展により販売台数が急増していた自動車業界だ。現在は少子高齢化で人手が足りていないが、当時は経済成長で人手が足りないという今と逆の状況だった。自動車製造工場では、すでに専用機による一部工程の自動化がされていたものの、自動車のモデルチェンジのたびに専用機や製造ラインを作り直す時間とコストが問題になっていた。

そして、一九七三年（資料によっては一九七一年）、日産自動車、トヨタ自動車のスポット溶接ラインにユニメートが導入された。一台あたり約四〇〇〇点のプレス部品をスポット溶接する必要があり、３Ｋ労働とされていたスポット溶接工程の自動化が進められたのである。

その後、可搬重量なども大きく改変された、実質初の国産のユニメート「２６３０型」が一九七六年に商品化され、各社の工場に大量導入され始めた。この頃には、川崎重工業以外に「不二越」などもスポット溶接ロボットに参入している。

そして、いよいよ、のちに「ロボット元年」と呼ばれる一九八〇年を迎える。一九八〇年代の高度経済成長期、それに伴う活発な設備投資と労働力不足により、日本のロボット産業は一九八〇年以降の一〇年間で五〇〇〇億円産業へと急成長を遂げていく。

その後のロボット産業は、一九九〇年代のバブル崩壊、ＩＴバブル崩壊、リーマンショックなど多くの危機に見舞われ、瞬間的に出荷台数は落ち込んだものの、大局的に見れば右肩上がりの成長を続けている（図２）。費用対効果が求められるなかで、産業用ロボットの効果を最大限発揮させるための利用シーンが明確化され、さらにはシステムインテグレーション（複数のロボットやソフトウェアなどを組み合わせ、一つのシステムを構築すること）、最近ではネットワークにつながるＩｏＴ化やシミュレーション技術などを組み合わせたデジタルツイン化が行われ、ロボットはスマートマニュファクチャリングを構成する重要な要素として活躍の場も規模も広がり続けている。

ここまで、少し丁寧に過去の流れを振り返ってみたが、アメリカからユニメートを持ち込んだ日本は、ロボットという新しい存在をうまく社会実装することに成功したのである。では、なぜ日本はアメリカが苦戦したロボットを産業として成長させ、世界に誇るべき「ロボット大国」になれたのだろうか。

もちろん、一九八〇年代が技術革新のタイミングとしてベストだったということもあるかもしれない。様々な要素技術の進化が起こり、これらがロボット市場の拡大に大いに貢献したのである。油圧・空気圧駆動から電気式サーボモーターへの転換、そしてDCサーボからACサーボへ。マイクロプロセッサの導入により飛躍的に機能が向上し、制御CPUは八ビットから一六ビットへ。「SCARA型アーム」などの多関節型ロボットへの構造変化といったロボット自体の発展。そして、エンコーダ、減速機、軸受けなどのセンサーや機械要素部品の性能向上、ケーブル実装をはじめ各種部品の実装技術の確立、電子制御系ハードウエアのロバスト性（堅牢性）の確立など、挙げ出せばきりがない。

加えて、ユーザー側がロボットを受け入れやすかったという日本の文化的特性があった

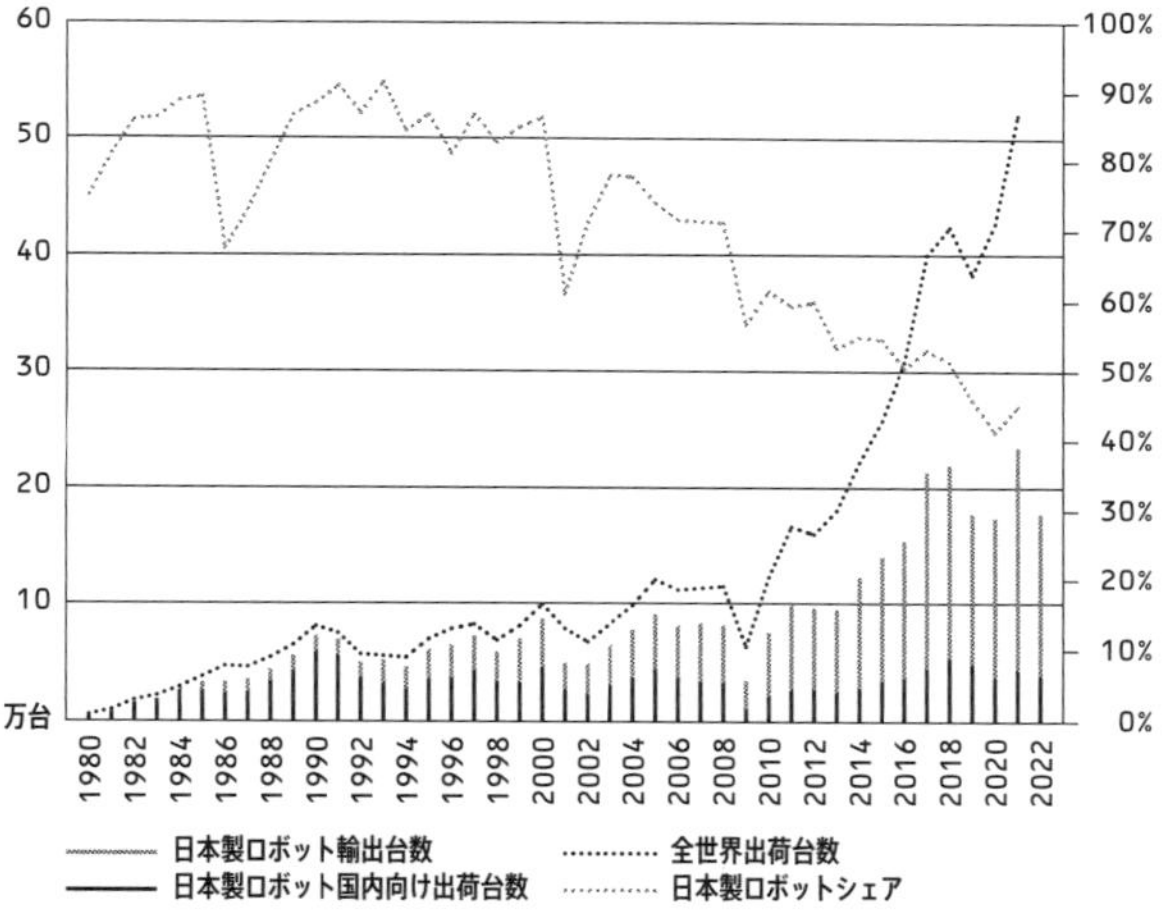

図2. ロボット産業の成長

のではないかと思われる。ここでいう文化的特性とは、前述した鉄腕アトムや鉄人28号といったアニメの影響による日本人とロボットの親和性だけでなく、労働制度の違いである。

　アメリカの労働組合は職能別の単能工労働者から成り立っている。アーク溶接ロボットが導入されると、アーク溶接工が職を失うことになるので、当然、溶接工労働組合はロボット導入への反対運動を始める。一方、日本の企業別労働組合の反応は異なる。終身雇用制度があるので、ロボットによる失業問題の心配もない。アーク溶接ロボットが導入された場合でも、人が不要とはならず、ロボットを使いこなして良好な溶接品質を確保するという大事な仕事は、引き続き人間の責任として残る。むしろ、当時の溶接作業は3Kと言われた大変な労働だ。それが軽減され、より創造的作業に集中できるようになるため、ロボット導入は労働者にも、むしろ歓迎されたのである。

そして、もう一つの要因は、ロボットを実際に使うなかで発生する様々な不具合や課題に対して、日本のユーザーはメーカーと互いに切磋琢磨して問題点を解決していったことだろう。もちろん、私自身はその現場に立ち会ったことがないので推測の域を出ないが、現場レベルで、生産技術者やエンジニアが試行錯誤し、改善していったことは想像に難くない。アメリカの場合、ユーザーからメーカーに課題の指摘はあったとしても、一緒に解決していくという風土はなかったはずだ。本気で使ってくれるユーザーが一緒に課題解決に向かってくれる状況は、ロボットの完成度が上がる絶好の機会なのだ。

ロボット産業の成功は、自動車産業の成長タイミングとうまく噛み合ったことに尽きるかもしれない。自動車産業は成長産業であり、人手が足りない産業だった。ユーザー側も本気で課題を解決したかったので、当時の性能がたとえ十分でなかったとしても、ユーザー側も必死にロボットの性能改善に取り組んだ。そして、グローバル競争にさらされるなか、必要なスペックも明確化されていった。自動車メーカーは一九七〇年代当時、「産業用ロボットは機能が貧弱、価格も高価でなかなか導入を正当化できる用途が見つからなかった」と言っていたようである。

現在では、産業用ロボット以外の領域にも様々なロボットが展開されているが、当時の「産業用」という言葉を、物流用・飲食用・サービス用・家庭用という言葉に入れ替えてみれば、「機能が貧弱、価格は高くて……」というフレーズはどの領域の現場でもよく耳にする。新しい技術を社会に実装するためには技術革新も必要だが、当時の自動車産業のような適切な領域でユーザーとメーカーが一体となり、一つひとつ試行錯誤しながら解決していくしかないのである。そのことを産業用ロボットの成長の軌跡が教えてくれる。

一九八〇年頃が「第一次ロボットブーム」と呼ばれるのに対し、二〇〇〇年頃が「第二次ロボットブーム」と言われている。本田技研工業から二足歩行するロボット「ASIMO（アシモ）」が発表されたのである。その歩行の安定性には専門家も驚かされ、いよいよロボットが広く生活の中に入ってくるのかと、市民の期待も高まった。

また、ソニーからは犬型ロボットの「AIBO（アイボ）」が販売された。一九九九年から二〇〇六年までの累計出荷台数は一五万台を超え、家庭で使われる「ペットロボット」というジャンルを確立した。その他、二〇〇五年に愛知県で開催された日本国際博覧会「愛・地球博」では、日本中から集められた様々な分野のロボットが紹介された。

この第二次ロボットブームは、工場の中での活用が進められた第一次ロボットブームとは異なり、ロボットが市民生活の近くで活用されるイメージを想起させ、マスコミのウケは抜群だった。しかし、ユーザー側の反応は、実際のくらしの中で広く受け入れられるところまでは到達しなかった。結果として、多くのロボットはコンセプトモデルのみで、残念ながら事業としては成功せずに、自然とブームは終焉していった。

そして、日本で「第三次ロボットブーム」が始まったのが、二〇一五年頃である。全ては二〇一四年のOECD閣僚理事会で基調講演を行った安倍内閣総理大臣（当時）の次の発言から始まったと言っても過言ではないだろう。


サービス部門の生産性の低さは、世界共通の課題。ロボット技術のさらなる進歩と普及は、こうした課題を一挙に解決する、大きな切り札となるはずです。モノづくりの現場でも、ロボットは製造ラインの生産性を劇的に引き上げる「可能性」を秘めています。ロボットによる「新たな産業革命」を起こす。そのためのマスタープランを早急につくり、成長戦略に盛り込んでまいります。日本では、すでに、介護をはじめ様々な分野で、ロボットを活用する試みが始まっています。日本は世界に先駆けて、ロボット活用の「ショーケース」となりたいと考えています。

「ロボットによる新たな産業革命を起こす」という国のトップの力強い言葉は、帰国後すぐにロボット活用現場の視察、発言から四カ月後の「ロボット革命実現会議」の発足、二〇一五年二月の「ロボット新戦略」の発表へとつながった。

その後は、経済産業省が中心になりながら、農林水産省・厚生労働省・国土交通省・総務省・文部科学省がそれぞれ、製造・サービス・農業・介護・医療・インフラなどの分野におけるロボットの研究開発・実用化・導入を推し進める施策を打つことになった。文字通り、国を挙げての取り組みである。これを機に、製造現場を主な活躍の場所としていた産業用ロボットは、その枠を広げ、物流倉庫・小売店舗・畑・飲食店・病院・オフィス・家庭など様々な場所で使われるようになった。「産業用」という言葉に対し、このような新しい分野で使われるロボットを「サービスロボット」という言葉で分けて語られるほど、今、その活用は急速に進み始めているのである。

ロボット大国としての日本の実力

ここまで紹介したように一次、二次、三次ブームを経て、アメリカで始まったロボット産業を日本がけん引してきた。その先駆けとなった川崎重工業以外にも、「FANUC（ファナック）」や安川電機といった多くの企業が現在もグローバルに存在感を示している。一方で、近年は中国などの新興メーカーがかなり力をつけてきており、日本でも中国メーカーのロボットを見る機会が増えているし、逆に中国のロボットメーカーに多くの日本企業が足を運んでいる。

日本という国のロボット競争力に関しては、何をもって「ロボット大国」とか「強い」とするかを一概に言うことは難しいが、総じて「かなり押し込まれているが、現時点ではまだ強い」というのがざっくりした答えだ。

二〇二〇年のデータでは、産業用ロボットの生産は、ピークのシェア九〇％からは半減しているが、グローバルシェア五〇％弱と、現時点でも日本は世界一のロボット生産国と言える。もちろん、欧州メーカーや中国をはじめとするアジアメーカーも必死に頑張っているのは間違いない。一方で、サービスロボットに限定すると、統計データによりバラつきはあるが、日本のシェアは一〇％程度、中国とアメリカはそれぞれ三五％を超えている。

いずれにせよ日本製と比べると、中国やアメリカのほうが圧倒的に稼働台数は多いと思われる。

一方、「作る」ではなく「使う」に視点を移してみると、産業用ロボットの稼働台数（二〇二一年）は次のようになる。

一位：中国　一二二万台（前年比二七％増）
二位：日本　三九万台（前年比五％増）
三位：韓国　三七万台（前年比七％増）
四位：アメリカ　三四万台（前年比九％増）
五位：ドイツ　二五万台（前年比七％増）

見ての通り、中国が圧倒的で成長率も高いため、中国経済の勢いに少し陰りは見受けられるものの、しばらく中国一強という状況は続きそうだ。稼働台数が多いということは、ノウハウや技術的な課題などを多く集められる意味でも脅威と考えるべきだろう。

日本はというと、三位の韓国、四位のアメリカとほぼ同数であるが二位につけており、「作る」に加えて「使う」という視点でも、よいポジションにいると言えそうである。

また、「事業の種」という視点から学術領域の動向も見てみよう。ロボット関係では国際的権威のある学術講演会として、「IEEE ICRA (International Conference on Robotics and Automation)」というものがあるが、論文投稿数を見ると、二〇一〇年頃は二〇〇〇件程度であったのに対し、二〇二一年では四〇〇〇件を超え、約二倍になっている。学会発表への投稿数の増加は、グローバルに多くの人が興味を持っている領域であることを表している。

一方で、ICRAに採択された発表数の近年の動きを見ると、アメリカは増加、中国・韓国は微増、ドイツは維持、日本は減少という状況だ。実際には、アメリカの発表も中国人留学生によるものが多く、中国が国を挙げてロボットの関連研究を強化しているのは間違いない。二〇二四年のICRAは横浜で開催されたが、日本開催とは思えないほど日本人の数は少なく、米中の独壇場となっていた。

ここまで、「作る」「使う」「事業の種」の三つの視点で日本の国際競争力を検討したが、すでに形成された産業用ロボットの業界ではまだ強い競争力があるものの、現在伸びているサービスロボット界隈、さらにはその先の「事業の種」では、他国に後れを取りつつある状況だと言える。特に、三つの全ての領域で急激に存在感を増す中国の勢いは驚異的で、今後の動きに注目していく必要がある。

中国が明らかにロボット分野に力を入れ始めたのは、二〇一五年に中国政府が「中国製造２０２５」を発表してからである。「中国製造２０２５」では、国家戦略レベルで製造業の戦略目標を確立し、二〇二五年、二〇三五年、二〇四五年という三段階で製造強国化の実現を目指している。

二〇二五年の目標は「世界製造強国入り」というもので、九つの戦略的課題と一〇の重点領域が設定されている。その重点領域の中で、ロボットは産業用ロボット、特殊ロボット、サービスロボットと全方位的に強化していくとされ、国としてもロボットの標準化、ロボット技術の研究開発、市場応用の拡大を促進すると宣言し、愚直に実現してきている。

そして、自国の産業上のボトルネックをよく分析し、ロボット本体だけでなく、減速機やサーボモーター、センサーなどの重要な要素部品とそれらを統合するシステムインテグレーションの強化まで政策に含まれていることも見逃せないポイントである。

さらに、二〇一六年に発表された「ロボット産業発展計画（二〇一六〜二〇二〇）」の中では、次のような五つの目標を設定している。

・中国自主ブランドの産業用ロボットの年間生産量一〇万台を達成する

・六軸以上の産業用ロボットの年間生産量を五万台以上にする

・サービスロボット年間売上高を三〇〇億元（約六〇〇〇億円）以上にする

・高齢者・障害者支援、医療リハビリ分野において小規模生産応用を実現する

・三つ以上の国際競争力のある企業を育成し、五つ以上の産業クラスターを支援する

もちろん、全てが順調に進んでいるわけではない。初期にはロボット産業に対する購入補助金などが充実し、投資資金も集まったことから、一〇〇〇社程度のロボットメーカーが乱立した。しかし、実際に自社でロボットを製造するのは一〇〇社程度とされ、技術力のない小規模メーカーの存在が課題になったようである。

しかし、国がロボット企業に求められる技術力の要件を設定し、認証を取得した企業を集中的に支援するなどして、中国はロボット産業を着実に成長させている。正確な数字はわからないが、掲げられた目標の多くは、概ね達成しているようだ。

そして、最近では二〇二二年に「十四五」とも言われる「『第一四次五カ年計画』ロボット産業発展計画」が発表され、二〇二三年には『ロボット＋』応用行動実施案」を発表。「十四五」の内容からは、産業用ロボットとサービスロボットのさらなる強化を進める一方で、これまであまり中国がリソースを割いてこなかった農業ロボットなど、新し

い領域にもチャレンジしていくことが読み取れる。またロボット産業の売上高の年平均増加率を、二〇一六年から二〇二〇年の約一五%からさらに上昇させ、二〇%超えを目指すという。さらに成長速度を上げていこうとしているのだ。その上で、「世界の先進レベルと比べると、中国のロボット産業にはまだ一定の開きがある」としている。

例えば、「技術の蓄積が足りず、オリジナルの研究、理論の研究などが不足している。産業の基礎が脆弱で、キーパーツの品質の安定性と信頼性は高性能の完成機が必要とするレベルには達していない。高速、高精度、積載量が大きいといった高性能の完成品の供給が不足している」と挙げており、飛躍的な成長を遂げながらも冷静さも失っていないことに恐ろしさすら感じる。

また、『ロボット十』応用行動実施案」の中では、さらに次のような野心的な目標設定がなされている。

・二〇二五年に製造業におけるロボット密度を二〇二〇年の二倍に上げる
・サービスロボットと特殊ロボットの業界応用の深さと広さを大きく向上させ、ロボットにより経済・社会の質の高い発展を促進する能力を大幅に高める
・一〇の応用重点分野に焦点を絞り、一〇〇以上のロボットの革新的な応用技術および

ソリューションのブレイクスルーを達成する
・二〇〇以上の技術水準が高く、イノベーション応用モデルと顕著な応用効果を持つロボットの典型的な応用シーンを革新する
・業界一流レベルのロボットのリーディング一〇社を創出する
・複数の応用体験センターと実証実験センターを建設する
・ロボット関連産業の規模一〇〇〇億元（約二兆円）を達成する

ちなみに、「ロボット密度を二〇二〇年の二倍に上げる」という項目に関していうと、中国の二〇二〇年の製造業ロボット密度は従業員一万人あたり二四六台である。その倍となると、四九二台となり、日本の三九七台やドイツの四一五台を抜き、他国を圧倒する数だ。二〇二三年のデータでは、四九〇台とまではいかないものの、四七〇台と日本、ドイツを抜き、世界の三番手まで上がっている。

日本のロボット産業は、このような圧倒的なユーザー数・先端技術・資金がある中国勢と戦っていかねばならないのである。日本の中で「安全」や「リスク」という言葉に縛られている間に、中国では現場のノウハウがあっという間に蓄積し、中国国内のみならず、日本の中でも一気に実装が進んでいる。

その代表格が、すかいらーくグループが導入した「Pudu Robotics（プードゥロボティクス）」のネコ型配膳ロボットだろう。すかいらーくは一年余りで、このロボットを三〇〇〇台、全国の店舗に導入した。期間・台数とも、少なくともこれまでの日本のサービスロボットでは考えられなかった勢いである。

プードゥロボティクスは、二〇一六年に深圳《しんせん》で創業した、いわばスタートアップである。それがわずか数年で、世界数十カ国に数万台という導入実績をつくり出しているのだ。

また、恐ろしいことに、配膳ロボットだけでも、中国国内にはまだまだ多くの企業が存在する。中国国内のシェアを見てみると、プードゥロボティクスではなく、「KEENON Robotics（キーオンロボティクス）」のほうが高いというデータもある。これほど、中国国内での競争は激しく、レベルが高いものになっている。

このような動きは、配膳ロボットに限ったものではない。今や世界で最も使われているロボットであるロボット掃除機においても、中国メーカーの勢いは止まらない。市場を創り出し、圧倒的な知名度・ブランド力で強さを誇っていた「iRobot（アイロボット）」の「Roomba（ルンバ）」を押しのけてグローバルトップに立とうとしているのが、中国の「ECOVACS（エコバックス）」である。

多くのインターネット記事でも、両者の性能や価格の比較がされているが、中国製の価格の安さと性能の高さには目を見張るものがある。最近では高級モデルも積極的に展開しており、その勢いは止まるところを知らない。もちろん、民生用ロボット掃除機だけでなく、業務用ロボット掃除機の分野においても、「Gaussian Robotics（ガウシアンロボティクス）」など有力なメーカーが次々と生まれている。この他、物流・医療など様々な分野でも中国メーカーの勢いは止まらない。

新しい領域でのロボット活用の始まり

このようなグローバルなマクロ市場環境の中で、日本では実際にどのようなロボットが使われ始めているのだろうか。

例えば、飲食店でごはんを食べるシーンを考えてみると、どのようなロボットが登場するだろう。先述した配膳ロボットは、最も皆さんの目に触れているロボットの一つかもしれない。その配膳ロボットが運ぶ料理も、今では人が作ったものとは限らない。実際に複数の店舗では、自動調理ロボットが導入され始めている。

中華料理の炒め物、イタリアンのパスタ、日本食では蕎麦などを調理するロボットが実店舗で稼働しているし、使用後の食器を食洗機に入れる作業をロボットが行っている店舗もある。もっと言えば、飲食店に届けられた食材も、ロボットが収穫したものかもしれない。アスパラガス・ピーマン・キュウリ・トマト・イチゴなど、多くの野菜や果実がロボットによって収穫され始めているのだ。

では、都心の高層ビルのオフィスで、近所のスーパーにランチのデリバリーを頼むシーンではどうだろう。オフィスにデリバリーするのは、車椅子くらいのサイズの移動ロボットである。法律が変わり、公道も走れるようになったロボットは、屋外の横断歩道を渡り、建物の中ではエレベーターの乗り降りも行い、注文者のもとまで注文の品を届けることができる。もしかしたら、そのエレベーターには掃除ロボットや警備ロボットも乗っているかもしれない。

一方、ロボットを送り出した店舗側はどうだろう。店舗のバックヤードでは、ロボットが揚げたての唐揚げを掴み、唐揚げ弁当を作っている。その隣では、ポテトサラダを総菜コーナーに並べるためのパッキング作業をしているロボットがある。店内では、売れた商品を補充するロボットが働いている。閉店後には移動ロボットが巡回し、売価やＰＯＰ期限、品切れなどを自動でチェックしている。

例えば、あなたが明日のウェブ会議用にイヤホンが必要になって、ＥＣサイトで注文したとしよう。その瞬間に大型倉庫の中では、在庫がストックされている棚にロボットが潜り込み、持ち上げ、当日中に届けるために、商品を段ボールの中に移しているのである（まだ段ボールに詰める作業は人手で行うことが多いが、この作業の自動化も時間の問題かもしれない）。

これらのシーンは、どれも架空の話ではない。すでに日本のどこかでは実現されている。「まだこれくらいか」と思われた方もいるだろうし、「そんなにロボットが使われているの？」と思った方もいるだろう。ここに挙げた事例に限らず、すでに我々は日常生活の中で、工場のみならず、オフィスや家の中に至るまで、意識するしないにかかわらず、多くのロボットや自動化の影響下でくらしているのだ。

もちろん、このようなロボットの活躍は突然生まれたものではない。その芽は一〇年から二〇年ほど前に仕込まれたものである。例えば、先ほど登場したロボット掃除機の場合、商品名がカテゴリー名として呼ばれるほど有名になったルンバは、アメリカのアイロボットによって二〇〇二年に商品化された。今では、世界累計販売台数が四〇〇〇万台と、世界で最も売れたロボットだ。

しかし、先述したようにこの数年でルンバの市場シェアは中国勢によって急激に奪われており、アイロボットとエコバックスのシェアは現在約三〇％ずつとも言われている。少し前までは、中国製は安価であるが性能がイマイチという状況だったが、ＡＩなどの活用により急激な進化を遂げている。逆にアイロボットは「Amazon（アマゾン）」による買収（結果的には規制当局の承認を得られず）が持ち上がるほど追い込まれた状態に陥っている。

一方、アマゾンはというと、物流ロボットの先駆者的な存在になっており、二〇一二年には倉庫向けの運搬ロボットを手がけていた「ＫＩＶＡ（キヴァ）」を七億七五〇〇万ドルで買収。最近では新しい倉庫を建てるたびに数千台のロボットを導入しており、世界最大のロボットユーザーの一つとなっている。

この買収によって、倉庫内の作業効率は著しく向上した。それまでは倉庫の中を人が歩き回って商品を探していた。今ではロボットによって持ち上げられた保管棚が人の目の前まで自動で移動してきて、人は目の前にある商品を取るだけだ。しかも、棚は次から次へと運ばれてくるため、劇的な生産性向上につながったのである。

このような物流業界でのロボット活用が本格化されたのも、人手不足という言葉が頻繁に使われるようになったここ一〇年の話である。物流分野では日本でも「Mujin（ムジン）」や「Rapyuta Robotics（ラピュタロボティクス）」など、一〇〇億円規模の資金調達を行うユニコーンスタートアップが誕生しており、今後ますますのロボット活用が見込まれる。

また、手術ロボットもこの数年で競争が激化している市場である。一九九九年にアメリカの「Intuitive Surgical（インテュイティブサージカル）」が「daVinci（ダビンチ）」と呼ばれる手術ロボットを商品化した。

この手術ロボットは、少し離れたところから医師がコントローラーを操作し、それに対応する動きを、患者側にいるロボットが再現するものである。医師の手の震えをなくしたり、医師側が一センチ動くとロボットは一ミリ動くように設定したりすることで、より精密な作業ができることから、前立腺がんの手術などに広く使われるようになった。今では、国内でも腎臓がん、胃がん、食道がんや子宮筋腫、心臓弁膜症など様々な疾患が健康保険の適用範囲として認められ、世界を見渡せば年間二〇〇万件以上の手術がダビンチによって行われていると言われている。これは実に、約一〇秒に一回というペースである。

現在、世界中で年間約二〇〇〇台の手術ロボットが導入されていると言われている。一九九九年の商品化から二〇年が経ち、主要な特許が期限切れになり始めており、手術ロボット市場も競争が激しくなりつつある。アメリカの大手医療医機器メーカーや「Google（グーグル）」などのＩＴ企業、日本では川崎重工業とシスメックスの合弁会社であるメディカロイドなどが市場参入を行い、「hinotori（ヒノトリ）」と呼ばれる国産手術支援ロボットも誕生している。

このような事例からも、工場の中で使われる産業用ロボット以外のロボット市場も着実に、そして急激に大きくなっていることがわかる。

　では次に、ロボットに関連する企業や産業の規模に視点を移してみよう。まずは、産業用ロボットのトップメーカーであるファナック。工作機械に組み込む数値制御（NC）装置で世界シェアトップであり、工場の自動化設備や産業用ロボットでもグローバルトップの一角である。二〇二二年度の業績発表を見ると、コロナの影響も一段落という感じである。売上高は過去最高で、前期比三三％増の七三三〇億円だ。営業利益率もメーカーとしては驚異の二五％という、まさに優良会社である。

　では、サービスロボットで成功している企業、インテュイティブサージカルを見てみよう。先ほど取り上げたダビンチなどの手術ロボットを製造販売しているアメリカの会社であるが、二〇二一年度の業績は、売上高五七億ドル、営業利益率三一・九％。一ドル一三〇円で計算すると、ざっくり見積もっても売上高七四〇〇億円である。

　円安というタイミングも重なっているものの、サービスロボットのトップメーカーが、産業用ロボットメーカーと肩を並べる業績を収めるような時代になったのだ。両社のここ一〇年ほどの売上と営業利益率の推移は図3・図4の通り。濃い色がファナック、薄い色がインテュイティブサージカルである。インテュイティブサージカルの売上高は羨ましいほどの右肩上がりである。利益率についても、ファナックが近年若干低下しているものの、コンスタントに二〇%を超えて、最高時には四〇%を超えている状態で、両者の高収益性を確認することができる。

長年、「製造業向け以外のロボットは事業にならない」と言われてきたが、トップ企業を比較すると、変わらないレベルになっているのだ。二〇二二年時点での時価総額を比べると、ファナックが四・三兆円に対して、インテュイティブサージカルが約一〇兆円と、サービスロボットの代表企業が市場でも高く評価されているようである。もちろん、産業用ロボット側が後退しているわけではなく、ファナックも二〇二二年度は二年連続で売上高の過去最高を更新し、二〇二一年度比一六%増の八五二〇億円（営業利益は四・四%増の一九一四億円）、二〇二三年度は中国市況の悪化などが響き、売上七九五三億円（営業利益一四一九億円）となっているが、好調を維持していると言えるだろう。

両者に大きな違いがあるとすれば、利益率が高い理由である。ファナック側は、とにかくコストを下げるという考え方が徹底されている。それは、ファナックが研究開発方針として掲げている、次の三つの言葉からもよくわかるだろう。

・Weniger Teile（より少ない部品でつくる工夫）

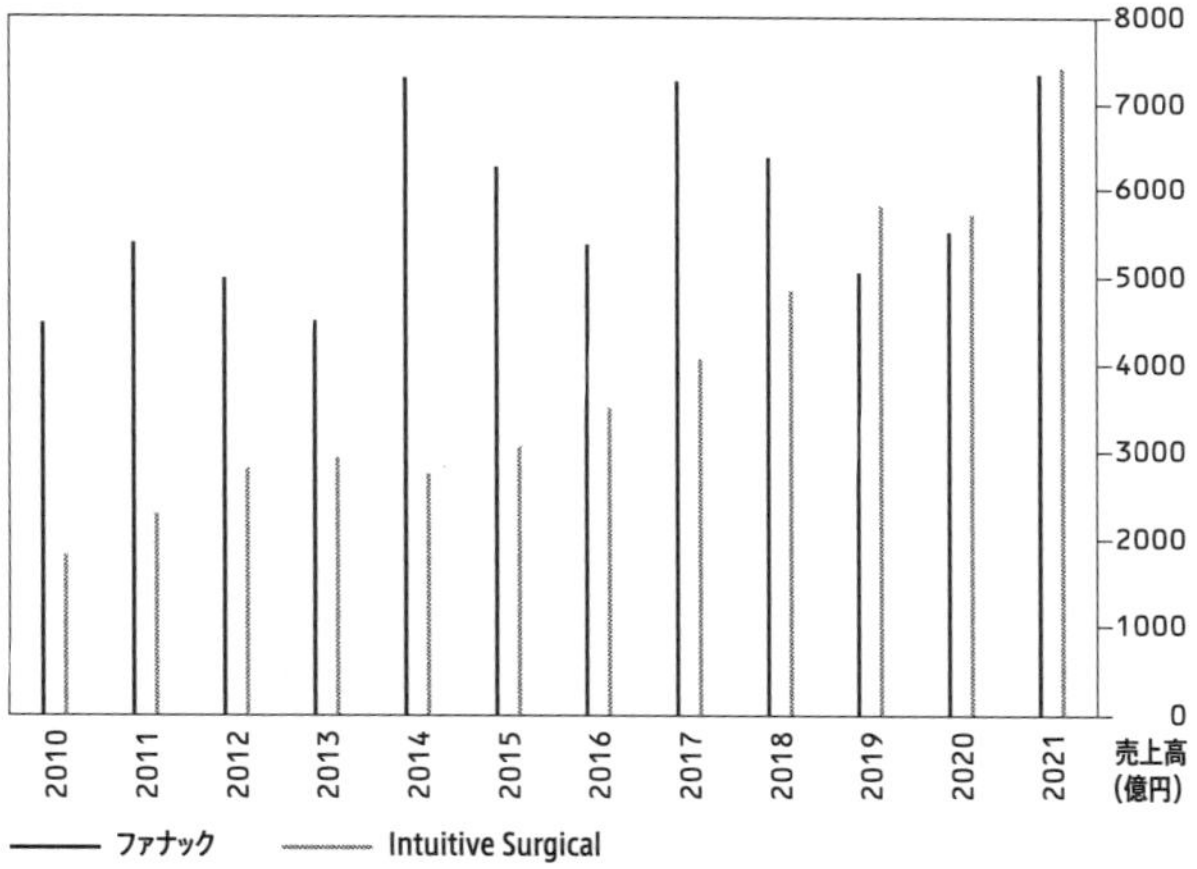

図3. ファナックとIntuitive Surgicalの売上比較

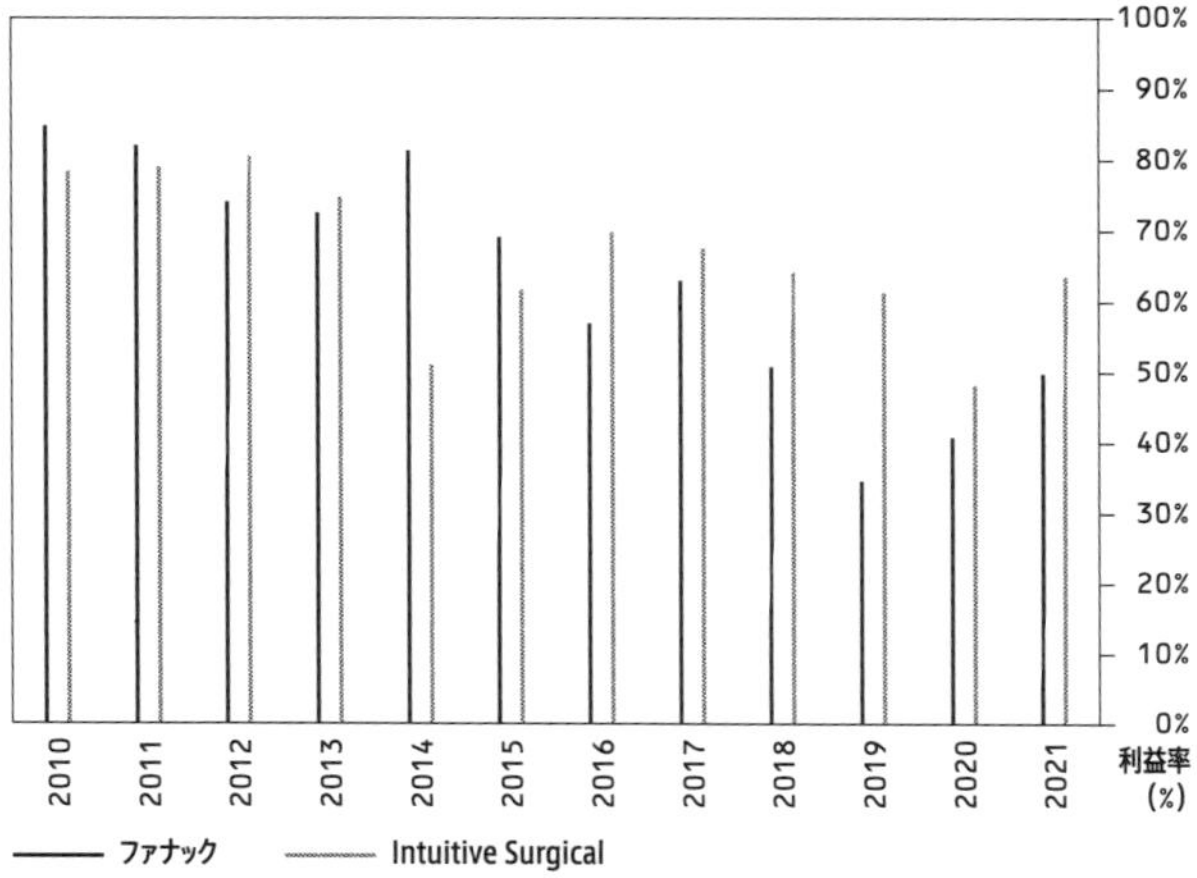

図4. ファナックとIntuitive Surgicalの利益率比較

・Reliability Up（商品の信頼性を高めること）
・Cost Cut（どこの商品より低いコストであること）

ファナックの工場では、自社のロボットを自社のロボットが組み立てており、まさに自ら自動化による生産性向上を体現しているのである。

一方で、インテュイティブサージカルは、物売り企業の枠を超えている。手術ロボットの先端部分で使われ、臓器などを切ったり、持ったり、縫ったりするために使う鉗子《かんし》と呼ばれる消耗品でのビジネス、そしてトレーニングなどのサービスビジネスといったリカーリング収益が全体の七〇％を超える。ロボット本体というよりもそれ以外で稼いでいくという、もはや「ＳａａＳ（Software as a Service）」企業のようにも見える利益の生み出し方である。

サービスロボットのトップ企業は、産業ロボット企業と遜色ないレベルまで成長しているが、業界全体としてはどうだろう。こちらも様々な調査会社が調べており、それぞれの定義が異なるので一概には言えないが、一例を挙げると、産業用ロボットの市場規模が二〇一九年で一・六兆円、二〇二一年は二・〇兆円、二〇二六年は三・二兆円と試算されている。

一方、サービスロボットの市場規模は、二〇一九年で一・三兆円、二〇二一年で一・五兆円、二〇二六年で四・二兆円と、現時点で産業ロボット市場とほぼ同程度であり、将来的にはサービスロボットの市場がさらに拡大すると見込まれている。どちらの産業も数兆円という大きな産業規模になっていくのである。

市場規模予測は眉唾物と言われることもある。実際、ロボットの世界でも多くの市場予測があり、第二次ロボットブームの二〇〇一年には、生活分野でのロボット活用が始まり、二〇一〇年に三兆円、二〇二五年には八兆円という政府の予想が打ち出されたが、残念ながら実現されることはなかった。

しかし、その一〇年後の二〇一〇年に経済産業省が改めて発表したデータでは、二〇一五年には一・六兆円、二〇二〇年で二・九兆円、二〇二五年で五・三兆円、二〇三五年で九・七兆円という見立てとなっている。多くの人から疑問符がつけられたデータではあったが、今のところ、ほぼ予測通りに成長してきており、二〇三五年の一〇兆円産業というのも、もはや夢物語ではなくなってきているのだ。

なぜロボットに期待が集まるのか？

このように、産業用ロボットとサービスロボットは市場の大きな拡大が見込まれているわけだが、なぜここまで期待されているのだろうか。その背景にある最たる要因は「人手不足」だろう。少子高齢化や人口減少というキーワードで語られることも多いが、最も危機的なのは、働き手が不足することである。

最新の国勢調査のデータによると、二〇二〇年の日本の人口は一億二六一五万人であり、そのうち一五〜六五歳までの生産年齢人口は七五〇五万人とされている。これが二〇四〇年には一億一二八四万人の人口に対して、六二一三万人となる。総人口が現状の八九％になるのに対して、生産年齢人口は八二％となるのである。つまり、生産年齢人口の減少スピードは、人口減少のスピードよりも速いのだ。結果として、社会全体を賄うために生産年齢人口層にかかる圧力は大きくなる。今でも人手不足というワードが飛び交っているのに、その状況がさらに悪化するのだ。

では、具体的にどれくらいの労働力が不足すると考えられているのだろうか。この点に関しては様々な検討がなされているが、代表的なものとして、パーソル総合研究所と中央大学が共同研究した『労働市場の未来推計２０３０』によると、二〇三〇年には六四四万人に相当する労働力が不足するとされている。

一方で、日本にはまだまだ、時間的・場所的・技術的な何らかの制約によって働きたいのに働けないという人が多くいるのも事実である。女性活躍の促進、シニア層の活躍、外国籍の働き手の増加に対して政策的な手当てを行えば、それぞれ一〇二万人、一六三万人、八一万人の労働力確保につながるとされている。しかし、それでもまだ二九八万人分の人手が不足していることになる。サービス、医療福祉、小売、製造などあらゆる業種で人手が足りなくなるのである。

さらに、リクルートワークス研究所の調査『未来予測2040』では、二〇四〇年には約一一〇〇万人の労働供給不足が発生すると試算されており、人手不足はより顕著になっていく。この足りない分の労働力を、ロボットが補うことが期待されているのだ。

この労働力不足という問題に拍車をかけているのが、「働き方改革関連法」(正式には「働き方改革を推進するための関係法律の整備に関する法律」)だ。もちろん、働く人を過酷な労働から守ることは重要である。ただ、この法律により、時間外労働や休日出勤などの制限が以前より厳しくなった。法律自体は二〇一九年から施行されているが、「二〇二四年問題」としてメディアでも騒がれているように、二〇二四年四月一日からは「運送・物流」「建設」「医師(病院)」などにも制限が適用されている。人手の「数」の確保に加えて、労働の「時間」の確保が難しくなることから、自動化や生産性向上の必要性はより高まるだろう。すでにロボットの活用が進められている領域においても、さらにロボット活用の必要性が上がることになる。

もう一つの社会的な変化は、賃金の上昇だ。二〇二三年、初めて最低賃金が全国平均一〇〇〇円を超えたことが話題になったが、労働団体の連合は、二〇三五年までに最低賃金を時給一六〇〇～一九〇〇円程度の水準まで段階的に引き上げていくことを目標にしている。ロボットは基本的には設備投資であり、費用対効果が常に求められる。多くの場合、費用対効果の比較対象は人であり、人が同じ作業を行ったときと比較することになる。つまり、人側の賃金が上がれば、それだけロボットの投資回収が行いやすくなるのである。

アメリカでは、カリフォルニア州のファストフードレストランの最低賃金が、二〇二四年四月時点で時給二〇ドル（約三〇〇〇円）となっており、ロボットの価格のもとが取りやすい状態と言われている。日本においても、スキー場が人気の北海道のニセコでは掃除のアルバイトの時給が二〇〇〇円になるなど、人件費との比較という意味においてもロボットの活用に拍車がかかる環境となってきている。

図5. SDGsに貢献するロボットたち(Reprinted with permission from IEEE Robotics & Automation Magazine.)

特定の分野だけ広がるロボット活用

ここまでの内容で、人口動態的な視点での人手不足、労働時間の制約や賃金上昇によって、ロボット活用に対する期待が高まっていることは理解いただけたと思う。こうした変化と期待は、あらゆる産業において生じることが見込まれている。

図5を見てほしい。よく見かけるSDGs(Sustainable Development Goals)の一七のゴールが描かれた図だと思われたかもしれないが、よく見てみると、それぞれの項目の絵にロボットが描かれている。これは、一七のゴールに対して、ロボット技術が何らかの貢献ができるという、ロボットのポテンシャルを示した図である。これは「IEEE(Institute of Electrical and Electronics Engineers, Inc.)」というエンジニアの専門家団体が作ったものであり、若干専門家バイアスがかかっているかもしれないが、ロボットはそれくらい広範囲に影響を与えうる存在だとも言える。

しかし、現実には、生活の中で日々ロボットを目にしている人は稀である。ロボット掃除機をお持ちの方は別かもしれないが、ロボットを一度も目にすることなく一日を終えるという人がほとんどではないだろうか。

先ほどから、一兆円という市場規模の話をしているが、産業用ロボットに関しては、自動車業界か電気・電子機器業界で使われているのが主で、他の製造業ではまだまだ普及の余地がある。二〇二二年のデータで言えば、産業用ロボットの新規導入台数である約五五万台のうち、五三%にあたる二九万台が、この二つの領域で使われている。

一方、サービスロボットはというと、先ほど紹介したようにアマゾンなどの物流倉庫で使われる搬送台車（AGV・AMRと呼ばれるロボット）、世界中で一〇秒に一回使われる手術ロボット、日本での世帯普及率が一〇%を超えた家庭用ロボット掃除機が、それぞれ一八三〇億円、三三〇〇億円、五四〇〇億円と大きな市場規模を形成し、これらの三つを合計すると一兆円を超える。逆に言えば、サービスロボットとして一・五兆円産業の中の三分の二を、この三つで占めているということは、それ以外はまだまだ大きい市場にはなっていないということだ。

つまり、現状のロボット産業というのは、特定の分野ではロボット活用がかなり進んできてはいるものの、残念ながら、広くあまねくロボットが使われるようになっているとは言い難い状況なのである。

日本に対する海外からの手厳しい指摘

期待されていながら、なかなかロボット活用が定着しない分野の一つに介護がある。このような状況に対して、イギリスの人類学者、ジェームス・ライト博士による、「高齢者介護を『自動化』する日本の長い実験（原題：Inside Japan's long experiment in automating elder care)」という手厳しい記事が『ＭＩＴテクノロジーレビュー』に掲載された。主な内容は、日本は介護ロボットの研究開発に長年取り組んでいるが、なかなかものにならないし、ものになっても、現場に浸透せず、むしろ現場の仕事を増やしているケースが多いというもの。一人の研究当事者としてもなかなか耳の痛い指摘である。

この記事は、著者自身が一八カ月にわたって、日本の介護ロボット導入の現場で行ったエスノグラフィ研究調査（調査対象に入り込み行動観察などを行う）を根拠にしている。

その中で、主に以下の三つが指摘されている。

・高齢者介護を含む主要な局面でロボットが実際に使用されていない。

・導入されても逆にスタッフの仕事を増やしている。しかも、入居者とスタッフの関わりの時間を減らしてしまっている。

・ロボットは本来向き合わなければいけないことを誤魔化す存在になってしまっている。つまり、ピカピカで高価なロボットの存在が、人間の価値評価と社会におけるリソース配分の方法に関する厳しい選択から、人々の目をそらさせる可能性がある。

三つ目の表現が少し難解かもしれないが、要するに、高齢化すること自体に問題があるのではなく、また高齢化によって介護危機が生じるわけではなく、むしろ、選挙で決まる政治的選択や経済的選択によって介護危機は生まれており、移民を受け入れたり、介護従事者の給料を上げて、人が集まりやすくするという手段があるなかで、ロボットがそれらを忘れ去るための存在になってしまってはいないか、という指摘である。

もちろん開発側からすれば、言いたいことはたくさんあるだろう。「介護の現場は人の尊厳という難しい問題を取り扱わなければならない」「一人ひとりの症状が異なるなか、パーソナライズが必要である」といった意見があるかもしれない。まとめると「介護現場は特殊だからロボットの適応は簡単ではないんだ」というものだろう。その主張はある面では真理かもしれないが、このような状況は介護の現場だけで起きているわけではない。そうだとしても、ロボットありきで考えるのではなく、この著者が指摘するように全体を俯瞰し、どのようなかたちでテクノロジーを取り入れていくのかを考えなければ、新しい分野へのロボット活用は進んでいかないのである。

新分野でのロボット活用が進まない理由

なぜ新しい分野におけるロボットの活用は思うように進まないのだろうか。ここでは、これまで活躍してきた産業用ロボットと今後さらなる活躍を期待されているサービスロボットの違いについて深めてみたい。

まず、扱う対象物を見てみよう。工場で活躍してきた産業用ロボットは、基本的には硬い金属部品を扱う。さらに、それは一定の形状をしているという特徴がある。一方、サービスの現場で使われるロボットは、食品分野や介護分野を想像すればイメージが伝わるかと思うが、扱う対象物がやわらかい、もしくは一つひとつ形が異なり、個体差がある場合がほとんどである。

では、対象となる業務においてはどうだろう。産業用ロボットは定常的な業務を対象とし、少品種大量生産をいかに速く、正確にできるかということが重要だ。それに対して、サービスの現場とは、基本的に非定形・非定常な業務がほとんどである。途中で業務を止めなければいけない中断業務や、異なる業務が途中で入ってくる割り込み業務が多発する。

レストランで考えてみよう。スタッフが食事を運んでいるとき、オーダーしたいお客様から呼び止められることもあるだろう。そのときに、一旦運ぶ業務を止めて、そのお客様に料理を運び終わってから戻ってくる旨を伝え、料理を運び、その場に戻ってきて改めてお客様のオーダーを取る。こういうことが常に起こるのである。

サービスの現場では人より速く、正確にというよりも、人と同じくらいの速度でよいので、環境が変わるなかでも安定して性能を発揮し続けられることが求められる。つまり、これまでは少品種大量生産をいかに高速・高精度に実行するかが成功の鍵であったのに対し、これから新たに市場創出が期待されているアプリケーションでは、変化する環境の中で、少しずつ異なる少量のものを環境に左右されずに安定して対応できることがポイントになるのである（図6）。

このように、これまで成長を続けてきた産業用ロボットと今後活躍が期待されるサー

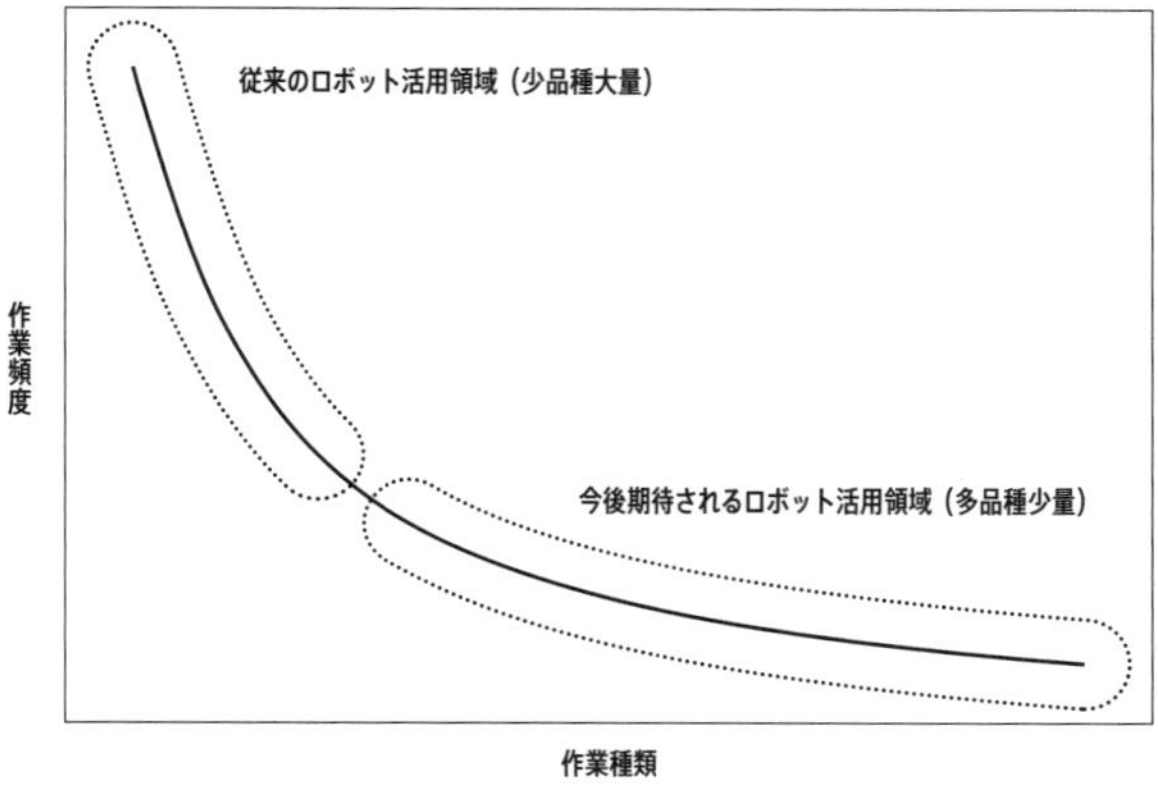

図6. ロボットの活躍範囲の拡大

ビスロボットでは、ロボットに求められる特徴が「少し」異なる。この、人には「少し」の違いが、ロボットにとっては実は「非常に大きい」違いになる。

少し環境が変わったくらい、少し対象物の形が変わったくらいでは、ロボットに影響はないように思うかもしれない。しかし、ロボットにとっては、知能のみで実行可能なタスクよりも、触覚などの感覚、単純な運動を必要とするタスクのほうが難しい。これは「モラベックのパラドックス」と呼ばれ、例えば、チェスや囲碁の世界トップレベルのプレイヤーに勝利することよりも、一歳児ができるような運動スキルをロボットに実装することのほうが難しいのである。ロボットにとっては、少しの環境や状況の変化がとてつもなく大きな変化になるのだ。

ロボットの活用が望まれている物流業界においても、前述したような商品棚を動かす業務はなかなか自動化が進みにくいという現状がある。これに対してアマゾンの組合連合は「倉庫作業を非熟練作業と会社側は言ったが、そんなに機械化できていないのが現実ですよね」と語った。

この言葉はある意味では的を射ていて、どのようにこの問題をロボットが解決していくのかが、今後のロボット普及において大事になってくる。違う言い方をすると、シンプルな作業、繰り返しのある大量の作業を単純にロボットに置き換えられる領域は、すでにかなり自動化が進められた。一方で、技術的に難しい、頻度自体は高くない、もしくはロボットに対応させるには大きなコストがかかるといった理由により、人が担っている作業の単純な置き換えではなかなか費用対効果が合わないという領域が、現在自動化できていない領域として残っている。ロボットの活用範囲を広げるためには、そのような領域においても、ロボットによって高い生産性を実現できる方法論を考えなければならないのである。

ロボット・トランスフォーメーション（RX）の必要性

このような課題に対するアプローチとしては、産業用ロボットが苦手としてきた不定形物ややわらかい物体を扱う「技術」を高めるアプローチや、多様なアプリケーションに対応しやすい汎用的なソフトウエアの「技術」を新たに構築するというアプローチも、もちろんありうるだろう。しかし、これからは技術革新だけではなく、業務・事業・社会、それぞれのモデルそのものを本質的に変えていく「ロボット・トランスフォーメーション（RX：Robot Transformation）」が必要となる。

「RX」という言葉になじみがあるという方はほとんどいないだろう。すでにブームとなっている「デジタル・トランスフォーメーション（DX：Digital Transformation）」や「コーポレート・トランスフォーメーション（CX：Corporate Transformation）」と同じ類いのものであり、「Transform」という言葉が示すように、RXとは、ロボットによってそれまでの状態を完全に壊し、再構築して、根本的にあり方を変えてしまうことである。

RXをより理解するために、もう少しなじみのあるDXとのアナロジーで考えてみよう。一般論として、DXには、「デジタイゼーション（Digitization）」「デジタライゼーション（Digitalization）」「デジタル・トランスフォーメーション」という三つのレベルがあると言われている。

例えば、物品の受発注業務について考えてみよう。紙に押印して行っていた受発注業務を、電子印を使った電子データをメールでのやり取りに切り替えるのがデジタイゼーション、受発注のシステムを導入して管理するのがデジタライゼーション、受発注の履歴なども考慮して、在庫がなくなる前に商品が届くよう受発注という行為自体をなくしてしまうのがデジタル・トランスフォーメーション、すなわち「ＤＸ」である。多くの企業がデジタイゼーションやデジタライゼーションで止まりがちで、本質的な課題の解決につながっていないにもかかわらず、そこで満足している場合が多い。現実的には、本当のＤＸまで踏み込むと、業務の改革に伴い、既存の業務従事者や既得権益との戦いが発生し、「痛み」が生じることが多いというのも、現場での推進が加速しにくい要因となる。

このＤＸにおける三つの分類はＲＸにも展開できる。何かのタスクや業務をロボット化することを「Robotize」とすると、人の作業の一部をロボットの作業にそのまま移行する「ロボタイゼーション（Robotization）」、ある工程の業務をロボットの業務に移行する「ロボタライゼーション（Robotalization）」、一つの工程に止まらず、事業やビジネスモデルをロボットで変革する「ロボット・トランスフォーメーション」となる。

ロボタイゼーションとロボタライゼーションの違いがわかりにくいかもしれないが、前者は作業の一部のみの自動化、後者はその作業が連なった工程全体の自動化で、システムとの連携を含むと考えてよいだろう。

このように定義をすると、これまでの産業用ロボットは、（少し言いすぎな表現になるが）基本的にはロボタイゼーションという領域で戦ってきたと言える。もしくは、「ＭＥＳ（Manufacturing Execution System：製造実行システム）」などの上位システムとの連携やＩｏＴとしての活用の中でロボタライゼーションを実行し、よりインパクトを大きくしてきた。

産業用ロボットの主戦場、すなわち自動車産業や電機・電子産業では、ロボタイゼーションのアプローチがかなり有効だった。世界中で同じものが大量生産される時代にフィットしたとも言える。つまり、少品種大量生産においては、完全に同じ単純作業を何度も繰り返す必要があり、その作業を人より速く、正確に、安く（投資回収期間も長め）できるケースが多々あり、その作業がロボタイゼーションされていったのである。

もちろん、産業ロボットの導入において、ＲＸが不要だと言っているわけではない。産業用ロボットの利用時においても、最もロボット活用の効果が大きくなるのは、業務そのものを変革するようなＲＸが実現できたときだ。ただし、同じことを大量に繰り返す作業の場合には、ＲＸまで踏み込まずとも、人より高速・高精度に作業を行うことができれば、全体のスループットが向上し、それだけで費用対効果が出やすい。

一方で、近年は社会のニーズが多様化し、多品種少量生産の時代を迎えている。さらに、三品産業（医薬品・化粧品・食品業界）のような、製造するモノや仕様が頻繁に変わる業界の自動化が求められるようになったり、サービス業のような非定常業務や中断・割り込みが多発する業務でのロボット化が求められるようになったりしているというのが、昨今の大きなトレンドである。

このような業務に対しては、現状のロボット技術の完成度・汎用性では、これまでのように人業務をそのまま置き換えることが前提となるロボタイゼーションやロボタライゼーションが通用しにくい。技術的な難易度が上がることで対応コストも上がる、もしくは、ロボット活用時間が短く、単純な置き換えだけでは、本体価格や導入費用に対する投資対効果が出にくくなるケースも多い。結果として、想定よりもロボットの利活用が広がらないという状況が生まれてしまっている。

このような状況に対して、楽観的に見れば、人手不足を背景に人側のコストが高まっていき、結果的に投資対効果が見合うようになる、もしくは、そもそも人の確保が十分にできなくなるので、そこまで心配しなくてもロボットは活用せざるを得なくなるという考え方もあるだろう。しかし、個人的には、そんなに簡単には乗り越えられないと思う。

そこで大事になってくるのは、「トランスフォーメーション（Transformation）」という考え方である。これまでの「人作業をそのまま置き換える」という視点から、「顧客価値の視点で事業やビジネスモデルを再構築する」という視点に移行し、その中でロボットをどのように使うのかを考えていく必要があるのだ。もっと言えば、「多品種少量生産」や「ロボットが扱いにくい対象物や環境の中での作業」、そして「様々な作業が入り乱れた業務」があるという人作業の現状を再構成した上で、オペレーション自体を変えなければならない。さらに、人もロボットも働き方を変え、「一人分の作業を一台のロボットで置き換える」という発想ではなく、「業務そのものをロボットにより変革していく」という考え方が必要であり、それこそがRXのコアになる。

ただし、必ずしもロボタイゼーション→ロボタライゼーション→ロボット・トランスフォーメーションという順番で重要性が高まるということではなく、単純な繰り返し作業が多い現場では従来のロボタイゼーションが有効であるように、市場や作業に応じた使い分けが必要になる。

このように考えると、サービスロボットが対象とする現場は、前述したように非定常業務・中断業務・割り込み業務が多いため、ロボタイゼーションよりもRXが必要とされることが多い。つまり、サービスロボットの普及と共に、RX視点でどのようにロボット導入が行われうるかの具体的な事例が増えていくだろうということだ。実際に、人とロボットの役割分担やオペレーションの変革を含め、これからのロボット導入の際に参考になるような事例は着実に増えているように感じる。

もちろん、これまでの産業用ロボット導入の事例や知見も最大限活用されるべきだ。活用する際には、サービスの現場をいかにモノづくり化できるかという視点が重要になる。反対に、産業用ロボットの活用領域は製造業の中でさらに広がっており、これまでのロボタイゼーションだけでは通用しにくい現場も多くなってきた。ここで活かされるのがサービスロボットの知見であり、モノづくりの現場のサービス化、RXという視点も大事になってくる。

このように、産業用ロボットとサービスロボットの明確な切り分けはなくなりつつあり、双方領域で得られた知見を循環させることが、ロボットを社会で当たり前の存在にしていくために必要だ。

我々は、新しいロボット産業が立ち上がろうとする局面に差しかかっている。今、ロボットが製造業とサービス業という産業の垣根を越えて、世界を変え始めているのかもしれない。

RXを成功に導く三つのアプローチ

少しずつではあるが、新しい分野でロボットを有効に活用している事例が出始めている。これらを分析すると、RXを成功させるためには大きく三つのアプローチがあることがわかる。

①ロボット以外も含めた全体最適化
②ロボットならではの顧客価値・事業価値の創出
③センシングデータの活用による顧客価値の向上

①の「ロボット以外も含めた全体最適化」は、作業工程自体を再構築し、ロボットが行いやすいような作業に変更したり、標準化したりすることであり、ロボットが作業する時間がまとまるように工程を分解・再構成することなどが含まれる。この中では、「現場改善」や「インダストリアル・エンジニアリング」と言われるモノづくりの知見も活用して、全体のボトルネック解消や最適化が行われることになる。

②の「ロボットならではの顧客価値・事業価値の創出」は、人による作業では実現でき

なかったことをロボットにさせることで生まれる価値をうまく活用し、従来のビジネスモデルを変えることである。「人による作業では実現できない」というのは、絶対にできないというレベルのことから、できるが危ない、きつい、時間・手間がかかりすぎるといった内容まで含むことになる。

③の「センシングデータの活用による顧客価値の向上」は、ロボットを動き回るセンシングデバイスとして活用することである。多くのロボットはモノを掴んだり、人と会話したりと、タスクの対象物と物理的に接触、もしくはかなり接近した状態で動くという特徴がある。これまで十分に取得・活用されてこなかったデータを、対象物との物理的なインタラクションの中で取得し、そのデータをうまく活用して、自動化だけではない顧客価値を創出することを目指すのである。

では、ここからそれぞれのアプローチについて事例を見ていこう。できるだけ想像してもらいやすいよう、身近な「食」に関する事例を取り上げてみる。

①の「ロボット以外も含めた全体最適化」で登場するのは、「ＡＧＲＩＳＴ（アグリスト）」という会社が開発しているピーマン収穫ロボットだ（図7）。「ピーマン収穫ロボット」と聞くと、人より速いスピードで正確に、ピーマンを自動で収穫していくロボットを

図7. ピーマン収穫ロボット(提供:アグリスト)

想像するかもしれない。しかし、現実的には現在の技術レベルでは、人より速い速度で収穫するのはとても難易度が高い。それなら人手でやればよいのでは……と思うかもしれないが、全体最適化という視点を持つと、必ずしも人より高速に収穫できる必要はないことに気づくはずだ。

実際に、アグリストのウェブサイトを見ると、一〇〇%人間に置き換わるロボットではなく、全体収量の二〇%をロボットで賄っていることがアピールされている。なぜ二〇%でよいのだろうか。ピーマンのような一つの木に複数の実がなる作物では、適切なタイミングで実を収穫し、実を付け、育つ負担を軽減することが重要になる。実がなり続けると、木に大きな負担がかかるのだ。すでに大きくなった実に栄養が使われ、小さな実の成長が阻害されてしまう。結果的に全体の収量が下がることになる。

人手不足で収穫が間に合わなければ、収穫量が増えないどころか、木になる実の数そのものに悪影響を与えてしまう。逆に、ロボットが適正なタイミングで収穫に適したサイズの実を収穫できれば、小さな実の成長を促進させ、結果的に全体の収穫量を増やすことができる。

また、ピーマンは生育が早く、数日で実が一気に成長する作物だ。収穫時期を逃してしまうと、大きく成長しすぎた実は出荷規格を満たさず、商品価値が低くなってしまう。ロボットを活用することで機会損失を低減し、商品価値の高い時期に確実に収穫できるようになる。

このように、たとえ人がやっていることを完全に代替できなくとも、これまで人手だけでは収穫しきれなかったピーマンをロボットが適切なタイミングで収穫することで、全体の収穫量や収益を増やすことができるのだ。さらに言えば、この作業を夜間に実施すれば、先にロボットが収穫しやすい実を収穫し、なり方やなる位置によってロボットには収穫が難しい実は人手に任せるといった役割分担もできる。

図8. 豆腐のパッキングの様子（提供：相模屋食料）

重要なのは、作業全体を俯瞰し、最も全体の収益性・生産性を高めるようなロボットの使い方を探ることである。

続いて、②の「ロボットならではの顧客価値・事業価値の創出」では、豆腐のパッキングロボットに登場いただこう（図8）。

「相模屋食料」という会社をご存じだろうか。実は、同社はロボットの導入でビジネスのあり方が大きく変化した企業である。その成果は年商にも明確に表れ、二〇〇四年度の年商が三二億円だったのに対し、二〇二一年度の年商は三二七億円以上となり、二〇年弱で約一〇倍も成長を遂げている。今や豆腐の国内トップシェアを誇る優良企業だ。

ロボット導入時、同社は当時の年間売上額を超える四〇億円の投資を実施した。その資金で相模屋食料の第三工場を整えたのだ。大勝負とも言えるこの投資判断は、同社の急拡大を支える一つの要因となった。

同社が最初にロボットを導入したのは、豆腐をトレーに詰める工程においてだった。今の若い世代は、昔ながらの街の豆腐屋さんで、水の張られた水槽の中から店主が豆腐を取り出して、トレーに詰めている姿を見たことがないかもしれないが、相模屋食料でも、ロボット導入前は人手で豆腐を掴んでトレーに詰める作業を行っていた。実は、それまでも豆腐の製造は多くの工程で自動化が進んでいたものの、この「トレーに豆腐を詰める」という工程を自動化するのは難しく、実現されていなかった。豆腐はやわらかく、崩れやすい。そんな柔軟物を扱うことは、ロボットには難易度の高い作業なのだ。

しかし、同社はこの難問を乗り越えるために、見事な発想の転換をした。ロボットが掴む対象を崩れやすい「豆腐」でなく、比較的掴みやすい「トレー」にしたのである。つまり、ロボットはトレーを掴み、運ばれてくる豆腐にそのトレーを被せる作業を担うことで、パッキングが実現するようにしたのだ。人が行っている作業をそのままロボット化するロボタイゼーションではなく、どうすれば目的が達成されるかに視点を移し、ロボット活用を進めたのである。

ただし、ここで思考を止めてはいけない。この事例は単に発想の転換の重要性を知ってほしいという話ではない。さらに重要なのは、ロボットならではの価値を発揮するという視点である。

そもそも、豆腐を水で冷やすのは、豆腐が熱いと人が作業しにくいからだ。人が担う作業のために温度を下げているわけだが、本来、豆腐は作りたての熱々の状態で梱包したほうがおいしいのだという。

また、温度が高いほうが、衛生面から考えても合理的だ。菌が最も繁殖しやすい、体温に近い三〇度後半という温度を避けて梱包すれば、菌の繁殖も防げる。結果として、ロボットによって熱々のまま梱包することで、消費期限は従来の五日から三倍の一五日へ延びた。これにより、工場から遠いエリアでも販売が可能になり、販路拡大につながった。さらに規模の経済によって原価低減と送料の節約を実現した。

豆腐は消費期限などの問題から在庫を置きにくいが、だからといって店舗での品切れは許されない。しかも、冬には湯豆腐、夏には冷ややっこというように、季節やその日の天候、小売店の特売などでも需要が変化する。生産量が変動する事業であっても、適切な生産プロセスを構築できた背景には、ロボットを利用した自動化が存在しているのは間違いない。

さらに、同社は需要変動に適切に対応できるというロボットの強みを活かすため、日本気象協会と連携し、気象予測に基づく需要予測の精度を三〇％ほど高めることに成功している。この取り組みを通じて、メーカー側だけでなく、小売店側も廃棄を減らすことができる。フードロスを防ぐという観点から社会的意義も大きい。

このような一連の取り組みが、まさに事業やビジネスモデルをロボットで変革するロボット・トランスフォーメーション（ＲＸ）であると言える。二〇年弱で事業規模が一〇倍になった相模屋食料の事例は、現状を分析し、ボトルネックを見つけ出し、ロボットの実力と特徴（ロボットに豆腐は掴めないという点と、ロボットなら豆腐が熱いまま作業できるという点）を正しく見積もった上で、人の置き換えだけでなく、ビジネスそのものを変革したという意味で示唆に富んでいる。

③の「センシングデータの活用による顧客価値の向上」については、国も導入支援する搾乳ロボットの事例を紹介したい。対象物は牛乳である。代表的なメーカーとしては、オランダの「Lely（レリー）」（図９）やスウェーデンの「DeLaval（デラバル）」などがあり、国

図9. Lelyの搾乳ロボット

内でも導入が進んでいる。

搾乳ロボットとは、簡単に言うと乳牛などの畜産を対象とした自動乳搾り器である。センサーで乳頭の位置を検出し、マッサージ・洗浄した後に、自動で搾乳機を装着・搾乳する。一頭だけを個別に搾乳するロボットから、ロータリー式になって一気に数十頭を搾乳するロボットまで様々なタイプがある。

ロボット単体を導入するのであれば、二五〇〇〜三〇〇〇万円ほどの投資で収まるかもしれない。しかし、ロボットシステム全体、それに伴う牛舎の改造などを含めると、全体で億単位の投資になってくるだろう。

それだと畜産家は投資を躊躇してしまう。

ただ、畜産における労働時間の削減は急務だ。酪農場の一人当たりの年間労働時間は全国平均がおよそ二〇〇〇時間超で、超激務になっている。しかも、その五〇～六〇％の作業時間は搾乳時間と見積もられており、長時間労働や生産性の課題に対して、ロボットの活用に大きな期待が寄せられている。実は、国は最大で費用の半分ほどを補助する仕組みを用意しており、畜産家が投資しやすい環境整備によってロボットの普及が少しずつ進み始めている。

ロボット導入の大きなモチベーションは、「省人化・効率化」だ。農林水産省を含む複数機関が公表するデータによると、ロボットの導入で労働時間が一一～二〇％削減でき、搾乳量の増加にもつながる。自動搾乳で搾乳回数が増えると、一頭当たりの乳量も増えるからだ。バラつきはあるものの、取得できる乳量が五～二〇％ほど増えるようだ。

しかし、この話は「搾乳」だけに止まらない。ロボットから得られる「センシングデータの活用による顧客価値向上」という点では、ここからが重要になる。実は、搾乳ロボットは、「搾乳」という作業をエンドユーザー(この場合は乳牛)とのタッチポイントとして、かなり積極的に利用できる。例えば、乳牛の健康管理機器としての機能を付与し、生産性向上のツールとして価値を創出している。つまり、ロボットが優秀なＩｏＴ機器になっているわけだ。

具体的には、体重といった乳牛に関するデータや搾乳した生乳に関するデータを取得し、エネルギー補給のバランス調整、疾病の早期発見・早期治療につなげている。クラウドでデータを管理すれば、獣医にも情報を共有できるため、より高度な判断が可能だ。

また、発情のタイミングも把握できる。個体管理のタグに搭載するセンサーから歩行量などの活動・反芻時間のデータを取得。搾乳ロボットから取得するデータと統合し、最適な授精タイミングを検討できる。これにより、受胎率と繁殖成績の向上が期待できる。

当然のことながら、どの乳牛の搾乳量が多いのかがわかるため、いわゆる体形、乳頭の形状、乳生成量などの観点から、搾乳ロボットとの適性が高い乳牛を選択的に繁殖できるようにもなっていく（選択的繁殖については倫理的な議論がある。ただし、畜産家にとっては搾乳の生産性向上は非常に重要であり、ビジネス的な観点においては重視すべき点である。欧米諸国は種雄牛選択の指標として、搾乳ロボットへの適応性を選択できるようになりつつある）。

こうして搾乳ロボットをＩｏＴ機器として運用することで、乳牛の精密な管理が実行できるわけだ。結果的に、今までの経験則・暗黙知をデータとして可視化し、生産性に寄与している。そして利用期間が長くなるほど、乳牛の生産性は高まり、ビジネスからロボットを切り離せなくなっていく。
また、ロボット導入によるスマート化（ＤＸ化）は生産性向上だけでなく、後継不在といった事業継続の課題解決にもつながると考えられる。

ロボット活用の有無で差が出る時代へ

ＲＸの三つの事例を通して、自動化による人手不足の解消に止まらないロボットの価値について述べてきたが、一方で、自動化・ロボット化の話に必ずついて回るのが「人員削減」「人の仕事を奪う」というキーワードだ。二〇一四年にオックスフォード大学のマイケル・オズボーン教授が「二〇年後になくなる仕事」に関する論文を発表して以来、ＡＩやロボットは未来の仕事を奪うものとしても扱われている。

産業革命ごとに起きるテクノロジーと雇用の議論ではあるが、馬車が自動車に取って代わられたときのように、ロボット化を通じて人に求められる仕事の内容・質が変わることは間違いない。オズボーン教授が指摘しているように、単調な繰り返し業務は自動化されやすくなる一方で、その自動化によって新たに業務が発生することも間違いない。これに関しては様々な議論があるが、人が行う業務は大きく二つの方向性になるはずである。一つは「ロボット・オペレーション系」の業務、もう一つは「人と接する系」の業務だ。

「ロボット・オペレーション系」の業務とは、ロボットが現場に導入されるのに伴って発生する業務である。ロボットを現場導入するためのシステムインテグレーターや、導入後にロボットを動かし、管理し、保守するような業務の重要性が大きくなる。

また、前述したように、遠隔化の価値が近年高まっているなかでは、ロボットを遠隔からオペレーションする仕事が増える可能性が高い。世界に目を向ければ、アメリカのロボットをメキシコから動かすなど、実際に遠隔オペレーターの仕事はそれなりの規模があるようだ。場所や時間に関係なく、どこからでも遠隔ロボットで仕事をする時代がくるかもしれない。

もう一つの「人と接する系」の業務は、いわゆる「おもてなし」と言われるスキルが求められる仕事である。ロボットによって自動化が進むと、効率化が進むと共に、あらゆることがデジタル化される。その中で、働く人に求められるのはアナログなスキルであり、典型は温かみのある対人業務や非連続かつ創造的な発想力が求められる業務になってくるだろう。ただし、デジタル化されるとデータ化もされるので、データを最大限に活用した上でのアナログ業務遂行スキルが求められるようになるはずである。

このように、ロボット化による効率化と、残されたアナログ業務における人間らしさの追求を行わない企業は、自然と淘汰されやすくなるだろう。我々は、テクノロジーを手段として使いこなしていかなければならないのである。

すでに多くの研究者が、ロボットが雇用に与える影響を分析している。国によって労働形態が異なるので一概には言えないものの、ドイツのバイロイト大学のマイケル・コック氏らの発表によると、ロボットを導入した企業の雇用者数は順調に伸びているのに対して、導入していない企業は雇用人数が減少している（図10）。

日本においても、日本ロボット工業会などのデータをもとに東京大学の川口大司教授らが行った、一九七八年から二〇一七年までの四〇年間の長期分析の研究によると、ロボットと雇用は補完関係にあり、ロボットの台数が一％増加すると、雇用も〇・二八％増加するという結果が発表されている。

ロボットを導入することで、生産効率の向上や商品品質の安定化が図られ、コスト削減、収益性改善など企業の競争力アップにつながり、結果として企業は成長し、雇用も増やせるようになる。むしろ最近では、ロボットを活用していることのアピールによって、人的確保の競争力向上につながったという話も聞くようになった。ドイツや日本における研究結果が示しているように、ロボットを導入した企業と導入しなかった企業では雇用数に差が生まれ、ロボット活用が企業経営に影響を与えているのだ。

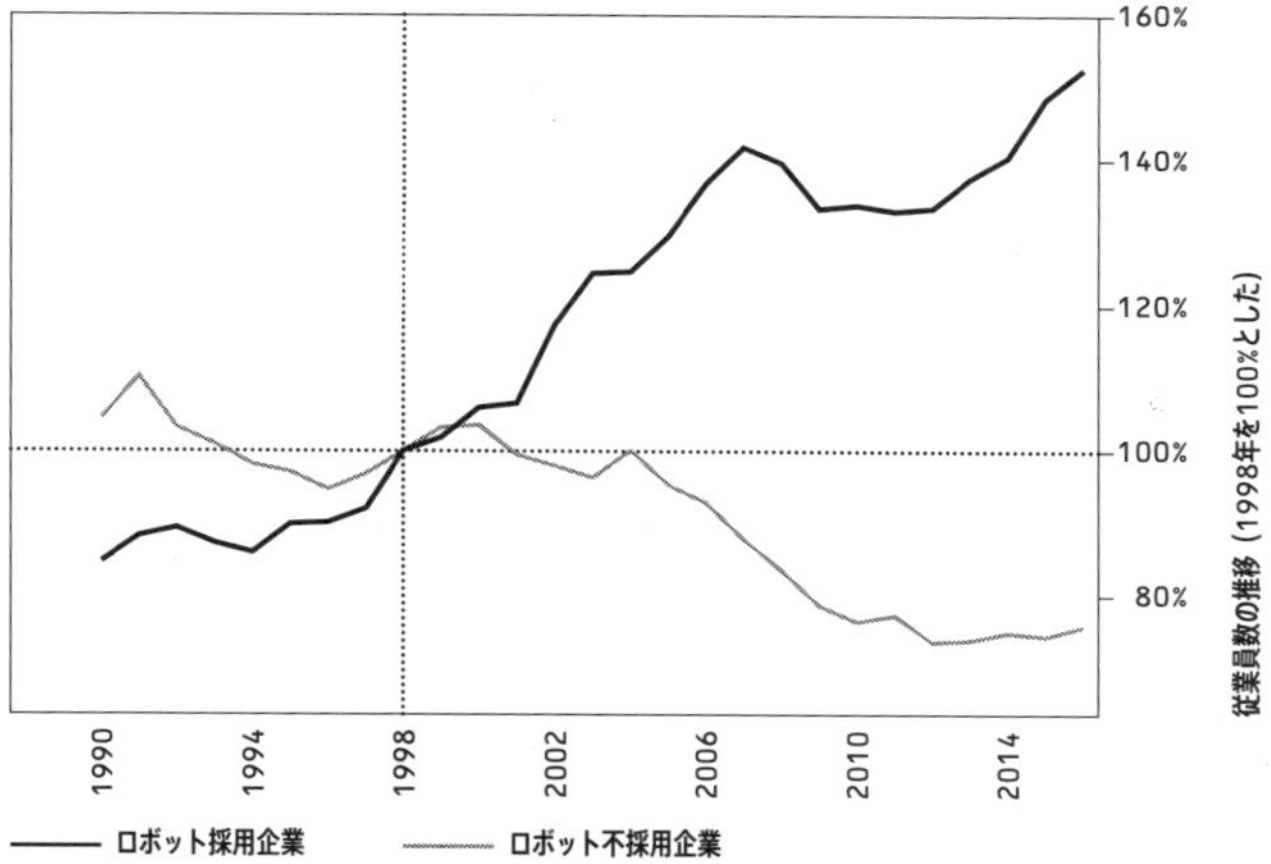

図10. ロボットの導入と雇用者数の関係
(Michael Koch, Ilya Manuylov, Marcel Smolka, Robots and firms, VOX, CEPR Policy Portal, 2019のデータをもとに著者改変)

これらの研究は、基本的に産業用ロボットを対象とした分析であるが、今後、同様の現象がサービスロボットの領域で起きても不思議はない。すでに、サービスロボットを十分に活用できている企業とまだ導入ができていない企業の間には、生産性に差が出始めているように感じる。

RXは経営戦略に紐づく

とはいえ、やみくもにロボットを導入すればよいという話をしたいわけではない。ロボットの導入を進めている企業を見回しても、それぞれ様々である。同じ業種だからといって、同じようなロボットが活用されるわけではない。もっと言えば、同じような作業に見えても、ロボットで行う企業もあれば、人で行う企業もある。

例えば、中華料理チェーン大手の「餃子の王将」と「大阪王将」のアプローチの違いが象徴的だ。大阪王将は、人力に頼っていた調理を代行する調理ロボットを活用している。それによって、「レバニラ＋チャーハン」といった一人で同時には作れなかった「炒め物＋炒め物」のセットを提供できるようになり、売上増に貢献している。また、野菜の量などを自分好みに調整できるシステムと連携するなど、自動化をうまく活用している。ＲＸ成功へのアプローチの②「ロボットならではの顧客価値・事業価値の創出」を実現しているのである。

一方、餃子の王将では、ほぼ同じタイミングで人による調理を追求すべく、店員のスキルを磨く「王将調理道場」を開設した。もちろん、大阪王将が人のスキルを軽視しているとか、餃子の王将は自動化・効率化を軽視しているという話ではないが、ロボットによってプロと遜色ない調理を目指すのか、プロの養成に重きを置くのかという、企業としての方向性の違いがある。

中華料理以外でも、飲食店のロボット化で先頭を走るファミリーレストラン「すかいらーく」グループは、三〇〇〇台の配膳ロボットを全国に導入し、それ以外のＤＸもどんどん進めている。

一方で、素人目には同じような作業内容にも見える「サイゼリヤ」は、配膳ロボットに関してはテスト導入したものの、本格展開には至っていない。具体的には、二〇二一年二月から配膳ロボットを千葉富士見店などに導入し、年間五〇店舗ほどの導入を検討したようだが、二〇二三年四月には全店展開を取り止めている。ただ、これは別にロボットの性能に不満があったというわけではないらしい。というのも、サイゼリヤでは次の三つが重要視されているため、ロボット導入のメリットが少ないと判断されたようだ。

・ホールスタッフは時速五キロ以上の早歩きが基本
・皿を下げるときの持ち手もルール化（複数枚の皿を同時に配膳）
・お盆を使った定食のようなメニューがなく、人のほうが一度に多くの料理を運ぶことが可能

では、サイゼリヤがテクノロジーの活用に無縁かというとそんなことはなく、スマホ注文やセルフレジなどの導入を進めているほか、ロボット化という意味では、食材の加工工場内での自動化には積極的であり、ロボットを使った食材の自動搬送が取り入れられてい

る。

結局は、ロボットをどう使うか、そもそも使うか使わないかの判断には、オペレーションの中で効果が出るかどうかの検討が必要だ。それは店舗設計、商品設計、そして標準作業のあり様に大きく依存する。例えば、店舗の通路の幅や想定するお客様の密度、皿の大きさ、料理の量、お客様の滞在時間、接客の仕方などによって、ロボットが向いている・向いていないという違いが出てくるのだ。言うなれば、それは企業としての戦略そのものであり、もっと言えば、どういうモノやサービスを提供することを使命としているのかという企業としての理念に行き着くのである。

飲食を事例に挙げたが、ある理念・ミッションの実現のために企業は事業を行っていて、そのために最適な経営戦略や商品戦略があり、それを実現するために日々のオペレーションがある。ロボットやＲＸは「目的」ではなく、あくまでもミッションを実現するための「手段」であることを理解しておこう。

ここまで、ロボットの歴史も振り返りながら、どのようにロボット産業が成長し、今後どのようなロボットの活躍が期待されているのか、そして、その期待に沿うために必要な「ロボット・トランスフォーメーション（ＲＸ）」というアプローチの重要性、必要性を事例と共に紹介してきた。次章では、期待されている領域にロボットを実装し、ＲＸを実現していくために考えなければならないポイントをまとめていく。

二章

ロボットが社会実装されるために大切なこと

ロボットには強い「魔力」がある？

いきなり逆説的な表現になるが、ロボットを社会実装する際に最も重要な視点は、「ロボットを実装しようとしない」ことである。特に、ロボットの提供価値が「生産性向上」である自動化を目指す場合には、この考え方を常に頭に入れておく必要がある。

別の言い方をすれば、ユーザーはどうしてもロボットが欲しいわけでなく、何らかの困りごとがあり、それを解決したいと思っているのである。その課題が解決できるのであれば、必ずしもロボットを用いる必要はない。ユーザーからすれば、課題解決こそが目的であり、その手段の一つとしてロボットが存在しているのである。

ところが、この当たり前のことを忘れがちになるのが、テクノロジー、特にロボットの恐ろしさである。顧客の困りごと、特に顧客の重要経営課題に突き刺さらない結果、何となくの概念実証（ＰｏＣ：Proof of Concept）はできても、ロボットの導入には至らない。仮に導入まで至ったとしても、何のためにインテグレーション（統合）するのか、サービス化するのかを常に考えていないと、より顧客の経営課題に突き刺さったソリューションが現れた瞬間に、簡単に乗り換えられてしまう。

なぜ、このような当たり前のことを改めてここで指摘しているのかというと、ロボットには「魅力」あるいは「魔力」とも呼べる不思議な力が存在しているからだ。特に日本人にとって、ロボットは身近な夢のような存在だった。鉄腕アトムや鉄人28号、ガンダム、ドラえもんといった様々なロボットに日々接してきた我々は、なぜか「ロボット」に対してポジティブな期待を抱く。ハリウッド映画におけるロボットの多くがターミネーターのように、悪の代表として人類を滅亡させようとするのとは正反対である。

そして、幼少期よりプラモデルやラジコンといった動くものを自らの手で作った記憶は、大人になっても、目の前でロボットが動き始めたり、合体や変形といったある種の機械的な動きを目にすることで鮮明に呼び起こされ、一気にのめり込んでしまう。

二〇二〇年一二月から二〇二四年三月まで、横浜の山下埠頭で、身長一八メートルの実物大ガンダムを動かすプロジェクトが実施されたが、コロナ禍にもかかわらず、子どもから大人まで、多くの人が訪れる人気デモンストレーションとなった。

また、高専生や大学生がしのぎを削るロボコン（ロボットコンテスト）の全国大会は、NHKで日本中に放送される。学生の全国大会が一回戦からテレビで放送されるのは、野球やサッカーといった人気スポーツに限られることからも、ロボットがいかに人々を魅了しているかがわかる。過去から現在に至るまで、数多くの研究者や開発者、そして一般人やメディアを惹き付けてきたロボットには、紛れもなく、大きな魅力がある。

しかし、社会実装やビジネス化においては、冷静になって「この技術・ロボットは本当に顧客の困りごとの解決につながっているのか?」と改めて考える必要がある。「ロボット以外の方法で解決したほうがよいのではないか?」「その動作は自動化する必要があるのか?」などと自らに問い、ロボットの魅力と意図的に戦わなければならない。

ロボットの魅力は、特に開発する側に対して想像以上に強く働き、冷静な判断を難しくする。それはまさに「魔力」と呼べるレベルである。この「魔力」に襲われやすいのが、それまで人が担っていた作業を、そのまま自動化してしまおうとするときだ。一章で書いた「ロボタイゼーション」のアプローチである。

実際に考え抜いてみたときに、ロボットでなければならない理由にたどり着くケースは、残念ながらかなり少ない。他のＩＴシステムの導入や専用治具の利用、業務そのもののオペレーション改善などで、大部分が解消されるケースがほとんどである。

この「魔力」は本当に危ない。こうした商品が市場投入された場合には、一時的な売上を得られても、それによる市場への影響力はあまりない。そして厄介なことに、仮に製品化まで至らなくても、一定の課題解決にはなるケースが多く、費用対効果を度外視すれば、実証実験である程度の効果も検証できてしまう。「勉強になった」とポジティブに解釈することもできるが、キャリアや時間の無駄になってしまうケースが多いだろう。

開発者は、目の前でロボットを動かしている立場なので、当然この「魔力」に囚われやすい。最後まで気づかないことすらある。技術者の努力や開発された技術を正しく社会に還元するためには、責任者や商品企画、事業開発メンバーが、冷静に、そして時に厳しく「魔力」を取り払う必要がある。

では、どのようにしてこの「魔力」と戦っていけばよいのだろうか。基本的には、現場分析のステップをしっかりと踏むことが大事である。当たり前だが、まずは現場を徹底的に分析・可視化し、何が問題で、それらが経営上の課題にどのように紐づいているのかを把握しなければならない。それこそが「RX」実現のための出発点になる。

現場の課題を適切に理解した上で、ロボットによるソリューションが必要だと判断できれば、次はどのようなロボットを開発するべきかを考える段階になる。このステップが最もロボットの「魔力」に翻弄される可能性が高い。

開発側は、抽出された課題に対し、あらゆることを自動化によって解決したいと思ってしまう。それができれば理想的かもしれないが、ロボットの技術レベルはまだまだ万能ではない。正確に言えば、技術的には多くのことが可能になってきてはいるものの、莫大な費用をかける必要がある。すなわち「金をかければ全自動化はできる」という状態だ。

人手のほうが安く、早く、安全な作業であれば、その上でＲＸを実現するためには、何をロボットにやらせ、何を人が担うのかという業務プロセスを再構築・最適化することが重要である。

現状のロボット技術では、費用対効果を考慮すると「人がやったほうがよい」という結論になることが多いだろう。もちろん、将来的な人手不足の加速や技術の進化を見越せば、必ずしも現時点での費用対効果にこだわる必要はない。ただ、そうであっても徹底的なロボットのスペックダウン、すなわちロボットにやらせることの削減を検討する必要がある。シンプルに言えば、モーターを使う場所を徹底的に減らし、コストダウンを図ることを真剣に考えなければならない。

例えば、洗濯機は「洗濯」という行為を自動化するためのロボットだと言える。しかし、その形態は、昔のように洗濯板でゴシゴシして洗濯する仕組みではなく、洗濯という行為の本質を抽出し、そのプロセスを分解し、機械向けに再構成することで開発された。結果として、洗濯「ロボット」ではなく、洗濯「機」と呼ばれるモノができ上がった。多くの場合、「ロボット」と呼ばれているうちは、道具としては機能が洗練されていないと考えてよいのかもしれない。

産業用ロボットは別かもしれないが、本質的な機能に加えて、余剰な機能が付加されている、ある意味で冗長な仕様になっているモノに対しては、なぜか「ロボット」の名前で呼ばれることが多い。この冗長さこそが、親しみやカッコよさを生み、ロボットの「魅力」と「魔力」につながっていく。

この「魔力」に打ち勝つためには、まずは洗濯機のように、「ロボット」と呼ばれないレベルに至るまで、徹底的に本質的な機能にのみフォーカスする作業が必要である。近年のAIの進化により、ヒューマノイドロボットなどの汎用的な技術開発が急激に、グローバルに進んでいるので、今後高い汎用性を持ったロボットが登場するかもしれないが、その場合においても、まずは本質的な機能は何なのかという視点は忘れてはならない。

「魔力」という言葉をより一般的に使われる言葉で表現するならば、「手段の目的化」ということになる。企業でのロボット開発では、ロボットを作ることが目的化してはならない。そして、ロボットを導入する企業側も、ロボットの導入が目的ではないことを確認しなければならない。

研究開発部門の場合には、「すごい」ロボットを開発することが技術力の訴求として目的化することがあるかもしれない。ユーザー側も、客寄せパンダとまではいかなくとも、ロボットを導入すること自体が先進的企業が故の打ち上げ花火として意味があるケースもあるだろう。それでも、原則は、お客様やユーザー自身の困りごとに対するソリューションの提供を目的としなければならない。このことをしっかり意識しなければ、ロボットの「魔力」は、我々をあっという間に闇の中に引き込んでしまう。

この当たり前のことができなくなってしまう事象を「魔力」と表現したのは、その力がとてつもなく強いからである。特にロボットの場合には、想像以上に強力であると念を押しておきたい。

あえて、もう一度書いておく。お客様はロボットが欲しいわけではない。ロボット研究者、ロボット開発者にとっては少し残酷ではあるが、ロボットが欲しいと思っているユーザーは稀である。「ロボットが欲しい」と明言している場合は、余程ロボットの導入について深い検討をしたユーザーか、もしくは興味があるだけで全くの未検討状態のユーザーだと考えたほうがよいだろう。

通常のユーザーであれば、必ずしもロボットでなくとも、問題が解決できればそれでよいと考える。もっと言えば、その問題を最も費用対効果が高く解決できる手段を求めているのだ。

ロボットはあくまでも手段であり、目的は問題・課題の解決である。家で掃除する時間を減らしたい、人手不足を何とかしたいなど、困りごとを解決したいのだ。ロボットメーカーが目的にすべきことは、ハイテクなサービスロボットを作ることではなく、「ロボットを使うことで価値あるサービスを提供する」ことである。

ロボットへのこだわりを捨て、お客様はロボットが欲しいとは一ミリも思っていないと自分たちに言い聞かせることが、ロボットの「魔力」を振り払うために必要不可欠なのである。

「魔力」を振り払うために現場を知る

先ほど、現場の分析こそがロボットの「魔力」を振り払い、RXを実現するための第一歩となると書いたが、現場分析を行うことで、全体最適化、違う表現を使えば、「最も費用対効果を高くするアプローチ」を探ることができる。

費用対効果を検討する際には、イニシャルコストだけでなく、日々のオペレーションや定期・非定期のメンテナンスといったランニングコストも考えなければならない。そして、「その問題・課題は解く必要があるレベルなのか」「ロボットがあったらよいというレベルなのか」など、現場の課題の価値を問うことが効果を左右する。さらには、適切に費用対効果を得るためには、ユーザーが必要としているクオリティをきちんと把握することが重要だ。単純に性能が高ければよいわけではなく、ユーザーが必要な仕様に対して、低くもなく、高すぎもしない状態になっているかを検討しよう。

そもそも、現在ロボット導入が進んでいる領域は、頑張れば技術的難易度がクリアできるレベルであり、かつ付加価値が高い（効果の経済的価値が大きい）領域である。逆に言えば、現時点でロボットの社会実装が行われていない領域は、非常に高い技術レベルが求められる。もしくは、付加価値が低い（効果の経済的価値が相対的に小さい＝決して作業の価値・意義が小さいということではなく、作業の発生頻度などを含めたときの経済的価値という意味）と言うこともできる。

前述したように、このような領域においては、現在、人が担っている作業を単純にロボットに置き換えたとしても、費用対効果が合わないことが多い。要は、ロボット導入の費用を払っても元が取れないということになる。いくらロボットを導入しようとしても、技術検証はできても、実際の社会実装は進みにくくなる。

そのような状況を回避するために必要なのが、ユーザーの業務の全体把握である。その上で、ロボットだからこそ可能となる業務アプローチを検討し、最適な業務設計を行うことが重要だ。この際にポイントとなるのが、全てをロボットに実施させる前提で人の置き換えを検討するのではなく、何を人が担い、何をロボットで賄うほうがよいのかという視点を忘れないことである。

このプロセスで役に立つのが、工場の業務改善作業などで活用される「Industrial Engineering（ＩＥ：経営工学）」や「業務標準化」という考え方だ。これらは、古くは一九〇〇年代前半に、アメリカの経営学者であるフレデリック・テイラーにより提唱された製造現場の改善手法である。客観的・科学的な視点で製造という行為を分析・整理し、管理することによって労働効率を向上させようとした「科学的管理法（テイラー主義などとも言われる）」などに端を発している。

ロボットの導入検討においても、業務分析により、「ムリ」「ムダ」「ムラ」を炙り出し、ＩＥによって生産や作業を改善・管理していく手法、モノづくりの現場に蓄積されてきたノウハウが大いに役に立つ。これは、日本が長年培ってきたモノづくり、製造業の強みでもある。

可視化、標準化、ロボットを含めた最適化、そして改善というプロセスを回し続けることで、本当の意味で「魔力」を振り払いながら「魅力」も最大限活用し、実際にロボットを社会実装することができるのだ。

逆に、無理にロボットをプロセスに当てはめようとすると、例えば補助金やユーザー責任者の想いがあれば短期的にロボットが活用される場合もあるが、補助金がなくなったり顧客の責任者が変わったりすると、途端に持続的な活用は難しくなる。

「ＩＥ」や「業務標準化」は、いわゆる「カイゼン」や「トヨタ生産方式」などに代表される日本のモノづくりのお家芸である。もっと言えば、５Ｓ（整理・整頓・清掃・清潔・しつけ）という製造業の「基本のき」と言われるようなことでさえ、たとえ工場以外のサービスの現場であってもその本質は有効に活用できるのである。

一方で、日本の製造業・サービス業の現場で働く人は、良くも悪くも万能だ。「あなたの仕事はこれね！」と言われて雇用されても、いざ働いてみると、「これもやってほしい」「こっちもお願い！」と、いつの間にかどんどん仕事が積み重なっていく。アメリカ式の「ジョブディスクリプション（職務記述書）に規定されていること以外はしない」ということではなく、日本の場合には何でもやる・できる多能工的なプレイヤーの存在により、高いレベルが維持されているのだ。

ある意味では、この万能さがロボット導入の障壁になってしまうこともある。何でもできるが故に、その個人にスキル・ノウハウが蓄積され、暗黙知となり、他の人やロボットが代替できなくなってしまうのである。優秀な多能工的プレイヤーに頼ることなく、アメリカのように、いつその仕事の担当者が代わっても、誰もが簡単に仕事ができるように業務の標準化が行われれば、指示書も明確で、それはロボットにとってもやりやすい環境になる。そのような意味でも、現場分析に基づいたタスクの標準化や改善は、ロボット導入にとってなくてはならないものだ。

このようなＩＥを中心とした製造業の知見の活用は、特にまだまだ改善の余地があるサービス領域における「サービスのモノづくり化」の機会であり、「魔力」を振り払い、お家芸を活かす、願ってもないチャンスとなるのだ。

ロボットの「魅力」を引き出すためのポイント

では、ここからは事例を混ぜながら、実際にロボットの「魔力」を振り払い、ロボットの「魅力」を引き出すために意識したい一三個のポイントを紹介していく。

①デジタルの前にアナログなトランスフォーメーションを
②現場にあるのはヒントであって答えではない
③必ずしも人の能力を超えなくてもよい
④必ずしも完全自動化を目指す必要はない
⑤人のスキル・能力を最大限に活かす
⑥ユーザーとメーカーで環境を整える

⑦PoC死しないようにする
⑧メーカーがユーザーになってもよい
⑨必ずしも単独でやりきる必要はない
⑩ロボット単体ではなく、全体のコストを考える
⑪必ずしもロボットを売らなくてもよい
⑫ダブルハーベストで課題解決装置としてのロボット活用を
⑬事業より前に世界観を共創する時代

これら一三のポイントは大きく三つの段階に大別できる。①〜⑤は「開発する前に考えるべきこと」。すなわち、企画段階でどのようなロボットが必要なのかを考える際に注意すべきポイントである。

続く⑥〜⑨は「開発をしながら考えるべきこと」。これらはユーザーやパートナーとの協業が増えるなかで、「魔力」を振り払い、「魅力」を大きくするために必要なポイントとなる。

⑩〜⑫は「実際に事業を行うとき、もしくは事業を行う前に検討すべきこと」。どのようにお金を回し、持続可能な事業にするのかという観点で考えるべきポイントである。

そして最後の⑬は、前述の三つの段階にかかわらず、そもそもどのような価値を提供したいのか、どのような社会や世界を創造していきたいのかという大前提について考えることの重要性に触れている。

これらを全部解説していくと、なかなかのボリュームになるので、先に二章の全体像を掴んでから読み進めてもらえるよう、一旦各ポイントの概要を記すことにする。

まず、企画段階で最初に行うべきは、ポイント①「デジタルの前にアナログなトランスフォーメーションを」である。これは言い換えれば、ロボットの活用うんぬんの前にアナログな活動・行動により、仕事やくらしをより良くすることができないか考えることだ。デジタルなハイテク技術を使うことで効果を生み出すことはできるかもしれないが、その効果を最大化するためには、まずアナログな改革・変革ができていることが前提となる。ここでいう「アナログ」には、現場で働く人々の姿勢や態度も含まれる。ロボットを使う側の人が、ロボットを導入することの意義をしっかりと理解して、活用したいというマインドを持つようになっていることがRXの鍵である。

その実現のために役立つのがポイント②「現場にあるのはヒントであって答えではない」という視点だ。現場を分析する際に重要になるのは、現場には決して「答え」は落ちていないという意識を持つことである。現場に存在するのは「答え」にたどり着くための「ヒント」である。

まだ世の中にないものを作る際に、ユーザーに「どんなものが欲しいですか?」と聞いても明確な答えが返ってこないように、現場をどれだけ分析しても、それだけで新しいものが簡単に作れるわけではない。重要なのは、現場で得られたヒントをもとに、解くべき問題の本質を見抜くことである。

その本質を見抜いた後は、いよいよどのようなロボットを開発すべきかを考えていくわけだが、そこで大事になるのが、ポイント③「必ずしも人の能力を超えなくてもよい」、ポイント④「必ずしも完全自動化を目指す必要はない」という考え方である。

多くの人は、ロボットと聞くと、人の作業能力を大幅に超える性能や、完全自動化を想像してしまいがちである。しかし、実際には人の能力を超えていなければ役に立たないとか、完全自動化ができなければ使えないというシーンばかりなわけではない。実際に求められるのは、業務の本質的な行為を見抜き、その実現を妨げるボトルネックを取り除くことである。そのような意識を持って、どのようなロボットを開発すべきかを議論していくとよいだろう。

また、その議論をする際には、ロボットのことだけではなく、ポイント⑤「人のスキル・能力を最大限に活かす」ことについても考えなければならない。ロボットにはロボットの、人には人の強みや弱みがあるため、それらを融合したかたちでソリューションを検討していく必要がある。

そして、ここから、話は第二フェーズの「開発しながら考えるべきこと」へ入っていく。実際に技術を開発しながら商品を仕上げていく段階では、ポイント⑥「ユーザーとメーカーで環境を整える」ことが必要になる。そこで、まずはロボットを動作させる環境を整備することの重要性を説明する。

残念ながら現在のロボットは、あらゆる環境で万能な性能を発揮することはできない。そのような場合においても、ユーザーとメーカーが歩み寄れば、ロボットの性能を十二分に引き出すことができる。

その上で、現場での評価を継続的に行うPoCや実証の作業が続くことになるが、いつまで経ってもPoCから脱却できない開発をしてしまうと、ユーザー・メーカー共に不幸になってしまう。だからこそ、ポイント⑦「PoC死しないようにする」ために適切なプロセスで進めていく必要がある。

その際には、ユーザー対メーカーという対立的な立ち位置に固執する必要はない。ポイント⑧「メーカーがユーザーになってもよい」で事例を紹介するが、近年ではメーカー側が自らユーザーとなって評価を行うアプローチも増えており、ユーザーの本質的な課題を見抜きやすいなど多くのメリットが確認されている。

ユーザーがメーカーになってもよいし、もっと言えば、全ての役目を一社単独で果たす必要もない。ポイント⑨「必ずしも単独でやりきる必要はない」では、サプライチェーンやバリューチェーンなどの観点でエコシステムを構築する必要性について触れている。

しかし、これらのプロセスを経てより良いロボットが完成したとしても、事業として成功するかは別問題である。第三フェーズでは、まずポイント⑩「ロボット単体ではなく、全体のコストを考える」ことの必要性について解説する。

事業化する際には、ロボットだけではなく、関連する周辺システムなどの全体を含めて最適化し、それに必要なコストを常に意識する必要がある。そして、その全体システムをユーザーに提供する際には、ポイント⑪「必ずしもロボットを売らなくてもよい」という前提に立ち、ロボットを活用したサービス、もっと言えば、「ロボットを使って困りごとを解決すること」に対する対価をいただくと考えるべきだ。

これは、従来のロボットのメインユーザーである自動車産業や電気・電子産業などの大型投資に慣れた産業だけではなく、製造業における中小企業やサービス産業といった新しい領域にロボットを広げていくためにも重要な視点となる。

そして、ロボットシステムは常に課題解決装置になっていなければならない。そのためには、単に自動化を行うツールとしてだけではなく、ポイント⑫「ダブルハーベストで課題解決装置としてのロボットの活用を」で事例を紹介するが、ロボット活用の中で得られるデータを二重にも三重にも活用する「ダブルハーベスト」と呼ばれるようなデータ駆動型ビジネスを模索する必要がある。

これらのポイント①〜⑫と、そもそも論として書いたポイント⑬「事業より前に世界観を共創する時代」の内容は、どこから読んでも理解できるようになっているので、興味があるポイントから読み進めていただければと思う。これさえやっておけば準備万端というものではなく、このようなポイントを意識しながら、技術開発・事業開発を行っていく必要があると捉えてほしい。それでは、それぞれのポイントについて、事例を交えながら詳しく見ていこう。

ポイント①　デジタルの前にアナログなトランスフォーメーションを

最初の事例が手前味噌になってしまい恐縮だが、まず紹介したいのは、病院内で薬剤などを搬送するロボット「ＨＯＳＰＩ（ホスピー）」である（図11）。このロボットは建物の

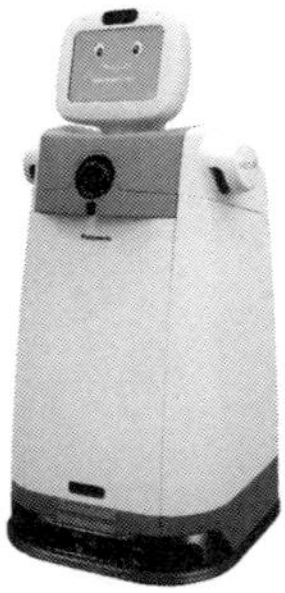

図11. 病院内配送ロボット「ホスピー」

中を自動運転し、エレベーターも駆使しながら、胴体に格納した薬などを搬送できる。

このロボットは、二〇〇〇年頃から開発が行われ、今では日本やシンガポールなどの病院で活躍している。病院という様々な健康状態の人がいる場所でも安全に走行できる工夫など、技術的なこだわりはたくさんあるが、技術やロボットのすごさをいくらアピールしたところで、ロボットは売れるものではない。あくまでもお客様の困りごとを解決しなければならない。

しかし、病院は「お客様」が誰なのかが特にわかりにくい場所である。薬を服用するのは患者だが、薬を運ぶロボットを使うのは薬剤師や看護師、医師、病院内の物流業務を担当しているＳＰＤ（Supply Processing and Distribution）と呼ばれる人など様々だ。彼らは現場での仕事が忙しいということに加え、薬の処方を間違えるといった、いわゆる「ヒヤリハット」を防ぎたいと思っている。

また、設備投資という面では、購買部門・院長・理事長などの決裁者が存在する。そちらの視点から見れば、そのロボットがいかに病院経営の安定化・高収益化に貢献するのかが関心ごとになる。一口に「お客様」といっても、このように多様なステークホルダーがいるのだ。ステークホルダーを洗い出した上で、彼らの困りごとを深く理解し、本質的な課題を特定して解決していく必要がある。

いずれにせよ、まずやるべきは現場の分析である。「タイムスタディ」という手法で、カメラやストップウォッチを駆使しながら、薬剤師の作業や動線を徹底的に分析し、現場が抱える課題を構造的に捉えていく。そして、「忙しすぎる」という現場の担当者が抱える漠然とした問題意識に対して、その忙しさを生んでいる根本的な原因は何か、それが病院経営や薬剤業務の安全・安心にどのような影響をもたらしているのかを理解していく。現場の状況を可視化することにより、「忙しい」という言葉の解像度を上げるだけでなく、各部署や各業務のつながり、それぞれのタスクの相互的な影響度合いを炙り出す。また、こうした分析によって、プロセスを変えたときの影響の範囲も見定めることができる。

このときに使われるのは、「業務分析」「動線分析」「在庫分析」など、どれも工場改善の現場で耳にする言葉だ。工場内の生産性を上げるために、一秒でも早く、安全に、安定して生産する技術を高めてきた「現場分析」の技術は、病院などの製造業以外の現場の生産性向上のためにも、さらにはサービスロボットを効果的に使用するためにも有効なのである。

こうした分析の結果、搬送ロボットを活用しなくても、機器や部材の管理場所やレイアウトを変更し、動線を変えることで多くの課題が解決できてしまうかもしれない。例えば、レイアウトが最適な状態でなかったために、余分に歩く距離（時間）が増えていた。あるいは、モノがたくさんあるために、探す時間や探すための移動距離が増え、ミスにもつながりやすかったのかもしれない。忙しい（時間がない）という問題を解決するために、必ずしもロボットが必要になるわけではないのだ。ロボットを製造・販売する立場からすれば残念だが、何度も言うように、顧客が欲しいのはロボットではなく、課題のソリューションである。この点を見誤ってはならない。

ただし、病院にロボットが不要だと言っているわけではない。そもそもの業務全体の効率化を行った上で、さらにロボットを活用することで、特に忙しい時間帯の作業を少ない人員で回せるようになる。「忙しい」という抽象的な言葉で思考停止するのではなく、「忙しいのはいつなのか？」を正しく理解する必要がある。それができていないまま、業務のピークだけを見て「忙しい」「人が足りない」と判断してしまっていることは意外と多い。

この点は、現場のヒヤリングの際にも十分に気を付けたほうがよいだろう。現場でせわしなく働いているスタッフに対して、「忙しいですか?」と聞いたら、当然「忙しい」と答えるだろうし、人間は良くも悪くも感覚的に生きているので、「印象」で忙しさを論じてしまう。この「印象」は、最も忙しいときに形成される類いのものであるため、しっかりと定量的に分析することが重要だ。

慢性的にどの時間帯も忙しいのか、それともピークの時間帯がとてつもなく忙しいのかによって、打つ手は大きく変わってくる。また、定常業務の量が多いから忙しいのか、非定常業務の割り込みが多いから忙しいのかなど、業務特性の違いも見極める必要がある。それらの分析を踏まえて、労働力をロボットと人にどのように割り振るべきかを検討する。常にロボットを動かすのがよいのか、ベース部分は人に任せて、ピーク部分をロボットに割り振るのか。このあたりは業務内容によって判断が異なるが、どちらの使い方がよいのかしっかりと考える必要がある。

そして、レイアウトだけではなく、業務の段取り自体を見直すことで、そもそもピークをならすことができないのかという発想も重要になってくる。

例えば、入院患者の血液などの検体を運ぶ業務は、外来患者の検査が始まる前に終わらせたい。しかし、朝は転倒などが多く、看護師は手を離せない。そこで、早朝に採血した入院患者の検体を全てロボットで搬送させ、検査体制も見直した。結果として、看護師に生まれた時間を病棟業務に当て、患者の転倒事故を減らしたり、検査時間や待ち時間を短縮することで最善な治療を素早く提供できるようになったというような事例もある。

他にも、ロボットの活用によって薬剤師に時間的余裕が生まれ、患者に服薬指導をする時間が十分にとれるようになったケースもある。こうした改善は経営面での貢献だけでなく、何よりも働く側のやりがいにつながるはずだ。おそらく、薬剤師を志した理由が「搬送業務をしたかったから」という人はいないだろうし、自身の持つ専門性を活かして患者に正しく情報を伝えることをやりがいに感じる人のほうが多いだろう。

このように、ロボットの使い方を考えるのは病院だけの話ではない。ある日、午後二時頃にファミリーレストランにフラっと入店したら、配膳ロボットがキッチンカウンターの横で止まっていた。店員さんに「このロボットは使わないのですか?」と聞いたら、「昼のピークが過ぎたので、少し休んでもらっています」という答えが返ってきた。どうやらこのお店では、ベース部分は人が対応して、ピークの人員を抑える（もしくは、非ピーク時と同程度の人員リソースでオペレーションを回す）ためにロボットを活用しているようだった。

どこの時間帯の業務にロボットを活用するのか、もしくはどのような業務にロボットを活用するのか（例えば、レストランであれば、上げ膳作業で使う店舗と下げ膳作業で使う店舗がある）は、業態やサービスコンセプトにも依存する。いずれにせよ、冷静に現状を分析し、ロボット以外の手法もしっかり検討した上で、それでもロボット化するメリットがあれば、ＲＸを目指して業務そのものを変革していくのがよいだろう。

ここまでロボット事業者の視点で主に病院にロボットを導入する事例を紹介してきた。実際の病院業務を観察・計測・分析し、可視化・標準化しながら、最適な業務フローやレイアウト、さらにはロボットの活用に関する検討を行う。このような、「どのような現場で、どのようなロボットを、どのように使うと、導入効果が最も出やすいのか」といった知見を体系化し、現場へのソリューションをパッケージ化できることが、メーカーの差別化要素や収益性を高めるポイントになっていくのである。

その際には、一足飛びに「ロボット・トランスフォーメーション（ＲＸ）」や「デジタル・トランスフォーメーション（ＤＸ）」というカッコいいものを目指すのではなく、まずは、レイアウト変更といった非常にアナログなもの、地味なところから変革を行っていくことが大切である。

「アナログ・トランスフォーメーション（ＡＸ）」ができなければ、ＲＸやＤＸはもっとできない、ということを肝に銘じておかなければならない。

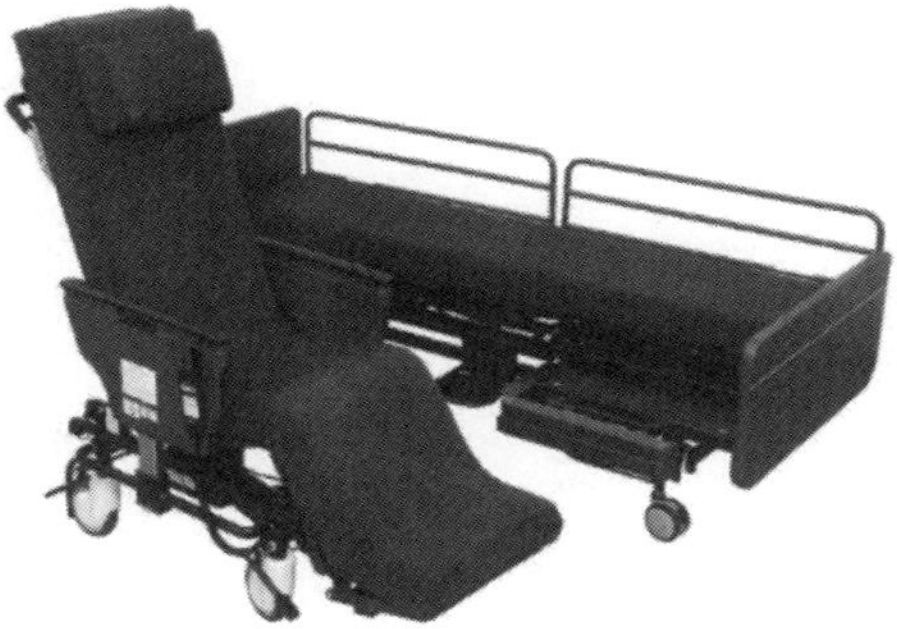

図12. リショーネ

ポイント② 現場にあるのはヒントであって答えではない

次に紹介する事例は「リショーネ」という福祉ロボットである（図12）。リショーネは電動ベッドの一部が車椅子に変形するロボットだ。ベッドから車椅子への移乗作業をなくすことで、介護者の腰部への負担軽減を目的としている。

このリショーネは、実は最初と全く異なる形態になったロボットである。プロトタイプのときには、二本のロボットアームで人が被介護者を抱きかかえる動作を行うもので、ベッドから車椅子への移乗作業を支援するため、ＴＡＲ（Transfer Assist Robot：移乗支援ロボット）と呼ばれていた（図13）。

このロボットが作られた背景には、介護従事者の七〇～八〇%が腰痛に困っており、その腰痛が発症するタイミングの多くが移乗作業中だという状況があった。また、施設内で最も多く事故が発生するタイミングも、移乗作業中のことだった。これらの理由から、移乗作業を支援するロボットが必要であり、介護従事者の移乗作業をロボット化できれば、移乗作業の負担を減らせるという発想が生まれたのである。

この説明を聞いて、あなたはどのように感じただろうか。ロジック自体には、特に誤りはない。おそらく事実である。しかし問題がないかといえば、そうではない。引っかかるのは、なぜか人の作業をベースにロボット化を行おうとしていることだ。まさに「ロボタイゼーション」の考え方である。

このようなロボタイゼーションの厄介なところは、ロジックが間違っているわけではないため、開発されたロボットに一定の効果があるところだ。TARの例で言えば、自動化によって、課題である被介護者をベッドから車椅子に移乗させるときの「介護従事者の身体的な負荷」は間違いなく軽減できる。しかし、いざ介護の現場でTARを運用するときに何が起こるか、想像してみてほしい。

まず、サイズが大きすぎるが故に、部屋のドアをロボットが通過できない。仮に通るこ

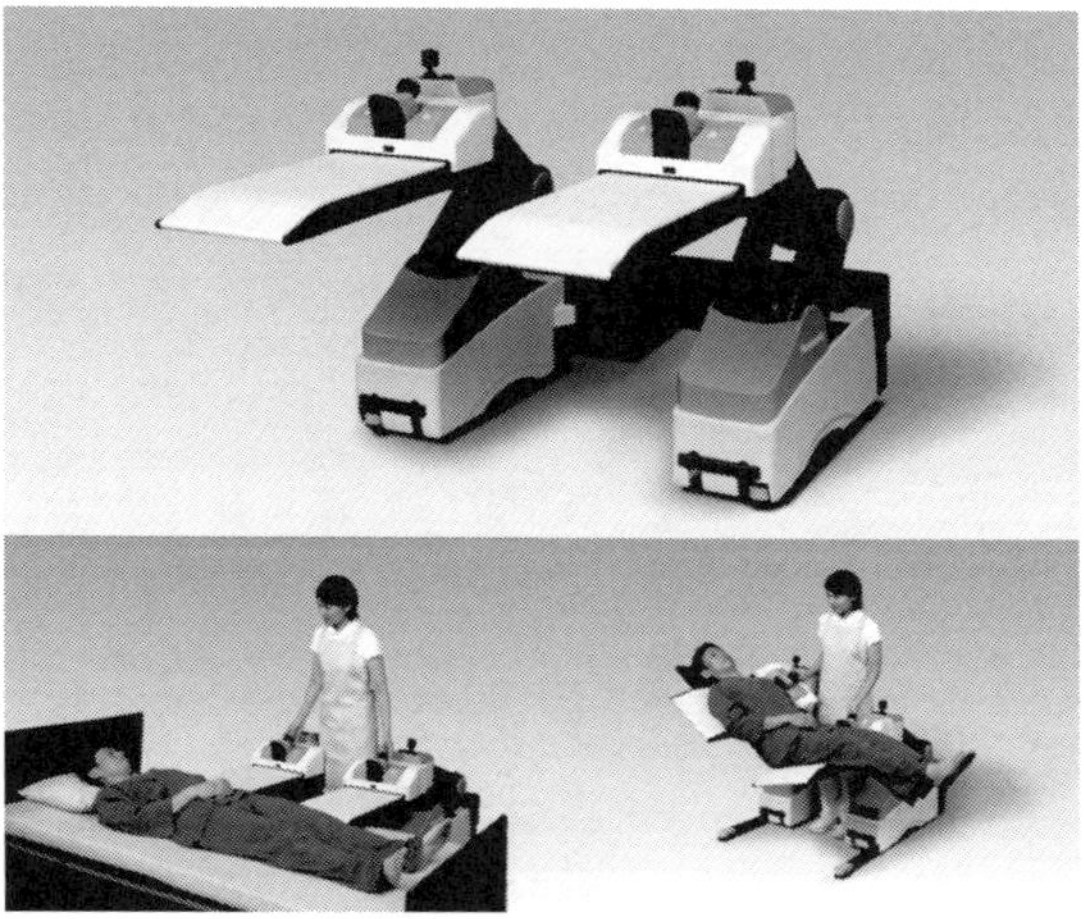

図13. TARと呼ばれていたプロトタイプ

とができても、余程の広さのある部屋でなければ、TARを動作させるスペースが確保できない。そして、動作できたとしても、不使用時の保管場所に困るという問題が起きるだろう。

考えてみれば当たり前の話であるし、後から振り返れば、なぜ考えが及ばなかったのか、不思議になるような内容である。しかし、どれだけ統計的な調査データを見ても、どれだけ現場で困りごとをヒヤリングしても、「腰痛に困っている」「移乗作業の負荷が高い」という意見はあっても、「ドアを通れるサイズのロボットが欲しい」「保管場所に困らないロボットが欲しい」という意見は出てこない。開発するロボットに先行事例がない場合であれば、なおさらである。つまり、現場にはヒントはあっても答えはないのだ。では、このようなことを回避するにはどうしたらよいだろうか。

人の動作をベースに一度試作してみて、改良を加えていくのも一つのやり方だ。しかし、このアプローチだと基本的には元には戻ることができない。一度作ったロボットをどのようにコンパクトにするかという改善のサイクルに入って、その先に解がないドツボにはまってしまう可能性が高い。

そうなるのを防ぐには、人の動作を模擬するのではなく、やはり現場を観察し、分析することが重要になる。問題の本質が何なのかを考えるのである。

リショーネの事例に戻ろう。まず、腰痛発症の主たる原因を探るために、一日の被介護者の行動分析を行った。要介護度のレベルや施設によっても異なるが、そこでは確かに移乗という作業は多く、介護スタッフが一人当たり、一週間で七〇～八〇回の移乗作業を行っていた。

そして、分析してわかったのは、移乗作業の約九五%はベッドと車椅子の間で行われているということだった。それ以外にも、入浴するときやトイレに行くときなどに移乗作業は発生しているものの、大半はベッドと車椅子の間での作業だったのである。

それであれば、ベッドと車椅子間の移乗時の負荷低減を重点的に考えればよい。その発

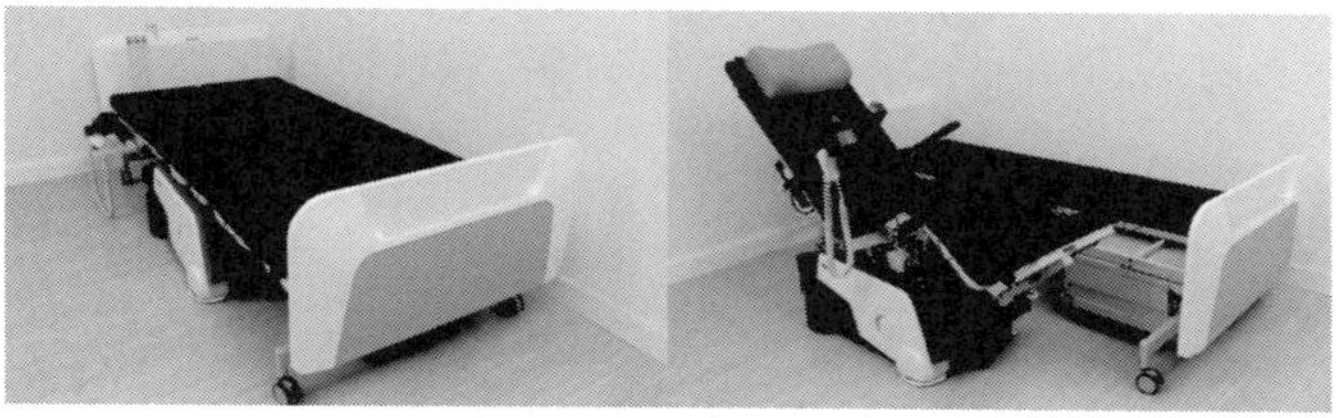

図14. 最初に商品化を目指したモデル

想の転換の結果、そもそも移乗作業自体をなくすような、ベッドの一部が車椅子に変形する「リショーネ」のコアコンセプトにたどり着いた。

しかし、先述したように、ロボットの「魔力」はいつでも技術者に襲いかかってくる。易々と振り払える生易しいものではない。

ベッドの一部が車椅子に変形・分離するというコンセプトで最初に作られたのは、キャノピー(天蓋)が付き、バイタルセンシング機能や通話機能なども付加された、機能を盛りに盛ったモデルだった。商品化というよりはコンセプトを世界に提示し、ブランディングする意味合いが強かった。コンセプトを世間に知ってもらうことも重要だったため、意図的にロボット化を目的としたとも言える。

「魔力」に囚われたのは、次の商品化を目指したモデル(図14)のときだ。機能としてはかなりシンプルになり、コンセプトである「ベッドの一部が車椅子になる」という部分にフォーカスが絞られている。そして、見た目もリショーネとかなり近くなった。

では、これはリショーネと何が違うのか。答えは、ベッドから車椅子への変形、ベッドとの分離・合体、車椅子からベッドへの変形という一連の動作が全て完全自動化されている点である。その動きは何度見ても圧巻だ。見学に来られたお客様も、思わず「おぉ〜!」と声を上げる人が多い。不思議とカッコいいし、ワクワクするのである。

技術者としては、利用者の負荷を減らすことにもなるし、何とか自動化したいと思う。一方、見る側も、自動化されているものを見ると未来を感じ、気持ちが高揚する。これこそがロボットの魅力であり「魔力」である。

しかし、本当にその動作は自動化すべきか、冷静に考える必要がある。「自動化する」ということは、基本的にはモーターなど何らかのアクチュエーター(駆動装置)が必要になり、それはすなわちコストアップを意味する。もちろん、そのコストアップに見合う顧客価値があれば問題ないが、現場のコスト感は非常にシビアである。

リショーネの場合も、変形・合体・分離という動作を複数のモーターで自動化する必要はなく、最終的には介護者が手動で各操作をするという判断がなされた。それでも、被介護者を抱きかかえたり、持ち上げたりする作業はなくなり、介護従事者の腰痛を予防するという目的をクリアしている。また従来二〜四人での対応が必要だった重度の要介護者に対しても、スタッフ一名で対応できるようになった。その効果は完全自動化したときと比べても遜色がなく、費用対効果を考慮すれば、手動のほうが圧倒的に合理的だと判断したのである。

ここまでモーターを削減すると、多くの動作を人手で行うため、周囲からは「これはロボットと呼べるのか？」という声も聞かれた。結論は簡単で、「呼べる」のである。それに大事なことはロボットと呼ばれるかどうかではない。ユーザーの役に立ち、社会に実装されるかどうかである。むしろ、それくらいシンプル化できたことを誇りに思うべきだ。

現場に顕在化されていることは、RXの答えではない。ヒントである。そのヒントをもとに、人が行っていることの本質を見抜き、潜在している事象を炙り出し、人を真似るのではないソリューションに深化させる必要があるのだ。

ポイント③　必ずしも人の能力を超えなくてもよい

次に紹介する事例は、宮崎の新富町を拠点に収穫ロボットの開発を行う「アグリスト」である。一章で取り上げたピーマンを収穫するロボットを開発している会社だ。一章で解説したように、ロボットの性能を追求するのではなく、収穫やその後の販売まで見据えて、農家にとっての生産性を最適化することに取り組んでいる。

ロボットというと、「人の代替」が強調されがちで、人よりも効率や生産性を上げることに焦点が絞られやすい。しかし、アグリストはロボットによって年間収穫量の二〇%程度を賄うことを宣言し、目指している。詳細は一章で触れたので割愛するが、人よりも高性能であること、人よりも速く作業ができることを目指していないのである。人が行っている作業の二〇%をロボットが行うことで、ピーマンが成長しすぎるのを防ぎ、それが他の実の成長を促進し、農家の収益性改善に貢献する。

工場では、ロボットにしかできないことや、人よりもロボットのほうが効率的にできることを、ロボット化するのが得策だ。それは、環境がある程度限定され、ロボットが扱う対象物もほぼ均一化されているため、判断処理がしやすく、柵に囲われていて、速く動いても安全が担保しやすいからである。

一方、例えば公共空間でロボットを使おうとすると、環境は無秩序で対象物も多様になり、情報処理も一気に複雑になる。しっかり考えないと動けないが、ロボットは考えるのに時間がかかる。仮にロボットの仕様としては速く動かすことができても、近くにいる人が怖さを感じないように、実際は速く動かすこともできない。こうなると、人より効率的に作業することはなかなか難しくなる。

このような制約条件がある公共空間で使うロボットは、「技術的にできること」「顧客が求めること」「コストが見合うこと」という事業に必要な三つの要素を全て満たすアプリケーションが限定的になりやすいのである。結果として、なかなか投資対効果が得にくい。

しかし、ここで注意すべきは、「顧客が求めること」や「コストが見合うこと」にどのようなことが含まれているのかということだ。「顧客が求めること」を、先ほどポイント②でも説明したように、目の前で行われている人の動作との比較で捉えてしまわないように要注意だ。大事なのは、一章のRX成功のためのアプローチでも紹介したが、全体最適化する際のボトルネックを解消し、人が行うよりも高いスループットを実現することである。

また、「コストが見合うこと」については、人件費を正しく見積もる必要がある。そもそも地方では全く人が集まらないのか、それとも時給を高くすれば人は集まるのか。人件費だけでなく、採用費用や教育費用、離職リスク費用など、ボトルネックを解消しようとするときに発生する総コストを想定して、比較しなければならない。

繰り返しになるが、ここで大事なのは、全体最適化しようとしたときのボトルネックを解消すること、スループットを上げることである。ピーマン収穫ロボットがそうであったように、人を超える性能を有していないロボットであっても、全体最適化という視点で考えると有効な場合がある。その状況を、簡単な思考実験で考えてみたい。

例えば、単純なタスクとしてバケツリレーを考えてみよう。五人でバケツリレーをする。全員が一分当たり一〇リットルを運べる場合、途中で水が減ることなく、最後の人のところまで効率的に運ぶことができる。一方、例えば三人目の人は、毎分四リットルしか運べなかったとする。その場合には、五人目が一〇リットル運ぶ能力があったとしても、三人目と四人目が渡す量が毎分四リットルになっているので、五人目が運べる量も四リットルになる。つまり、三人目がボトルネックになり、全体のスループットが下がっているのだ。こんなときにはどう対応するのがよいのだろうか。

答えは、いろんなパターンがある。三人目は、配属されたばかりで作業に慣れていないだけかもしれない。訓練すればあっという間に毎分一〇リットルを捌けるようになるかもしれない。もしくは、三人目の位置に毎分一〇リットル運べる機械を導入するという方法もあるだろう。

また、機械化する場合に、一〇リットル未満の処理能力だったら意味がないかというと、そんなこともない。ボトルネックになっているのは「毎分四リットルしか運べない」状況なので、それよりも処理量が多ければ、全体のスループットは上昇するからだ。六リットルであろうと八リットルであろうと、上がった処理量による収入と機械化のコストが見合っていれば、ひとまずはよいのである。

では仮に、とても安価だが、毎分二リットルの処理しかできない機械があったらどうだろう。さすがに、これを三人目と置き換えても意味がない。ボトルネック部分をさらに悪化させるだけである。ただし、三人目と併用して、人と機械で同時に作業すると、毎分六リットルまで処理能力を上げることができる。もしくは、機械を並列に三〜五台使えば、当初の処理量よりも多くの水を運べるようになる。

あるいはボトルネックの原因は、三人目の作業環境に階段があったなど、そもそも能力が発揮しにくい場所だったという可能性もある。その条件下では、機械を導入しようとしても、コストが高くなってしまうかもしれない。

では、二人目も三人目の場所の担当にしてしまうという方法はどうだろう。三人目の場所は作業がしにくいので、二人目も当初の毎分一〇リットルという能力を発揮できず、二人合わせて八リットルの量しか処理できなくなるかもしれない。しかも、この方法だと、当然二人目の担当箇所に人がいなくなってしまう。追加で人を集めようとしても、このご時世、バケツリレーという単調な力仕事をしたい人はなかなか見つからず、機械化をするしかない。そこで、二人目の工程の自動化を検討してみることになる。

このときにやってしまいがちなのは、もともと二人目の能力は毎分一〇リットルなので、機械にも毎分一〇リットルの性能を求めてしまうことだ。しかし、全体を見渡してみると、ボトルネックになっているのは、階段エリアの毎分八リットルという処理量にある。二人目が担当だった箇所を自動化して八リットル以上の性能を持たせても、階段エリアでは八リットルしか運べないのだから、宝の持ち腐れになってしまう。人の能力である一〇リットルよりも低い能力であっても、機械で毎分八リットルの処理ができれば、全体としてのスループットは最大化できるのである。

このバケツリレーは余りにもシンプルかつ極端な例なので、実際のロボット活用を検討する場面ではもっと複雑だったり、もっと抜本的に変えるべきことがあったりする。ただ、実際の現場で起きていることはこれと似たようなことだ。個別の箇所で最適化を行ったり、人以上の性能を求めたりしても、実は無駄になってしまう場合があることは見落とされがちだ。

全体を俯瞰しながら、ボトルネックを解消していく。そのときに、人以上の性能を有するロボットが必要とは限らない。たとえ性能は人以下であっても、並列して使用したり、前後工程で融通を利かせたりするなど、全体のスループットを上げる方法は色々とあるだろう。

状況を俯瞰してみると、実は人もロボットも能力を持て余しているケースが見つかるこ

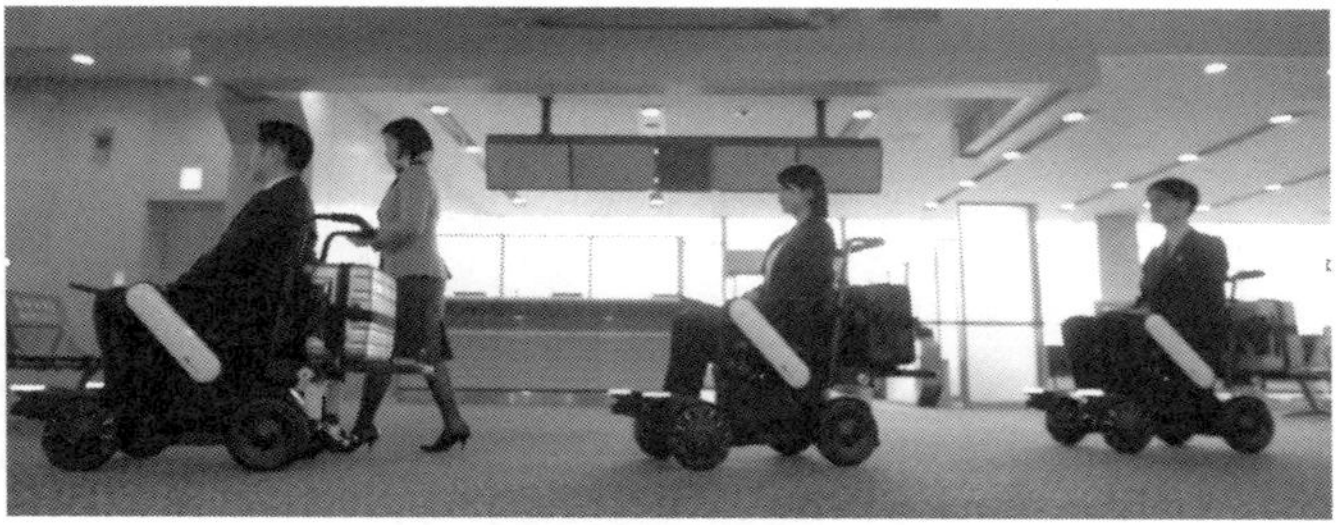

図15. 追従走行型の車椅子型ロボット

ともある。バケツリレーの話も、ピーマン収穫ロボットの話も、全体最適のためのボトルネック解消という話であり、その中で、人の能力をどのように有効活用するのかという話である。貴重な戦力である人の能力を活かすためにも、全体最適化の視点は重要になってくるだろう。

ポイント④　必ずしも完全自動化を目指す必要はない

次の事例は、私自身が二〇一五年頃から開発を行った車椅子型ロボット（図15）の話である。この開発は、我々と日本のスタートアップが協力して取り組んだものだ。

当初、空港ではかなりの数の手押し型車椅子が使われていたが、そのサポートスタッフの人手が足りないという相談を受けた。当時はインバウンドのお客様の増加に加えて、二〇二〇年に東京オリンピック・パラリンピックの開催を控え、車椅子ユーザーの数が爆発的に増えることが見込まれていた。

開発に関わるまで私も知らなかったが、空港には身体が不自由な人の移動をサポートするという国際的なルールがある。実際にいくつかの空港で現場の観察・分析をしてみると、アジアから日本への便や北米へのトランジット便など、多い便では実に一便当たり、三〇～六〇人という人が車椅子を利用していた。

車椅子でのサポートを必要とする方々に対して、それまでは一人ずつサポートスタッフが付いて、ゲートから目的地への移動を手伝っていた。つまり、五〇人の車椅子利用者がいれば、五〇名のサポートスタッフが必要になる。当然、空港では同時間帯に複数の便が離発着する。人手が足りないわけである。

この状況に対して、当初我々が提案したアイデアは「完全自動化」だった。現場を分析すると、対応にかなりの工数がかけられており、もし完全自動化ができれば、相当な省人化効果が期待されることは数値的に明確だったからだ。

ゲートまで車椅子が無人で迎えに行き、ユーザーが車椅子に乗った後は自動で目的地までお届けする。それができれば、乗り降りのときのサポートは必要かもしれないが、移動中はスタッフを必要としない。前述したように、我々は病院を自走するロボット「ホスピー」を開発していたため、技術的には充分に実現できると判断したのだ。
実際にデモ機を作って、空港や航空会社の関係者の方々にデモンストレーションを行う機会もいただいた。デモンストレーション自体は好評を得たが、その後、現場のスタッフの方々から次のように言われたのである。

君たちは僕たちの仕事を何もわかっていないかもしれないですよ。我々はお客様をある場所から次の場所に搬送しているだけではないのです。

一瞬、意味を理解できなかったが、スタッフの方々によく話を聞くと、少しずつその発言の意図がわかってきた。もちろん、お客様を目的地までお届けするのが仕事ではある。しかし、その過程でお客様と会話をし、トイレなどに寄る必要がないか、気になることはないかといったコミュニケーションをとっている。また必要に応じて航空会社のスタッフと情報を共有しながら、最適かつ円滑なサービスを提供しているのだという。
つまり、最高のユーザー体験を提供するために、お客様とのコミュニケーションはとても役に立っている。にもかかわらず、我々が提案した完全自動化システムはその利点を全く無視しているという指摘だったのだ。

「ハッとさせられる」とは、まさにこのことであった。現場の役に立つことが大事だと部下たちにも口うるさく言っていた私自身が、いつの間にか技術開発を目的化し、そのことに気づかなかったのである。

その出来事をきっかけに、我々は「完全自動化」から、あえて人手が必要な「追従型」へと、開発コンセプトの変更を決断した。追従型は「カルガモ走行」とも言うが、先頭の車椅子は人手によって操作され、続く二台目、三台目の車椅子は自動的に前の車椅子を追従する仕組みになっているものを言う。

技術的な詳細は割愛するが、この仕組みであれば、これまで三人のお客様の移動に三人のスタッフが必要だったのが、一人のスタッフでサポートできるようになる。一人ひとりと会話することもでき、これまでと同様のサービスを提供することができる。

一方で、完全自動化に意味がないわけではない。完全自動化でも十分に役に立てるシーンはあるし、実際に国内・海外の大型空港においては、そのようなサービスの提供もある。

このような経緯で開発されたロボティックモビリティは「PiiMo（ピーモ）」としてすでに商品化され、空港以外にも観光地など様々な場所でご利用いただいている。例えば、山梨県の昇仙峡においては、このピーモを活用したガイドツアーが行われている（図16）。

昇仙峡は秋の紅葉がとても美しい場所だが、山中にあるため、歩くことが不自由な人

図16. 昇仙峡での追従型ロボティックモビリティの活用

は観光しにくい。この追従型ロボティックモビリティがあれば、歩くことが不自由な人でも、美しい景色を見ながら、直に自然の空気も味わうことができる。先頭の車椅子には旅行会社の専門ガイドが搭乗しているため、見所などの専門的な解説を聞きながら観光を楽しめる。

ここでも、完全自動化することができたかもしれない。しかし、あえて専門知識を持つガイドとコミュニケーションをしながら観光することで、より質の高いサービスの提供につながっているのではないだろうか。

このように、提供したいサービスの価値はどこにあるのか、人だからこそ提供できる価値とは何かを見極めた上で、どのようなロボットの機能を実現すべきなのかを考える必要がある。私たちはついつい、ロボットといえば「自動化」という発想を抱きがちだが、いつも完全自動化が正解ではないのである。

ポイント⑤　人のスキル・能力を最大限に活かす

先ほどの車椅子ロボットを活用したサービス提供の事例は、現場で人のコミュニケーション能力を活かすところがポイントだった。しかし、人の能力を活用するためには、必ずしも人がその場にいる必要はない。

神奈川県藤沢市では、離れた場所から人のスキル・能力を最大限に活かそうとする取り組みが行われた。その中心となったのは、屋外を移動するロボットと、「オリィ研究所」が開発した遠隔操作ロボット「OriHime（オリヒメ）」を組み合わせたロボットシステムだ（図17）。

具体的には、藤沢市の街中でこのロボットを使って、街案内のガイドツアーや移動販売の接客を遠隔でするといった取り組みが行われた。コミュニケーションには、ロボットに搭載されたカメラやマイク、スピーカーを使う。通信技術の活用により、病気などで外

図17. 移動ロボットとコミュニケーションロボットが融合したロボットシステム

出が困難になってしまった人であっても、リモートで観光ガイドや接客の仕事ができるのだ。特にコミュニケーションのスキルを有していれば、十分に商用レベルのツアーや販売、接客業務が可能であることが確認されている。

例えば、病気になる前はテーマパークで接客スタッフをしていたなど、高いレベルでの接客業を経験している人は、カメラ越しに見える映像からでも相手の興味や理解の状況を繊細に察知し、適切な提案や会話を行うことができる。

実際にその効果を測定したところ、移動販売においては、自動でロボットだけが巡回するよりも遠隔からの接客業務があったほうが、売上が数倍上がることが確認された。また、接客の様子は全てデジタル化され、記録されているので、例えば接客の経験が少ない遠隔オペレーターの学習に活用し、より質の高いレベルのサービスを早く提供できるようになる。

実はこの取り組みにおいては、遠隔からコミュニケーションをとる人以外に、もう一人の遠隔オペレーターが存在する。そのオペレーターは、移動ロボットを複数台同時に監視し、必要に応じて操作を行う。この「遠隔オペレーター」という仕事はグローバルに広がりを見せており、アメリカのメディア『WIRED（ワイアード）』では「Shadow workforce（影の労働者）」と表現されるなど、表で活躍するロボットに不可欠な存在として注目されている。

アメリカで配送ロボットの開発を行う「COCO（ココ）」という会社では、自動運転ではなく、あえて人が遠隔操縦するアプローチをとっている。彼らのインタビュー記事を読むと、最初のパイロットはアメリカの名門大学・UCLAに通う、ビデオゲームが上手な学生だったそうだ。

ビデオゲームに要する集中力と手や目の協調運動は、遠隔操作のパイロットに要求されるものに近いと言われている。確かに、同時に動く複数台のロボットを監視し、必要に応じて、焦らず素早く適切に移動をサポートするためには、脳の回転が速く、手先が器用な、いわゆるゲーマーのような人が向いているのかもしれない。

このように、一方では人との高いコミュニケーション能力やホスピタリティの精神が求められ、もう一方ではゲーマーのような、手先が器用で複数の処理を同時に行う能力が求められるなど、同じ遠隔オペレーターという仕事でも必要なスキルや強みが異なってくる。こうしたオペレーターの仕事は、場所や時間に依存せず、それぞれの人の「強み」「好き」「技能」「経験」が最大限活かされるため、これまで労働に従事できなかった人々の力を新たに活かすことができ、より多様な立場の人が積極的に社会に参加できるようになるだろう。

ここまで、「人の能力・スキルを最大限に活かす」の具体事例を紹介してきたが、ここで少し歴史を紐解きながら、今後の展開について考えてみたい。

通信技術を使い、離れた場所から人の能力・スキルを活用しようという取り組みは、今に始まったことではない。操縦型ロボットとして、実は一九六〇年代には存在していた構想である。

操縦型ロボットのイメージは、アニメを例にするとわかりやすいかもしれない。古くは「鉄人28号」や「機動戦士ガンダム」、少し前では「攻殻機動隊」のような世界観は、操縦型の典型と言ってもよいだろう。

「鉄人28号」では、主人公の正太郎君が小型操縦器（リモコン）を持って巨大なロボットを遠隔操作し、「攻殻機動隊」では、電脳化・義体化という技術によって、サイボーグ化された身体を脳から直接的に動かせる設定がなされている。

では、実世界においてはどうか。離れた場所から操縦するという観点では、一九五八年にイタリアの「CNEN（原子力研究所）」のカルロ・マンチーニ氏らが、移動型の遠隔操作ロボット「Mascot（マスコット）」を開発している。

日本においても、一九八七年に東京大学の舘暲先生らが遠隔操縦型ロボットの研究を始めた。驚くべきことに、この時点でVR（Virtual Reality：仮想現実）と融合させた研究が進められていた。

一九八〇年代には国主導で「極限作業ロボットプロジェクト」が大規模に推し進められた。日立製作所など多くの大企業が参画し、原発施設向けや海洋向け、防災向けなどの遠隔操作型ロボットアーム付きクローラー（無限軌道車）や、四足歩行ロボットが開発された。

一方、身体を操縦するロボットという点では、義手が早くから取り組まれている研究分野であり、一九六四年に早稲田大学の加藤一郎先生らが始めた「前腕切断者用筋電義手

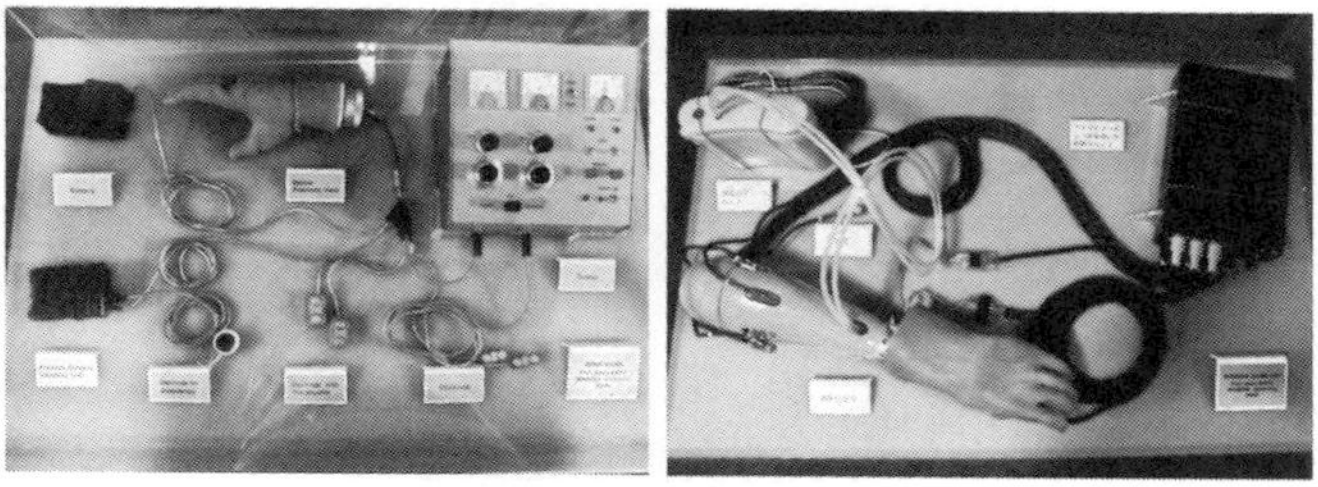
図18. 早稲田大学が開発した筋電義手

（ワセダハンド）」の研究が原点と言えるだろう（図18）。一九六九年に研究室レベルで生体信号（筋電信号）をもとにした操作を可能にし、一九七九年には今仙技術研究所と共同開発した「ＷＩＭＥ（ワイム）ハンド」として実用化されている。

義手以外の分野でも、「General Electric（ＧＥ：ゼネラルエレクトリック）」のラルフ・モッシャー氏らが、一九六〇年代に「Hardiman（ハーディマン）」という装着型ロボットのプロジェクトを開始している（図19）。同プロジェクトの目標は、「人にとって過酷な環境であっても、人の動きを直接的に伝達・増幅する機械の補助によって作業を可能にすること」だった。その目標の中で産業用途など、様々なアプリケーションが探索された。

五〇年以上前に始まった操縦型ロボットの研究開発だが、近年、いよいよその成果が現場のフィールドで活躍する機会が増えている。特に遠隔操縦型ロボットの代表例である「アバターロボット」は、一気に普及期を迎えそうな状態にある。後から振り返れば、二〇二〇年が「アバター元年」と呼ばれる年になるかもしれない。

日本においても、アバターロボットの開発に取り組むベンチャー企業がいくつも誕生し、開発を進めている。先ほども名前が挙がった、東京大学の舘先生が会長を務める「TELEXISTENCE（テレイグジスタンス）」は、コンビニ大手のファミリーマートに三〇〇台もの遠隔操作型の商品陳列ロボットを導入することを発表した。他には、宇宙用作業ロボットを開発する「ＧＩＴＡＩ（ギタイ）」や、サイボーグ事業を手がける「MELTIN（メルティン）」などが、アバターロボットのための新しいハードウエアを開発している。

また、先ほど紹介したコミュニケーションを支援する分身ロボットのオリヒメを開発するオリィ研究所は、寝たきりの人が自宅にいながら、飲食店での注文を取る仕事ができる仕組みを立ち上げたほか、ＡＮＡ（全日本空輸）系の「avatarin（アバターイン）」は一〇〇〇台のアバターロボットをサービスインすることが報じられた。

こうした流れは、新型コロナウイルスの蔓延による非接触ニーズの高まりによって加速度的に実用化が進んだ。感染が落ち着いた後の定着状況を見ると、活用はある程度継続されており、今後は生活の中に様々なかたちでなじんでいく可能性も大いにある。アフター

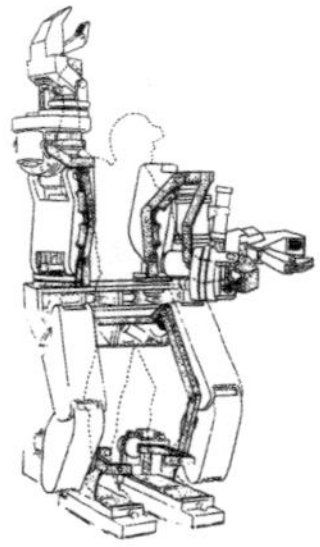

図19. Hardiman

コロナの世界においても、遠隔作業によって空間の制約を超えられることは価値を持ち続けるのである。

空間の制約を超えるということは、これまで遠くにあってできなかった作業が近くでできるようになり、逆に、近くで行うのが当たり前だった作業が遠くでもできるようになることである。前者は宇宙での極限作業などが該当するだろうし、後者はサービス業での対面業務などが該当するだろう。

世界中の人件費が安い場所や、時差を利用した採用がしやすい場所など、遠方からの労働力を確保できるという点では、経済的合理性の観点からも遠隔タイプのロボットシステムの導入が進む可能性は大いにある。

一方で、操作型ロボットは、一人が一体を操作する「一対一」の関係では生産性が上がりにくいのが課題だ。つまり、生産性を向上させるという観点においては、ロボットを操作する人は、自分の身体と他のロボットを同時に操作するか、複数のロボットを同時に操作する必要がある。

一対一を超える生産性を実現するためには、技術的には「Shared Autonomy（シェアド・オートノミー）」「Shared Control（シェアド・コントロール）」が重要になる。これらは自動運転車の領域でも使われる言葉なので、耳にしたことがある読者もいるかもしれない。簡単に言えば、人がロボットの全てを操作するのではなく、ロボット自らがある程度自律的に動けるようにする技術だ。これらの技術が確立されれば、基本的にはロボットが自律的に判断・作業し、ロボットには難しい作業だけを人の操作に切り換えることが可能になる。タスクそのものが難しい作業や、タスクの開始やエラー復旧作業など、人が確認したほうがよい非定常的な作業だけを遠隔オペレーターが作業する。

ロボットの自律制御と人の遠隔操作を組み合わせる技術が発達すれば、操作者の認知的な負荷を高めることなく、一人でN体の複数台のロボットをコントロールする「一対N」の効率的な作業が可能になる。

現状の「一対一」、さらには「一対N」などのかたちで導入が進んでいく操縦型ロボットは、将来的には「N対M」というかたちになっていくだろう。つまり、N人の遠隔オペレーターが共同でM体のロボットを操作する世界だ。そして、このような複数と複数が混ざり合う世界感において必要になるのは、人とロボットをマッチングするプラットフォー

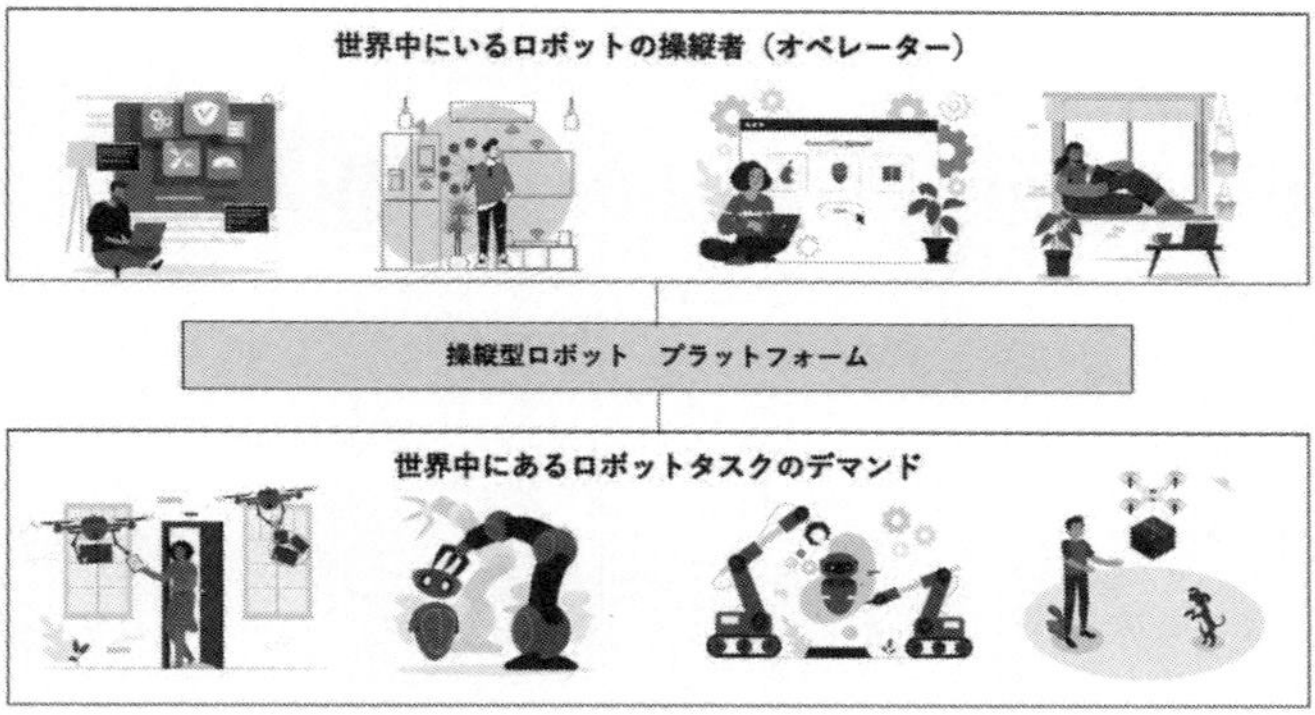

図20. 人とロボットをマッチングするプラットフォーム

ム技術である。

図20に示すように、世界中にいる操作者と世界中にあるアバターロボットを結び付けるプラットフォームは、今後とても重要になる。すでに、先述のテレイグジスタンスは、「Microsoft（マイクロソフト）」のクラウドサービスを使って、コンビニなどの小売店向けプラットフォーム「Augmented Workforce Platform（AWP：拡張労働基盤）」を発表している。AWPそのものの全貌はまだ明らかにはなっていないが、おそらく最終的には、世界中の労働力と仕事をマッチングさせるプラットフォームとして、さらにはフィジカルなロボットだけではなく、サイバー空間でのアバターなども含めて、様々なタスクが実行される基盤になっていくだろう。

また、ソニーグループと川崎重工業が共同設立した会社「Remote Robotics（リモートロボティクス）」が二〇二二年の国際ロボット展で行ったデモンストレーションも、リモートであらゆる仕事を行う未来を想像させるものだった。展示では、自宅のような遠隔地からタブレットのアプリを使って、工場にあるロボットを操作して薬品の調合を行えることが紹介された。まだリアリティがないという意見も散見されたようだが、「家から遠隔でできる仕事を選ぶ」「それぞれの家が職場になる」「専門的な制御技術・知識がなくても、アプリで簡単にロボットの操作ができる」といった最終的な使い方の妄想は十分にできるものだった。

リモートロボティクスは、リモートワークのマッチングプラットフォーム「Remolink（リモリンク）」というサービスも発表しており、前述のＡＷＰと合わせて注目が集まっている。

少し言いすぎかもしれないが、もしかすると、操縦型ロボットや操縦型ロボットをつなぐプラットフォームは、ＳＦ作家のニール・スティーヴンスン氏が提唱した「Metaverse（メタバース）」を、サイバー空間だけでなく、フィジカル空間も巻き込んで実現する、壮大な新世界の重要な起点になっていくかもしれない。

このような遠隔ブームは、ある意味では新しい「Human Computation（ヒューマンコンピューテーション）」のかたちと言うことができる。

これまでのヒューマンコンピューテーションという言葉には、コンピューターには難しいことを人にやらせるという視点が目立っていた。例えば、ウェブ上で学習データを知らぬ間に人がつくらされている場面がある。読者の皆さんの多くが、ウェブ上でねじ曲がった数字を見せられて、どう読めるか回答したことがあると思う。これは、コンピューターが認識するのが難しい数字の答えを人が教えているのである。最近では、文字ではなく写真を見せられる場合も多いが、いずれにせよ機械の学習データを人が作っていることに変わりはない。

従来通りのニュアンスで言えば、ロボット分野におけるヒューマンコンピューテーションも、ロボットが考え出した答えを実現するのが難しい場合に、「人がロボットの手足となり実行する」という意味になってしまう。

しかし、これからのヒューマンコンピューテーションは、「コンピューターに難しいことを人にやらせる」というネガティブな視点ではなく、人がやりたいと思うことを積極的かつ持続的に、場所に囚われることなくできるようにするためにコンピューター（ロボット）を使っていくという視点が必要だ。

カフェでのサービスを遠隔から行うオリィ研究所の取り組みや、農業における収穫作業を遠隔から行う取り組みが良い例である。働きがい、もっと言えば生きがいを、遠隔操作ロボットを使って実現しているのである。

一方で、遠隔の仕事が増えていくことで、何か問題は生じないのだろうか。遠隔化によって空間の制約から解放されるため、前述したように、遠方の安い賃金の労働力を確保できるようになる。

そのため、特定の地域の安い労働力の搾取が懸念される。また国境を越える労働においては、「最低賃金をどのように定めるべきか」「得た収入の税金をどこに納めるのか」「事故が起きたときにはどこの法律で誰が裁かれるのか」「どの国の法律のもとで労働が管理されるのか」など、様々な課題がある。こうした社会実装する際に生じうる課題は「ＥＬＳＩ（Ethical, Legal and Social Issues：倫理的・法的・社会的課題）」と呼ばれる。

また、遠隔で人のスキル・能力を活用しようという取り組みは、ここまで述べてきたような「新しい働き方」とは全く別の方向性の可能性ももっている。それは、自動化が難しいタスクにおいて、一時的に人が遠隔で作業して操作データを取得し、それをロボットに学習させ、最終的には自動化が可能になるというものである。

まさに従来のヒューマンコンピューテーションの発展形と捉えることもできるが、これは「Digital Triplet（デジタルトリプレット）」の一種と考えることもできる。「Digital Twin（デジタルツイン)」という言葉を知っているだろうか。これはリアル空間に存在するものをそのままデジタル空間に再現する技術であり、デジタル空間内で様々なシミュレーションを行うことが可能で、効率的にモノづくりやサービスづくりをするための手段となる。一方のデジタルトリプレットは、このデジタルツインに、日本の強みである現場熟練者の高い技術や日々行われる「カイゼン」といった人間の知恵・知識などをうまく組み込むことによって生まれる、自律的に進化していく仕組みを表す言葉である。

遠隔ロボットにおいても、最初は毎回人間が判断して操作しなければならないかもしれないが、その結果と共に操作データをロボットが学習していくことで、自動化できるようになる。また、そのような過程で人のスキルや知識がデジタル化されることで、スキルや知識のポータビリティや複製が非常に容易になる。

現在、例えば「ココナラ」というサービスを通じて、現実世界でスキルを売り買いできる。将来的にはスマホのアプリのように、特定のロボット操作スキルを売り買いし、ダウンロードできる時代が来るかもしれない。

そのような視点で見てみると、操縦型ロボットもRXを進めるための重要なパーツの一つであり、非常に面白い存在になっていくだろう。

ポイント⑥　ユーザーとメーカーで環境を整える

ここまで、現場や課題を全体最適という視点から分析し、人のスキル・強みも活かしながら全体をデザインしていく重要性を論じてきたが、全体最適という視点においてもう一つ考慮すべき要素がある。「環境」である。

一章で「相模屋食料」という豆腐屋におけるロボット活用の事例を紹介した。ロボットが掴む対象物をやわらかい豆腐ではなく、樹脂の容器に変更することで、豆腐の自動パッキングを安定的に実現させた事例である。

このときに紹介した「モラベックのパラドックス」という言葉を覚えているだろうか。これはアメリカのロボティクスや人工知能の専門家であるハンス・モラベック氏、ロドニー・ブルックス氏、マービン・ミンスキー氏が一九八〇年代後半に提唱したものだ。

> コンピューターが、知能テストやボードゲームで大人レベルの性能を発揮させることとは比較的容易であるが、一歳児の知覚や移動に関するスキルを与えることは難しいか不可能である。（原文：It is comparatively easy to make computers exhibit adult level performance on intelligence tests or playing checkers, and difficult or impossible to give them the skills of a one-year-old when

it comes to perception and mobility)

コンピューターがチェスやクイズゲームの世界チャンピオンに勝ったというニュースに、もはや世間が驚くこともなくなった。しかし、一歳児でもできるようなデコボコの地面を歩くといった身体的な運動スキルを、ロボットが安定的に実現することはまだまだ難しい。

アメリカ企業の「Boston Dynamics（ボストン・ダイナミクス）」が鮮やかにパルクール（様々な障害物を乗り越えていくフランス発祥のスポーツ）をこなす二足歩行ロボットの動画を発表した頃から、そして、近年の「ChatGPT（チャットジーピーティー）」に代表される大規模言語モデルや、ロボット基盤モデルなどの最先端のＡＩ技術を活用したヒューマノイドロボットが様々なタスクを自在にこなす様子から、「モラベックのパラドックス」が一部解決され始めたようにも感じた読者もいるかもしれない。しかし、これらはあくまでもチャンピオン的な試行や非常にゆっくりとしたスピードで動かしたものを数倍速で再生したものであり、裏には大量の失敗シーンがあるはずだ。連日のように世界中で報道されるＡＩ搭載型ロボットの進化速度には驚かされるが、「モラベックのパラドックス」が解決されるのはもう少し先のことになるだろう。

技術者としては「何くそ！」という気持ちで、何とか技術課題をクリアしようと努力することになるが、水の泡になることも多い。もちろん、解けない問題の解決に向けて、長い時間をかけて一つひとつ技術を蓄積することは、技術の発展という意味においては大きな価値があることは間違いない。

しかし、労働力不足やグローバルな競争力といった課題に、私たちは今直面しているのである。このような社会的課題に取り組み、顧客に価値を提供しようとする事業開発シーンにおいて、必ずしもロボットの技術だけで課題を解決する必要はない。これまで見てきたように、ロボットと人が役割分担をすることで解決できるかもしれない。または、ロボットを動かす環境や運用方法を工夫することで解決できる可能性もある。

コストという観点からも、環境側を整備することのメリットがある。ロボットの性能を上げるためには、開発コストはもちろん、場合によっては追加の材料費がかかる。どこまでのコストが許容されるのかを検討し、性能を上げる戦略をとるべきか、ロボットを動かす環境や運用方法を変えるべきかを判断する必要があるだろう。

ロボットが動く環境側を整備することで、ロボットがパフォーマンスを発揮しやすくなることは多々ある。つまり、ここで重要なのは「どのようにしてパフォーマンスを発揮させながら、総コストを下げるか」という視点である。顧客との共創によって、ロボットがタスクを実行しやすい環境を整えることで、ロボットに要求される能力、翻っては本体価格を下げるという発想である。

「ロボットが何をし、人は何をするのか」を決めることの重要性は、これまでも指摘してきた。それは多くの文脈において、「あらゆるタスクをロボットにさせるのは非現実的なことが多いため、タスクレベルでロボットと人の役割分担をしっかりしましょう」というメッセージだった。

ただし、たとえタスクレベルではロボットが実行すべきと設定されることであっても、ロボットがタスクを安定して実行するための環境を整えるのは、人側の重要なミッションである。逆に、人や社会がどれだけロボットの動作環境を整えられるか、その前提によって人とロボットのタスクの役割分担は変わってくるとも言える。

ロボットを導入する際には、「タスクの分担」と「動作環境の整備」はセットであり、人がすべき役割、そして責任だと考えてもよいだろう。

この役割を人側がまっとうするためには、メーカーもしくはインテグレーター側からは「技術的にどのような内容であれば、いくらで実現できるのか」を、ユーザー側からは「どこまで環境を整えられるのか」をそれぞれが明確にした上で、両者を擦り合わせていく必要がある。メーカーだけでもユーザーだけでも問題を解決するのは難しいからこそ、両者が共創する価値は高くなる。

「動作環境の整備」の意義を理解するために、身近な事例を取り上げてみたい。「Roombable(ルンバブル)」という言葉を聞いたことがあるだろうか。ロボット掃除機の代表格である「Roomba(ルンバ)」と「できる」を意味する接尾語である「able(エイブル)」を組み合わせた造語であるが、これはロボット掃除機が掃除をしやすいような空間・状態を指す言葉である。

ルンバに限らず、ロボット掃除機をお持ちの方ならイメージしやすいかと思うが、日常そのままの生活空間をロボットが十分に掃除することは、残念ながら難しい。当然ながら、重い物が置いてあれば、その下は掃除されないし、狭い隙間に入っていくこともできない。また、衣類やおもちゃといった微妙な高さの物体が床に落ちている場合、ロボットがそこに突入して、まるで船が座礁したかのように、その場で動かなくなってしまうことがある。

ロボット掃除機が部屋の中で迷子になってしまい、充電スポットに戻っていないという経験をした方も多いのではないだろうか。そして、飼っているペットの糞がロボットによって部屋中に巻き散らかされている……という悲惨な光景もネット上で話題になった。

このような問題に対して、移動の性能を高めたり、糞の自動検出機能を搭載するなど、メーカー側も努力を重ねている。さらに、販売価格が上がるかもしれないが、例えば床に落ちている物を拾い上げるロボットアームを付けたり、より正確に環境を認識できるセン

図21. 家庭用掃除ロボットが掃除しやすい「ルンバブル」な部屋のイメージ

サーを追加したり、狭い場所でも入っていけるような変形機構を導入したりするなど、メーカー側がさらに性能を加えることで他の問題も解決できるかもしれない。

しかし、多くの家庭で起きていることは、現状のロボットの特徴・性能をよく理解したユーザーが、「使えないな〜」と少しニヤけて揶揄しながらも、ロボット掃除機が掃除をしやすいように事前に部屋を少し片付けたり、場合によってはロボット掃除機が通過しやすい脚の長さのソファを選んで購入し、「ルンバブルな部屋」（図21）をユーザー自らが作り上げている現象である。

自分で掃除する手間を省くためにロボットを購入したはずなのに、ロボットのために事前に掃除するというのは皮肉な話だが、ユーザーはなんだかんだ、さほど嫌そうでもない。ある意味では、ロボットの魅力のすごさを物語るエピソードだ。

このような話は何も民生品に限ったことではない。例えば、掃除・警備・搬送などを行うB2B向けの移動ロボットは、一般の人々が行き交うガラス張りの空間（図22）や、ステンレスの物体が多く配置されたバックオフィスなどで、自分の位置がわからなくなり、動けなくなってしまうことがよくある。いずれの場合も、自律移動の際に、周辺の環境をセンシングするために使う「二次元ＬｉＤＡＲ」というレーザー光を使ったセンサーが、計測対象が透明であったり、光を乱反射したりするために起こる現象である。

このような課題に対しては、センサーを３Ｄ化することで計測データエリアを拡大する、もしくは複数種類のセンサーを融合することで苦手な環境を克服するというアプローチが可能だ。ただし、当然コストは上がる。ざっくり見積もって、センサーにかかる費用は二倍くらいになってしまう。

一方で、全く違うアプローチがとられることもある。そもそもの苦手な環境をなくしてしまおうという、「環境」を整える発想である。例えば、透明なガラスが苦手であれば、「二次元ＬｉＤＡＲ」が計測する一定の高さにセンシングしやすい有色のテープを貼ると

図22. 透明なガラスが多い環境の例(シンガポールチャンギ国際空港)

いう方法がある。

もちろん、美観を損ねてしまう可能性があり、全ての場所で通用する方法ではない。ただし、全ての場所でなくとも、本当にロボットが迷いやすい場所にピンポイントで対応するなど、工夫次第で問題を解決できることも多々ある。

そして、環境の工夫でロボットの性能を発揮しやすくするという話は、なにもロボット用に新たに環境を追加することに限らない。すでにある環境をうまく利用することで、ロボットに求められる技術レベルを抑え込むことが可能な場合もある。

例えば、我々が開発したロボットに「トマト収穫ロボット」がある（図23）。文字通り、熟して赤くなったトマトをロボットアームが自動的に収穫するロボットである。

トマト栽培の工業化が進められているオランダでは、「オランダ式施設園芸」と呼ばれる温湿度が細かく管理された温室の中で、一定の高さにトマトが育つようになっている。地面もコンクリートでフラットに整地されており、畝と畝の間には「温湯管」などと呼ばれるレールが設置されていることが多い。

当社の収穫ロボットは、この既設のレール上をロボットが自動走行しながら収穫すべきトマトを探し、ロボットアームを伸ばすような仕組みになっている。もしレールがない場合には、周囲をセンシングしながら、畝にぶつからずにまっすぐ走る技術を開発しなければならないが、すでに施設内に設置されたレールを活用することで、自動走行技術の開発費やそれに必要なセンサー代をカットすることができる。

もしも床がコンクリートで舗装されておらずガタガタしている状態であれば、さらに開発は大変だっただろう。温湯管のレールもフラットな床も、もとは人が収穫作業をしやすいよう、生産性を上げるために設置されたものである。そのようなすでにある環境をうまく利用することで、ロボット開発のハードルを下げることができるのだ。

新規事業を検討する際には、「やるべき（社会的な意義）」「やりたい（意志）」「やれる（技術などのケイパビリティ）」の三つが揃った領域で挑戦すべきだと言われる。「やれ

図23. トマト収穫ロボット

る」においては、「技術的に対応できる」「技術的な強みが発揮できる」だけでなく、「技術を引き出す環境がすでにある／環境を整えやすい」という要素も重要になる。

さて、ここまでは、テープを貼るとかレールを使うといった、比較的シンプルでアナログな手法でロボットの動作環境を整える話をしてきたが、ロボット工学における「環境構造化」「空間知能化」というキーワードにも触れないわけにはいかない。

これは、ロボット単体ではなく、「ロボットのための周辺環境を知能化することによって性能を発揮させる」という考え方であり、空間全体を大きなロボットシステムとみなすこと、という言い方もできる。

「知能化」というくらいなので、ロボットが動作する環境側にセンサーを仕込んだり、実行に必要な情報を複数格納したマーカーを物体や空間に配置したりと、テクノロジーも使って、ロボットの動作環境を整え、ロボットのタスク実行を支援するイメージである。

こうした研究は、国内でも東京大学や九州大学などが長年にわたって積極的に開発を進めてきた。実際に天井にマーカーを設置し、移動ロボットが迷子にならないようにするといった実用化の事例も存在する。

例えば、信号機のある交差点を横断する移動ロボットをイメージしてみてほしい。ロボットに搭載されたカメラで信号の色を認識して交差点を渡る場合、大雨や大雪、強い西日で信号が見えにくくなる問題に対応しなければならない。ロボットの前に人が立ち、信号が見えなくなることもある。このようなシーンを想定すると、実用レベルで安定した認識性能を実現するのはかなり大変である。

これに対し、信号機が自身の状態を無線で周囲に発信する仕組みがあれば、ロボットはその信号を受信することで、信号が青なのか赤なのかを感知できる。さらには、何秒後に信号が変わるのかというタイミングを予測することもでき、それに合わせたロボットの制御を行えるようになる。

これは、自動車業界で「ＩＴＳ（Intelligent Transportation System）」や「Ｖ２Ｉ（Vehicle to

Infrastructure）」通信と呼ばれる、自動車と周辺の物体などが情報のやり取りをする技術に近いものである。この方法でも様々な課題はあるが、ロボット側で全てを認識するよりは容易だと言える。

一方で、このような技術の課題の一つにコストがある。先ほど紹介したアナログな手法による環境整備は比較的安価なのに対し、環境整備に高度なシステムを使いすぎると（例えば、日本中の全ての信号機にロボットとの通信機能を追加する）、結果として全体のコストが上がり、採算が取れなくなりかねない。

そのため、環境整備はできるだけコストがかからないようなシンプルなデザインにすること、要所だけをテクノロジーでカバーすることが必要だ。または社会のために必要なインフラだと判断した場合は、自社だけでなく他社製のロボット、さらにはロボット以外の機器（例えば、移動ロボットであれば、自動車・自転車・車椅子・歩行者など他の移動体）が共通して利用できるような仕組みを想定し、社会全体のインフラ整備に必要な費用の負担を減らすことを念頭に置く必要がある。

私たちも過去に、環境整備によってロボット運用を支えた事例がある。ポイント①で紹介した、搬送ロボット「ホスピー」を病院に導入する際に、転落の危険性がある階段を知らせるシステムを整備したのだ。このケースでは、階段前に「可視光通信」を実行する照明を設置した（図24）。可視光通信とは、人間にはわからないような速さで照明をオン・オフして、まるでモールス信号のように情報伝達できる技術である。

移動ロボットの運用リスクの一つに、階段などからの転落があるが、このリスクに対応するため、導入施設の階段前という要所にだけ照明を設置した。この照明を介して可視光通信を行い、ロボットが階段前で信号を受け取ると停止するようにして、ロボットの安全性を確保したのである。システムを簡潔なものにし、設置場所をリスクがある要所に限定することで、必要以上にコストが発生しないような配慮をした。

話は少し変わるが、環境整備の重要性に関する理解を深めるために、ここで改めて、なぜ産業用ロボットは工場の中でうまく動いているのかを考えてみたい。

これまで述べてきたように、サービスロボットは一般的に人と共存した複雑かつ変化する環境で活用されることが多く、その多様さにロボット本体の性能で対応しようとしても、なかなか対応しきれない。

一方で、産業用ロボットは、安全確保のために動作する場所を柵で囲い、余計な割り込みもなくし、対象物や環境の変化を可能な限り減らし、同じ作業を高速・高精度に行うことにフォーカスを絞ることで成功を収めたと言える。つまり、これまで述べてきた「環境

図24. 可視光通信が可能な照明
転落の危険性のある階段ホールの前に可視光通信が可能な照明を設置。
ロボットが誤って階段に近づいた際には可視光通信の信号を検出し、自動的に停止する。

を整備する」とは、言い換えると「動作する環境側の変動要因を少なくする」ことなのだ。今後普及が見込まれるサービスロボットも、技術開発一辺倒ではなく、「動作する環境側の変動要因を少なくする」という産業用ロボットの成功要因を見習ったほうがよいだろう。

これまでも、日本のモノづくりの知見をサービスの現場でも活かすこと、製造現場では当たり前の現場分析の重要性について言及してきたが、動作環境をできるだけシンプルにすることについても、製造業から学べることがある。そして、サービスの現場のモノづくり化という視点では、工場の5S（整理・整頓・清潔・清掃・しつけ）がヒントになる。

この5Sは、製造業の基本中の基本である

が、製造作業を安全に、高い質で、無駄なく効率的に実施するためのルールというだけではない。5Sを実践すると、作業の体系化や標準化、可視化が進むのである。そのため、人が何をして、ロボットが何をすべきかを考えやすくなる。

綺麗でゴミや障害物もなく、工場の作業員の指導・教育や生産性への変革意識が行き届いた現場、すなわち5Sが徹底された現場ほど、「ロボットアーム」も「AGV（無人搬送車）」と言われる移動ロボットも動きやすい。つまり、5Sは作業員だけでなく、ロボットの働きやすさにも役立っているのである。

先ほど紹介した「ルンバブル」の事例がそうであったように、5Sが徹底された現場は、産業用ロボットだけでなく、サービスロボットにとっても作業しやすい環境と言える。逆に、製造工場以外は、定型業務が少ないという業務の特性もあり、なかなか5Sが徹底された環境や工程がなく、ロボットがパフォーマンスを発揮しにくい状況になってしまっているのだ。

製造業と比較すると、サービス産業の生産性は低いというデータがある。図25を見ると、特に「宿泊業、飲食サービス業」「医療・介護・保育」といった業種が低い値となっている。

また、図26はアメリカとの生産性を比較したデータになるが、製造業全体の労働生産性

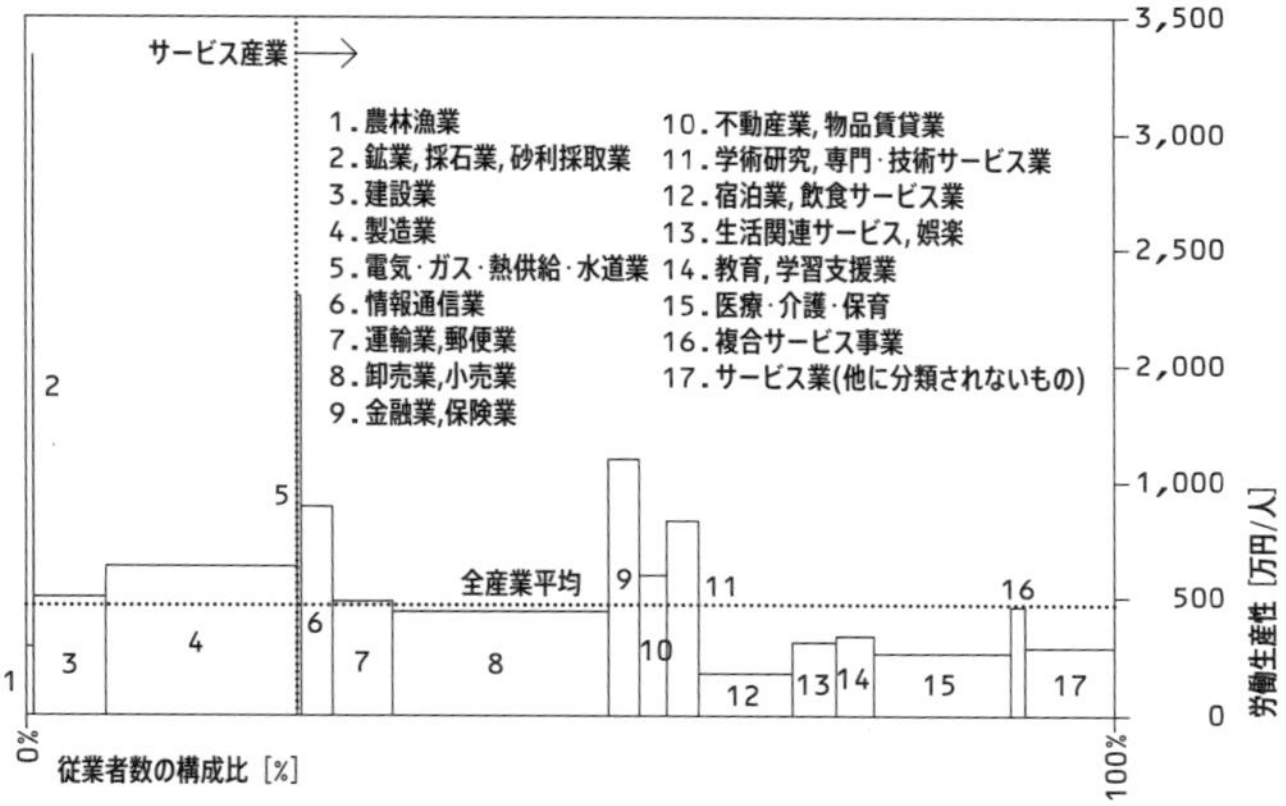

*労働生産性=付加価値額/従業者数　付加価値額=売上高−費用総額+給与総額+租税公課

図25. 業種ごとの生産性の違い(出典:総務省、経済産業省『平成28年経済センサス活動調査(確報値)』)

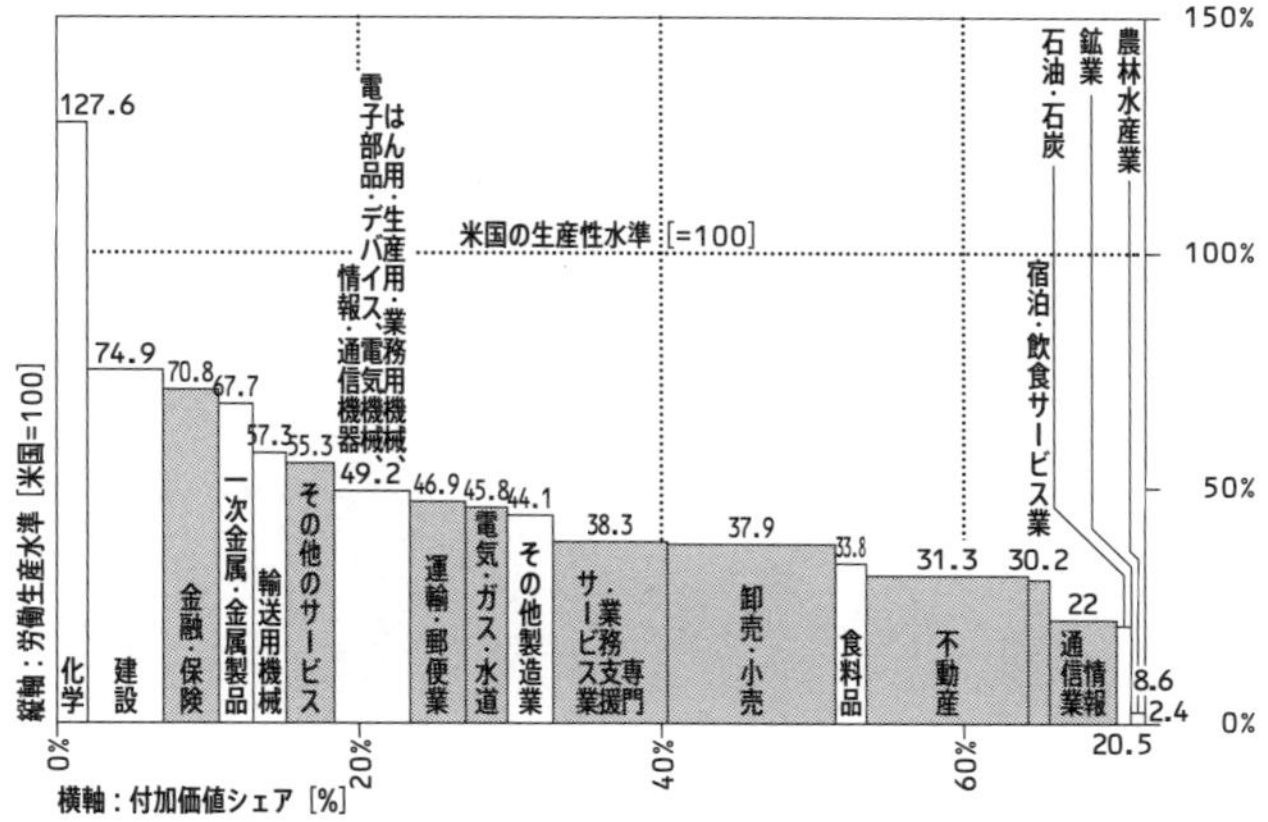

*製造業全体：63.4　サービス業全体：49.6　サービス産業分野　製造業・建設業・鉱業・農林水産業

図26. 業種ごとのアメリカとの生産性の比較
(出典:(公財)日本生産性本部『産業別労働生産性水準の国際比較 2024−2020年データでみた日本の主要産業の現状』)

はアメリカの六三・四％であるのに対して、サービス業全体は四九・六％と低くなっていることがわかる。一般的に生産性は、企業が生み出した付加価値額を労働投入量で割った数値として算出されるので、サービス産業はとにかくスタッフが頑張ることで、ある意味では人海戦術により、エンドユーザーに質の高いサービスを提供してきたと言える。逆に言えば、サービス産業には生産性を上げる改善の余地が大いにあるのである。

製造業を中心に培ってきた5Sをサービス産業にも導入し、さらに現場分析に基づいてムダ・ムラ・ムリを排除していく。そして、このプロセスに対する現場の意識変革を推進していくことで、ロボット導入ありきではなく、「カイゼン」の中で必要があれば自動化やロボット化を行おうという機運を醸成し、定着させていくことが必要である。ロボットを導入すべきと判断した場合には、ロボットの性能を上げるために、やみくもにロボットにコストをかけるのではなく、メーカーとユーザーが共創しながら、環境やタスクをロボットが動きやすい状態にしていく。これらを定着させることが、ロボットを開発・導入・運用するための総コストの低減につながり、ひいてはサービス産業の生産性の向上につながるはずだ。

ロボット本体にどこまでの性能を求め、環境側にどれくらい手を入れれば総コストが最も安価になるかは、技術の進化に伴い日々変化していく。技術検証や導入検証のフェーズだけでロボットの動作環境を整えればよいというものではない。ロボット側と環境側の「ここまではできるけれど、そこはできない」を日常的に繰り返し議論・検証し、最適なバランスを模索する必要がある。

仮にロボットが導入された後においても、そのような模索が絶えず続いていく現場こそ、つまり、飽くなきカイゼン魂が「習慣化」された現場こそが、ロボットを有効な手段として活用し、事業そのものを変革するＲＸに近づくことができるだろう。

このようなロボットが稼働しやすい環境をつくり上げていくことは、一企業単独で進めるのでは非効率な可能性が高い。特に、メーカーやユーザーが中小企業の場合には、案件ごとに異なる環境をつくろうとすると、体力を消耗してしまう。

このような課題に対応するために、国や業界団体においても、ロボットが動きやすい環境をどのようにつくっていくのかは積極的に議論されている。

例えば、経済産業省が二〇二〇年三月に発表した『ロボット実装モデル構築推進タスクフォース活動成果報告書』は、ロボット導入のＲＯＩ（費用対効果）が低くなる要因として、「既存の環境・業務オペレーションを前提に、ユーザーごとのバラバラな環境・業務オペレーションに合わせるべく、バラバラにロボット開発・カスタマイズ導入が行われている」ことを挙げている。

このような課題意識のもと、国主導のプロジェクトでは「ロボットフレンドリー」というキーワードが使われている。経済産業省が進めている「ロボットフレンドリー・プロジェクト」とは、ロボットが性能を発揮しやすい、ロボットフレンドリーな環境の整備を進めるだけでなく、ロボットに要求される作業レベルを引き下げることで、ロボットの導入を加速させようとする取り組みであり、施設管理・小売・飲食・食品などの複数の分野で、具体的な開発や標準化の検討が進められている。

例えば、施設管理の分野では、ロボットとエレベーターの連携方法の標準化、ロボットがタスクを実行する施設環境の物理特性（材質・寸法・色など）のガイドライン化といった検討が進められている。特にロボットとエレベーターの通信に関しては、ロボット導入案件ごとに通信仕様を詰めて、エレベーターメーカー側もロボットメーカー側も改造を行っていくのでは、膨大な時間がかかり、最終的には導入価格に大きな影響を与えることになってしまっていた。結果として、ロボット本体価格よりもエレベーターの改造費用のほうが高くつくようになってしまっては元も子もない。

すでに、国のプロジェクトでは、ロボットとエレベーターの連携に関する研究開発が進められており、その成果を活用し、「ＲＲＩ（ロボット革命・産業ＩｏＴイニシアティブ協議会）」は、ロボットとエレベーター間の通信連携に関する規格整備を行った。これ

図27. 三菱地所でのエレベーター搭乗の取り組み

は、エレベーターに人とロボットが安全に同乗できるような、シンプルかつ安価な連携システムを構築することを目的としており、新たに設置するエレベーターのみならず、すでに使われているエレベーターにも組み込めることを条件としている。HTTPやMQTTといった通信の仕方までの記載はないものの、すでに事業者の施設で活用を行いながら、同規格をより良い内容に更新していくこととしている。

我々も三菱地所主導のもと、東京の高層ビルで規格を実装した配送ロボットや掃除ロボット、他社のロボットも含めた状態でサービスを提供する取り組みを行った（図27）。

また、このような行動は、約五〇社が参画する「一般社団法人ロボットフレンドリー施設推進機構（ＲＦＡ）」に引き継がれ、エレベーターとロボットの通信に関する規格を公表しただけでなく、複数のロボットの制御を行う群制御などの新たなルールメイキングに取り組んでいる。

エレベーターとの通信や群制御の開発は、単独企業でも実施可能だが、案件やメーカーごとに通信仕様を策定するのは非常に非効率でコストがかかる。業界が協力して内容を共通化したほうが、業界全体の総コストが低下し、結果として普及促進の加速につながるだろう。

食品分野においては、総菜の盛り付けを行う安価なロボットを業界の関連プレイヤーが一丸となって開発するなかで、設備の共通化や包装容器の標準化といった取り組みが行われている。

二〇二二年には「日本惣菜協会」主導のもと、複数の食品メーカーにロボットが導入され、ポテトサラダを盛り付けるデモンストレーションが行われた。容器についても、盛り付け時の美しさがロボットに過度に要求されないように、中身が外から見えないようなトップシール化を検討したり、さらには、ロボットが掴みやすい容器の標準化（材質や色など）を進める予定である。

このように、民間企業だけでなく、国や業界団体を含めたオールジャパンで、ロボットが稼働しやすい環境づくりが進められている。こうした国を挙げた標準化は、ロボットが対応すべき環境の変動要素の削減に大きく寄与している。

ここまで紹介したようなロボットが導入しやすい環境は、本当に実現するだろうか。確かに、なかなか難しい側面もある。例えば、先ほど食品製造において弁当や総菜の中身を隠すようなトップシールを活用する事例を紹介したが、もしかするとユーザー(食品購入者)側は、中身が見えなくなるという点でサービスレベルが低下したと感じ、それを許容しにくいかもしれない。

メーカー(食品製造者)側も、他社との差別化を図るなかで、中身が見えなくなることは受け入れにくいかもしれない。しかし、我々は今、人手不足が明らかな未来に向けて、どのように新しい価値観を定着させ、「受け入れにくさ」を乗り越えられるかを模索しなければならない。

一方で、ロボットフレンドリーな環境は、ロボットだけでなく、実は人間やその他の存在にとっても優しいことが多いという事実も述べておきたい。

繰り返しになるが、そもそもなぜロボットフレンドリーな環境を整備するのかといえば、現状のロボットの実力は、自由自在からはほど遠く、なるべく統一された環境で同じような動作ができるようにしたいからである。「多くの人」にとっては楽にこなせるタスクも、確実にできない。それがロボットの現状である。

あえて「多くの人」という表現を使ったのは、当事者でないとなかなか気づかないが、現状の環境で苦労している人は少なからずいるからである。足が上がりにくくなった高齢者は少しの段差につまずくこともあるし、ピンヒールを履いた人が点字ブロックで捻挫することもある。特に障がい者は、健常者が気にしていないような環境で苦労している。世の中はバリア（障壁）だらけだ。

バリアフリーについて調べてみると、スロープ、段差解消、幅広い改札・通路、自動ドアなど色々な事例が出てくる。このような対応は、実は移動ロボットにも優しい。つまり、バリアフリーが実現できれば、ロボットフレンドリーにも近づくのである。もっと広い定義でいえば、「ユニバーサルデザイン」が実現できれば、それはかなりロボットフレンドリーな状態であると言えるのだ。

移動の面以外でも、高齢になって力が弱くなった方、麻痺や怪我によって細かい手作業がしにくくなった方でも、掴みやすい形状のものであれば、それは大方ロボットにも掴みやすく、扱いやすい。視力や聴力が低下した方でも見やすかったり、聞こえやすかったりする、大きく、ハッキリとした文字や音声は、当然ロボットにとっても認識しやすいはずである（ロボットの場合には、視覚情報は文字よりも二次元コードのほうがよいなどと言われるかもしれないが)。

ロボットフレンドリーな環境とは、新たなインフラである。それなりの投資が必要になるだろう。それをロボットだけでシェアしたら、非常に割高になってしまうが、人にもロボットにも優しい、そんなロボットフレンドリーな環境がたくさん生まれたら、皆がハッピーになれるはずである。

もちろん、ロボットだけに効果があるロボットフレンドリーに意味がないわけではない。そうした環境づくりもしっかり推進していく必要がある。二次元コードを施設に表示したり、規格を作成したり、少しの便利さ・魅力を犠牲にしたりと、逆に人側が一手間かける必要が出てくるかもしれない。

このコストや変化をメーカーだけでどうにかするのではなく、ユーザーや社会としても受け入れていくことが重要になる。ある意味では、我々人間の「寛容さ」が試されていると言っても過言ではないかもしれない。

ちなみに、バリアフリーという言葉について調べると、「バリアフリーとは、物理的な障壁だけでなく、社会的・制度的・心理的などの広い意味での障壁を取り除くこと」と説明されている。ロボットフレンドリーも同じである。「ロボットフレンドリーとは、物理的にロボットにフレンドリーなだけでなく、社会的・制度的・心理的などの広い意味でロボットにフレンドリーなこと」なのだ。

労働力不足という社会課題を解決するために、ロボットを活用しようという流れは間違いなく強くなっていく。それを受け入れられる社会・制度・心理を醸成できるような進め方を考える必要があるのだ。

ポイント⑦　PoC死しないようにする

ここまでは、主にロボットを開発する前に、「そもそもロボットを開発する必要があるのか」など「全体最適化の視点」から課題の解決方法を検討することの重要性と、そのための具体的なポイントを紹介してきた。ここからは、「事業開発の視点」で意識するべきポイントをいくつか紹介していく。

ここからの内容も、文字にしてみれば至極当たり前のことばかりかもしれない。それでもあえて書くのは、やはりロボットが持つ「魔力」が強烈だからである。開発前の企画段階では振り払えたとしても、この「魔力」は何度でも形を変えて襲ってくる。中でも取り込まれやすいのが「実証」や「PoC（概念実証）」のタイミングである。

ロボットの開発が世界中で盛んに行われるようになり、「〇〇ロボットのトライアルが

△△で開始」といったニュースを頻繁に耳にするようになった。

現場などでの評価を行うPoCの数が増えること自体は悪いことではない。問題は、実導入につながっていない案件が相当数あるということだ。いつまでも続くPoCは、開発側に負荷をかけることになる。なかなか実導入につながらなければ、開発者の身体的・精神的な負担となり、開発企業側にとっても財務的な負担が大きくなっていく。いわゆる「PoC疲れ」「PoC死」と呼ばれる状況に陥ってしまう。

まだまだ黎明期にあるアプリケーションも多いサービスロボットの活用において、適切な使い方の探索や費用対効果の検証のために、複数回にわたる実証活動が必要になることは、仕方がない側面もある。また、実証活動自体が広報活動になり、これまで接点がなかった顧客候補への有効なアプローチとなる場合が多々あることも理解できる。特に大手企業との接点が少ないスタートアップにとっては、実証実験のリリースや、それらを各種メディアに報じてもらうことで、効果的に潜在顧客にアプローチすることができる。

一方で、前述したようにロボットの「魔力」が最も強く影響するのが、メディアへの露出が増え、注目度も急激に上がるPoCのフェーズであり、意味のないPoCを増やしてしまいかねない。

加えて、世の中の開発手法のトレンドとしても、仕様をしっかり決めてから開発に取りかかるウォーターフォール型から、細かく、高速に改善を繰り返すアジャイル型へと比重が移るなかで、メーカーでは現場での評価をもとに開発プロセスを繰り返すことが推奨されるようになった。この方法論がＰｏＣと相性が良いことも、ＰｏＣの数が増える背景にはあるだろう。

ただロボットのＰｏＣでは、未活用領域において「とりあえず使ってみる」「まず使ってみる」ことが目的化しているケースが多い。そうしたＰｏＣにおいては、ユーザーもメーカーも色々と知見は得られるものの、なかなか導入に至らない。知見の蓄積は重要だが、それが続くだけでは理想のソリューションにはなり得ない。

では、どうすれば「ＰｏＣ死」を避け、真に強いソリューションにつなげることができるのだろうか。

そのためには、ＰｏＣを以下の四つのフェーズに分け、今はどのフェーズにいるのか意識しながらプロセスを進めること、そして各フェーズの違いを理解した上でＰｏＣを設計・推進することが重要になる。

第一フェーズ（ＰｏＣ１）：何に使うかをしっかり考える（企画検証）
第二フェーズ（ＰｏＣ２）：技術的に対応できるか考える（技術検証）

第三フェーズ（PoC3）：オペレーションに組み込んで効果を検証する（効果検証）

第四フェーズ（PoC4）：PoC死を避ける（導入検証）

第四フェーズのPoC、すなわち「PoC4」がPoC死にならないようにする対策は、何も特別なことではなく、当たり前のことばかりである。だが、この当たり前にはまってしまうのがロボットの「魔力」であり、自戒の意味も込めて整理したい。

第一フェーズ　何に使うかをしっかり考える（企画検証　PoC）

最初のフェーズでは、ロボットが動いている様子をできるだけ多くのステークホルダーに見てもらい、「こんな感じか」とイメージを掴んでもらう。最近のロボットブームのおかげで、実際に導入されるケースも増えたことにより、現状のロボットの実力がどの程度なのか、以前よりも理解が広まっている。

しかし、その理解は、あくまでもロボットに対して積極的に興味を持っている人々の間でのことだ。ある企業で「ロボットを使いたい」と思っている人がいたとしても、企業の関係者の約九割は、ロボットについてほとんど知らないと考えてよいだろう。

ロボットリテラシーが極めて高い利用者が増えているのは紛れもない事実であるが、総じてロボットについては、研究者や開発者が想像している以上に、一般社会には知られていない。ロボット開発側は、ロボットの導入に向けて、このことを強く意識すべきである。自身が携わっている技術だとなおさら強いバイアスがかかるが、その技術を知っている確率は、想像している以上に低く見積もったほうがよいだろう。

まずは、ロボットをあまり知らない人たちを含めて、場所はどこでもよいので、業務の空き時間などに、ロボットを見たり触ったりしてもらう（図28）。その上で、「このロボットは、何に使えるか」を考えてもらうことが、このフェーズのゴールになる。もし、すでにプロダクトがある場合には、展示会などに見込みユーザーを招待して、実際の動きを見てもらうのもよいかもしれない。類似のプロダクトが導入されているケースがあれば、その現場を見学してもらうのも有効だ。

必ずしも、ロボット本体がなくても良いディスカッションの場はつくれる。実機があるほうがディスカッションが盛り上がることは間違いないが、スケッチやモックアップ、CGなどで十分なこともある。ロボットに求められる機能や仕様などを確認したい場合には、技術はダミーでもよいので、実物大の代替機を作るのもよいだろう。

例えば、ダンボールである程度の形を再現したり、簡易的な可動部を作ったりすること

図28. パナソニックホールディングスのオープンイノベーション拠点で、ロボットを目の前にディスカッションしている様子

で、ロボットの動作イメージを共有することができる。この場合は、見た目がにはこだわらないダーティプロトで問題ない。もしくは、ロボット本体でなく、ロボットが提供する体験の価値を検証したいのであれば、人間が代わりに体験を実演してみせてもよいだろう。

移動型ロボットによる新しい配送サービスを検証する場合には、この段階では性能の良い移動ロボットは必要ない。人が台車を押して、モノを移動させれば、ユーザー側の体験価値は十分に検証できるし、開発側もオペレーションで求められる機能を洗い出すことができる。このあたりは、デザインシンキングやリーンスタートアップにおけるＭＶＰ（Minimum Viable Product：顧客のニーズを満たす最小限のプロダクト）に近い考え方かもしれない。

ただし、ここで大事なのは、ＭＶＰの開発と並行して、「ロボットに実施させようとしている業務に、現状どの程度のリソースをかけているのか」を見積もっておくことだ。ヒヤリングで済むこともあれば、実際に観察・分析をしてみないとわからないこともある。人やモノをどの程度必要としている行為かを見極める必要がある。

逆に、第一フェーズの終わりでも、全く見積もれないとか、いまいち使い方がわからない場合は要注意である。「（どんな使い方ができるかわからないので）とにかく現場で自由に使ってみていいよ」とか、「ロボットを使ってみたいと思っているんだよね〜」といった言葉は、かなりの頻度で出てくる。一理ある場合もあるが、使うほうが現状の課題整理をできておらず、打ち上げ花火の道具としての「客寄せパンダ」で終わってしまうことは避けたい。

ポイント③④で書いたように、特に「ボトルネックは何か」の見極めは重要である。この意識を持っていないと、本当の意味でロボットの効果を引き出すことはできない。ボトルネックではないが、導入側の理由（まずは内部で安全であることを示すなど）により、一番導入したい場所ではないところで検討が進められることもあるが、その場合でも常にボトルネックはどこなのかを意識しておくべきである。

ＰｏＣは「Proof of Concept（プルーフ・オブ・コンセプト）」である。文字通り、どのようなロボットであり、どのようなソリューションであるかというコンセプトを、まずは評価するのである。

第二フェーズ　技術的に対応できるか考える（技術検証　ＰｏＴ）

第一フェーズで、「このロボットは何に使えるか」をしっかり考え、導き出された「やりたいこと」「解きたい課題」に対して、「技術的に対応できるのか」を現場で検証するのが第二フェーズだ。あくまでも技術的にできるかどうかを問う、技術の検証である。「ＰｏＴ：Proof of Technology（プルーフ・オブ・テクノロジー）」とも言う。

第二フェーズの運用は、技術側が主体者として担当するのがよい。もちろん、どんなユースケースかは大事であるし、時には意地悪なテストを無意識に実行する利用者側の協力も必要不可欠である。

また、これだけ「ＣＰＳ（Cyber Physical System：物理的な実世界とコンピューターやネットワークによるサイバー空間を統合したシステムで、実世界のデータをサイバー空間でリアルタイムに処理することで実世界の最適な振る舞いなどを決定するシステム）」や「デジタルツイン（実世界と同じ環境をコンピューター上に再現し様々な検証を行うシステム）」と呼ばれる技術が発達した時代においては、実際にハードウェアを作る前に、サイバー空間におけるシミュレーションによる検証を可能な限り実施しておいたほうがよい。

移動ロボットの場合は、センサーの位置や種類の検証、経路生成のアルゴリズム検証が可能である。マニピュレーション（モノを掴んだりするロボット）であれば、指先の形状やアームの動かし方などを事前に検証できる。

ロボットを動かす環境の計測など、シミュレーションに必要なデータ取りは第二フェーズの前に実施しておく。想定環境で「動く」ことをしっかり確認、あるいは、どのような場合には動かないのかを把握する。

シミュレーションやＶＲ技術などによる仮想空間上でのロボットの動作提示は、第一フェーズでも行うことがあるが、第一フェーズではあくまでも顧客側がロボットを使用する際の解像度を上げることを目的とし、第二フェーズではそれが技術的に可能かどうかの検証を目的とする。

しかし、どれだけ仮想空間上で事前に検証したとしても、対象物の特性のバラつき具合、環境の明るさや人の多さなど、やはり現場でしかわからないことは数多くある。

例えば、夕方の西日がセンサーに与える影響や雨の日の床の滑り具合など、特に時間によって変化する環境条件はロボットのパフォーマンスに影響を与えることが多い。生成AIなどの技術により、かなりリアリティのある検証ができるようになったが、実際のフィジカル空間におけるロボットの性能をきっちり見極める必要がある。

検証を通して、「ロボットにできること・できないことは何か」を理解し、導入を検討しているタスクを、本当にロボットにやらせる必要があるかを判断できればよいのである。そして、期待通りの性能をロボットが発揮した場合には、予定通り次のステップに移行すればよい。期待通りの性能をロボットが実現できなかった場合には、開発を中止するという判断もありうるし、さらなる改善を試みるという選択肢もある。

もちろん、ロボットの「魔力」には十分注意する必要があるが、AIなどを活用して、さらに性能を高めることができるかもしれない。もしくは、技術以外の面でカバーするという選択肢もある。

例えば、ポイント⑤で紹介したように、ロボットが動く環境を整備することで、ロボットのパフォーマンスが発揮しやすくなるかもしれない。あるいは、動く場所や時間を限定するなど、運用方法を工夫するという選択肢もありうる。ロボットの性能が限定的な原因が、例えば「ロボットの周りに人がいすぎるから」であれば、人が少ない時間帯だけにロボットを活用し、それ以外は人が対応すればよいかもしれない。

「本当にロボットにやらせる必要があるか」を議論することは、企画段階である第一フェーズでも大事だが、第一フェーズでは主に「ロボット以外に代替手段があるのか」を考えるのに対し、第二フェーズでは「検証したロボットの性能でも本当にロボットにやらせるのか」が判断事項になる。

ロボットの性能を上げるには当然コストがかかる。第一フェーズで見積もった現状のコストや提供価値と比較しながら、どこまでのコストが許容されるのかを考え、性能を上げるべきか、環境や運用の工夫で対応するのか、はたまた現状ではペイしないと判断するのかを冷静に考える必要がある。

第三フェーズ　オペレーションに組み込んで効果を検証する（効果検証　PoV）

第三フェーズでは、運用を検証する。第二フェーズの技術レベルも考慮した上で、想定したオペレーションに実際にロボットを組み込んで評価する。

オペレーションに実際にロボットを組み込むことが大事であり、検証は利用者に委ねる必要がある。少なくとも一カ月程度は実運用にロボットを組み込み、効果をしっかり測定することが重要だ。「PoV：Proof of Value（プルーフ・オブ・バリュー）」とも言い、評価すべきは実際に提供されるバリュー（価値）である（すでにアプリケーションやユースケースが一般的になっており、効果もある程度わかっている場合、ロボットの動作の安定性が信頼できる状態であれば、無理に長期の評価を行う必要はない）。

もう一度言う。オペレーションにロボットを組み込み、実際の運用者が運用してみることが重要である。開発側が手を出してはいけない。特に、トラブルが起きたときにはどうしても開発側が手を出したくなるが、運用側に任せる。PoCは決して開発側のデモンストレーションではない。

しかし、第三フェーズともなると、プレスリリースが行われることも多い。メディアを呼んでデモンストレーションをする日は特別である。ユーザー側やメーカー側の会社の幹部も現場を見に来て、両者が協業の握手をするような場面もあるかもしれない。絶対に失敗できないプレッシャーの中で、あらゆる失敗の種をそぎ取り、確実に成功するように万全の準備を行う。裏では多くの技術者が待機している場合もある。全てが準備された状態は、確実に魚が釣れるように仕込まれた「殿様の釣り堀」と揶揄されることもある。

対外発信の機会は大切だが、第三フェーズにおいて本当に重要なのはデモンストレーションではなく、実運用における評価である。プレスリリースの翌日に一斉にメディアに報道されたりすると、そのことを忘れやすくなる。

どれだけ報道されるかは、社会的にインパクトのある取り組みかどうかの指標になるし、プロジェクトに携わるメンバーのモチベーションにもつながる。しかし、このフェーズで大事なのはデモンストレーションの後、実際の運用の中にロボットがなじんでいる状態を目指すことだ。

第三フェーズでは、第二フェーズで洗い出したロボットにはできないこと(時間帯によっては性能が落ちるなど)やエラー時の対応を含め、運用の仕方の全体像を設計することが重要である。また開発側は、想定されるトラブル対応を洗い出す必要がある。

どのようなメンテナンスサービスの体制がとれるのか、どれくらいの頻度でトラブルが起きるのかも検証すべきだろう。データがしっかりと取得できるように、ロボットをIoT端末として捉えたシステム構築も忘れてはならない。ありがちなのが、エラー時の対応として、その場しのぎの暫定的な対応を実施することである。

スピード感のある暫定対策は、運用評価を続けるために必要だし、ユーザーとの信頼関係を構築するためには重要だ。しかし、概してそのような対策は開発者が場当たり的に開発を行うもので、他の人は何をやったかわからなくなる。ソースコードはぐちゃぐちゃ、汎用性に欠けるなど、後々問題になるケースも多い。トラブル対応は、管理者含む開発チーム全体で状況を共有した上で対応していかなければならない。

さらに、第三フェーズを始める前には、何ができれば導入するのかという基準、ＫＰＩ（Key Performance Index：重要業績評価指標）を、利用者側と開発側がきちんと合意しておくことも非常に重要だ。売上を上げるための導入なのか、人員負荷を下げるためなのか、コストを下げるためなのか、バラつきは許容範囲なのか、それらの評価指標が曖昧だと、いつまでも「うーん、なんかイマイチ」と、条件を微妙に変えながら検証し続けることになる。まさにロボットが提供する価値（Value）を定義し、それを数値化する指標（Index）を定める必要がある。

ただし、現実には、ＫＰＩを利用者側と開発側が握りきることが難しい場合が多々ある。だが、少なくとも握ろうとし続けることが大事である。ここでＫＰＩが握れない場合は、「現場の課題を解決しよう」という想いではなく、「ロボットを使ってみる」ことが目的になっている可能性が高い。

握ったＫＰＩが達成できなければ、第三フェーズの最初に戻って、もう一度考え直すべきだろう。「思ったよりも効果が出ない」「効果を出そうとするとコストがかかる」といった結果に対し、「ロボットの性能を上げる必要があるのか」「運用を見直す必要があるのか」「そもそもロボットに向いていない作業なのか」を検討して判断しなければならない。

そして、このフェーズにおいてはもう一つ、KPI評価に加えて、開発側でしっかりと見極めないといけないことがある。それはユーザービリティやユーザーエクスペリエンス（UX）の評価である。

訓練されたプロフェッショナルが使う産業用ロボットと異なり、ロボットになじみが薄い人がユーザーになり、ロボットの周辺に一般の人々がいる状態で使われるのがサービスロボットである。一般の人々は、実に多様であり、幼児や小学生のような子どもから高齢者まで、年齢層も幅広い。国籍が多様であるケースもある。

一方、ロボットを作るほうはというと、現場で実際に設計するのは、大半は二〇代や三〇代の先端テック好きの若手であることが多い。

例えば、顕著なのはスマートフォンである。開発している若手メンバーは、ロボットに備え付けたカッコいいデザインのスマートフォンを、ユーザーがタッチやスワイプで簡単に操作できると思いがちである。

しかし、ロボットを現場でオペレーションするのは、定年退職後のシニア人材かもしれない。最近の高齢者はＩＴリテラシーが高い方も多いが、中にはスマホを操作したことがない人や、文字が小さすぎて読めない人がいるだろう。

一般の人が使うモノを設計する場合は、とにかく「使いやすい」「わかりやすい」「復旧しやすい」を意識する必要がある。そのようなユーザービリティやＵＸが実現できているかは、実際のオペレーションの中で徹底的に検証される必要がある。

第四フェーズ　ＰｏＣ死を避ける（導入検証　ＰｏＢ）

第三フェーズでＫＰＩを満たしても、色々な理由で導入に至らない、もしくは「もう少し検討したい」という要望がユーザー側から出ることがある。

特に、日本においては、導入に関する全ての部門から合議を取得しなければならない企業も多く、その内の一部門でも懸念事項を指摘すると、その課題が明確に解決されるまで、物事が動かなくなってしまう。その間に、積極的に推進してくれていた担当者や責任者が人事異動により担当から外れてしまうというダブルパンチを喰らうこともある。

こうなると、取り組み自体が中止となることもあるし、中止にならなくとも、これまでの検討は白紙になるという無限ループに陥り、ＰｏＣ死に至る可能性が一気に高まる。ここまで悲劇的なケースでなくとも、異なるユースケースでも評価したい、展開性も含めて評価したいなど、様々な理由でＰｏＣが繰り返されうる。

第一フェーズでＰｏＣ１（イチ）、第二フェーズでＰｏＣ２（ニ）、第三フェーズでＰｏ

C3（サン）と行ってきて、第四フェーズのPoC4（シ）が、PoC死になることは絶対に避けたい。「PoCを続けない」というのも、場合によっては必要な判断である。企業や取り組みのリソースは限られているからだ。

とはいえ、PoCを予定より繰り返すことになっても、もう少し粘りたいケースもあるだろう。その場合は、短期間に絞らず、六カ月くらいをかけて、費用はユーザー側の負担でPoCを続けるとよいだろう。

ポイントとなるのは、六カ月という期間とユーザー側の費用負担である。期間は難しければ三カ月程度でもよい。現場で必要とされているロボットであれば、三〜六カ月も経てば、ロボットのない状態の業務には戻れないはずだ。また、繰り返しの実証となってしまった場合には、スイッチングコストを高める意味でも、長期間の実運用への組み込みと有償化は必須である。やるべきことは、「PoB（Proof of Business：プルーフ・オブ・ビジネス）」だ。有償化することで、事業として成立するか判断すべきだろう。

できれば、第三フェーズからは有償で実施すべきであり、ほぼ実導入と同程度の費用をユーザー側に負担してもらうのが理想だ。もっと言えば、新規の開発ロボットであれば、開発費を負担するくらい本気のユーザーと組むのが理想的である。開発費の全額は無理であっても、少なくとも開発に必要な費用を折半するなど、利用者にそれなりの費用を負担してもらいながら継続するべきである。ユーザー側は場所の提供だけで、費用の負担を一切できない場合は、協業を見送ったほうがよいだろう。

さて、ロボットの実導入に向けたＰｏＣの活用法について四つのフェーズに分けて紹介してきたが、「そんなの当たり前でしょ」という感想をお持ちの方もいるかもしれない。しかし、その当たり前をいつの間にか崩してくるのが、ロボットの「魅力」と「魔力」である。我々はロボットの「魅力」をうまく活かしながら、同時にロボットの「魔力」と正しく戦い、ＰｏＣを進めなければならない。

繰り返しになるが、ロボット導入において大事なのは、ＰｏＣという言葉通り「コンセプトは何か」を、可能な限りＫＰＩとセットで、ユーザーと開発者がしっかりと合意することである。すなわち「どういうタスクをロボット化するのか」と「それをどのようにして、何をもって検証できたとするか？」の二点について、両者で合意できる必要がある。

第三フェーズにおいては、提供価値があるのか（ＰｏＶ）、第四フェーズでは事業として成立するのか（ＰｏＢ）を正しく見極める必要がある。当たり前の結論だが、これこそがＰｏＣ死を避けるポイントになる。

私自身の実証活動を振り返っても、ここまで説明した全てのことを、全てのケースで実践できたわけではない。むしろ、順番通りにできたケースは非常に稀である。大事だと思っていても、なかなかできないのが現実だ。

それでも「重要だ」という意識を持ち、顧客候補などのステークホルダーと共に、議論することが実導入への最初の第一歩になるだろう。

そして、最後の段階で、開発者側が出しゃばらないこともポイントである。導入までの検証の過程では顧客と共創することも重要だが、ビジネスである以上、開発者側は売り手で、ユーザー側が買い手であるという事実は揺らがない。商品を買っていただくために、開発者側はあらゆる提案をしていくことになるだろう。

ただし、開発側であらゆることを決めすぎず、ユーザー側に使い方の「余白」を残しておくことも必要だ。サービスロボットには様々な使い方の可能性がある。案件やユースケースごとに余白を埋めることになるが、ユーザー自身がそれを検討することで、ユーザー側の当事者意識を深め、課題への理解につなげることができる。

オペレーションになじませるためにも、仕上げの作業は、ユーザー側でやってもらうことが理想的である。それができれば、ロボットに対する理解度を上げると共に、思い入れの醸成にもなるだろう。

ポイント⑧　メーカーがユーザーになってもよい

ＲＸを実現するために大事なことは二つに大別できる。一つはこれまで紹介してきたように、ロボットにこだわりすぎず、全体最適化の視点で考えること。もう一つは解くべき課題に対して、「圧倒的当事者意識」を持つことである。ここでは、後者の当事者意識の持ち方について考えてみたい。

「圧倒的当事者意識」は、そもそもロボットに限らず、何か新しいことに挑戦するときには絶対に必要な要素である。新しいことに挑戦するとき、一度でうまくいくことは稀である。千に三つと言われるほどうまくいかないというか、課題ばかりが出てくるものだ。そんなときに当事者意識がないと、すぐに心が折れてしまう。違う言い方をすると、連続する課題を乗り越えるためには、当事者意識が必要なのである。

「当事者意識」は、「自分事」とか「自責」という言葉に置き換えることもできるだろう。うまくいかない理由を他の要因のせいにする「他責」ではなく、あくまでも自分に責任があるという「自責」の意識で進めなくてはならない。仮に雨が降って事業がうまく進まなくても、雨が降ったせいにしない。「雨が降っても性能が落ちないようにするためにはどうすればよいか」、文句・批判・批評ではなく、「自分がどうしたいのか、どうすべきなのか」を考えるのが当事者意識である。

この当事者意識に「圧倒的」という修飾語を付けたのはリクルートである。就活支援の「リクナビ」、結婚式関連の情報誌「ゼクシィ」など数々の新規事業を生み出してきた企業だ。徹底的に顧客目線で仕事を考え、余計なおせっかいと思われても、顧客の困りごとの解決や顧客価値の向上に貢献できると考える場合には、汗をかきながら実行する。言われたことだけでなく、分をわきまえずに徹底してやることを「圧倒的」と呼んだのである。新しいことを進めるためには欠かせないマインドだ。

では、なぜ「圧倒的当事者意識」がＲＸの実現に重要であると、あえてここで言うのか。それは、産業用ロボットとサービスロボットでは、メーカーとユーザーの関係性が異なるからだ。これまでに書いてきたのは、現場分析や５Ｓなど、製造業や産業用ロボットの成功事例から盗めることは積極的に盗めということだったが、それが通用しないこともある。産業用ロボットとサービスロボットの導入プロセスには当然違うところもあり、その違いはしっかりと把握しておかなければならない。

産業用ロボットにおいては、メーカーとユーザーが近いというか、ほぼ同じ立ち位置だった。ユーザーはメーカーなのである。産業用ロボットのメーカーは、もちろん製造業に従事する人であるし、ユーザーも、自動車産業や電機・電子産業関連のプロダクト製造ラインで働く人である。

メーカーであれば、会社に製造部門が存在する。先に紹介した産業用ロボット大手の「ファナック」は、自社工場でもロボットを徹底的に活用して、高いコスト競争力を実現している。ファナックの工場では産業用ロボットを生産する産業用ロボットがたくさん活躍している。

もちろん、業界が違えば詳細な製造工程は異なるが、どのような製造工程や作業があるのか、そこにどのような難しさがあるのかはイメージや理解がしやすい。

ところが、これがサービスロボットとなると状況は一変する。サービスロボットのユーザーの仕事は、メーカーとは全く異なるからだ。医療・飲食・農業などの現場でサービスロボットがどのような作業をしているのかは、例えば学生時代に関連するアルバイトでもしていない限りイメージしにくいだろう。同じ日本語で話しているのに、会話が通じないという状況も容易に起こりうる。メーカーとユーザーの距離が離れてしまい、メーカー側は現場の想像ができなくなってしまうのである。

このような場合には、メーカー側はユーザーのことを推測するしかない。特に新しい分野で新しいプロダクトを開発する場合には、「圧倒的当事者意識」を持って徹底的に顧客になりきらなくてはならない。

もちろん、顧客へのヒヤリングによって困りごとはある程度わかる。ポイント①で言及したように、現場分析をすることで課題を定量的に分析できるだろう。しかし、現場の課題を分析するだけでは、良いプロダクトを開発することは難しい。

ヒヤリングで炙り出すことができるのは、課題意識のある内容、言語化が可能な内容までである。普段から問題と思っていること、顕在化している事柄が出てきやすいからだ。

それが現場分析の場合には、もう一歩踏み込んで、当事者自身も認識できていないこと、現場に埋もれていることなど、潜在的な課題を表出させることができるかもしれない。しかし、再度繰り返しになるが、課題の分析・理解だけでは、良いプロダクトやソリューションの提供はできない。そこで必要となるのが、「圧倒的当事者意識」なのである。

ここで、当事者意識が足りずに失敗した自らの事例を紹介したい。ポイント④の中で紹介した、空港などで使われているロボティックモビリティ「ピーモ」を少し思い出してほしい。

ロボットによる完全自動化を目指していた私は、空港の現場スタッフとの何気ないコミュニケーションの中で「移動に不自由のある方の対応は、時間的に拘束されることではあるのですが、お客様との大切なコミュニケーションの時間でもあるのです」という旨の言葉を聞いた瞬間、「失敗した」と思った。結果として方針を切り替え、顧客接点は維持したまま、省人化も図れる追従走行型のモビリティを開発し、商品化に至った。

この事例では、商品企画を行うときのヒヤリングや現場分析の時点で、現行のオペレーションで苦労している点を洗い出し、人手不足という課題も明確だった。現場に足を運んでいなかったわけでも、製造業とは違う現場の用語が理解できていなかったわけでもない。単純に言えば、現行のオペレーションの中で、ユーザーである空港スタッフが大事にしていることを理解できていなかったのである。

ヒヤリングのスキルが足りていなかったと言ってしまえばそれまでだが、概してヒヤリングというのは、前述のように、すでに困っていること、課題視していることが言葉として出てきやすい。逆に、大事にしていることやユーザーの中で当たり前になっていることは、言葉になりづらいのである。

顧客が抱える課題だけなく、顧客が大事にしていることも含めてユーザー像をしっかり理解するために有効なのが、「圧倒的当事者意識」である。

これと似た考え方に「顧客目線」があるが、顧客目線というのは、意識は自分の中にありながらも、自分側からの目線だけではなく、顧客側の視点で考えることを指している。一方で、「圧倒的当事者意識」というのは、自分の意識そのものが当事者側にある、自分が顧客になっている状態である。

自分が顧客になるとはどういうことか、別の事例で考えてみよう。私自身が顧客になる体験をしたのは、二〇一五年頃に細胞培養ロボットを開発しているときだった（図29）。京都大学ではiPS細胞の研究が盛んに行われていた。細胞というのは生きているので、育てないといけない。しかも、細胞を培養するには高いレベルの手技が必要で、人によって品質がバラつくという問題があった。さらには、大量に育てるには手間がかかり、休日や長期休暇も休まず対応する必要があった。そこで、省人化や品質安定化のためにロボットを導入したいという話になったのである。

私は当時、バイオ分野の知見・技術をほとんど持ち合わせていない状態だったが、京都大学で共同研究講座を開設し、大学の研究室で過ごす日々を経験した。

当然、開発時点では自動で細胞を培養できるロボットなど存在しないので、自分の手で細胞を培養しなくてはならない。細胞培養は初めての経験だったので、器具の使い方や薬品の名称、取り扱い方など基礎的なことから勉強した。また、気を付けるべきことや細かいノウハウを教えてもらいながら、段々とスキルと知識を身に付けていった。すると、数カ月で安定してiPS細胞を培養できるようになった。

ロボットを開発する上では、ここまでで十分だったかもしれない。器具の役割や専門用語を理解し、培養のプロトコルや教科書には載っていないノウハウを習得していれば、大

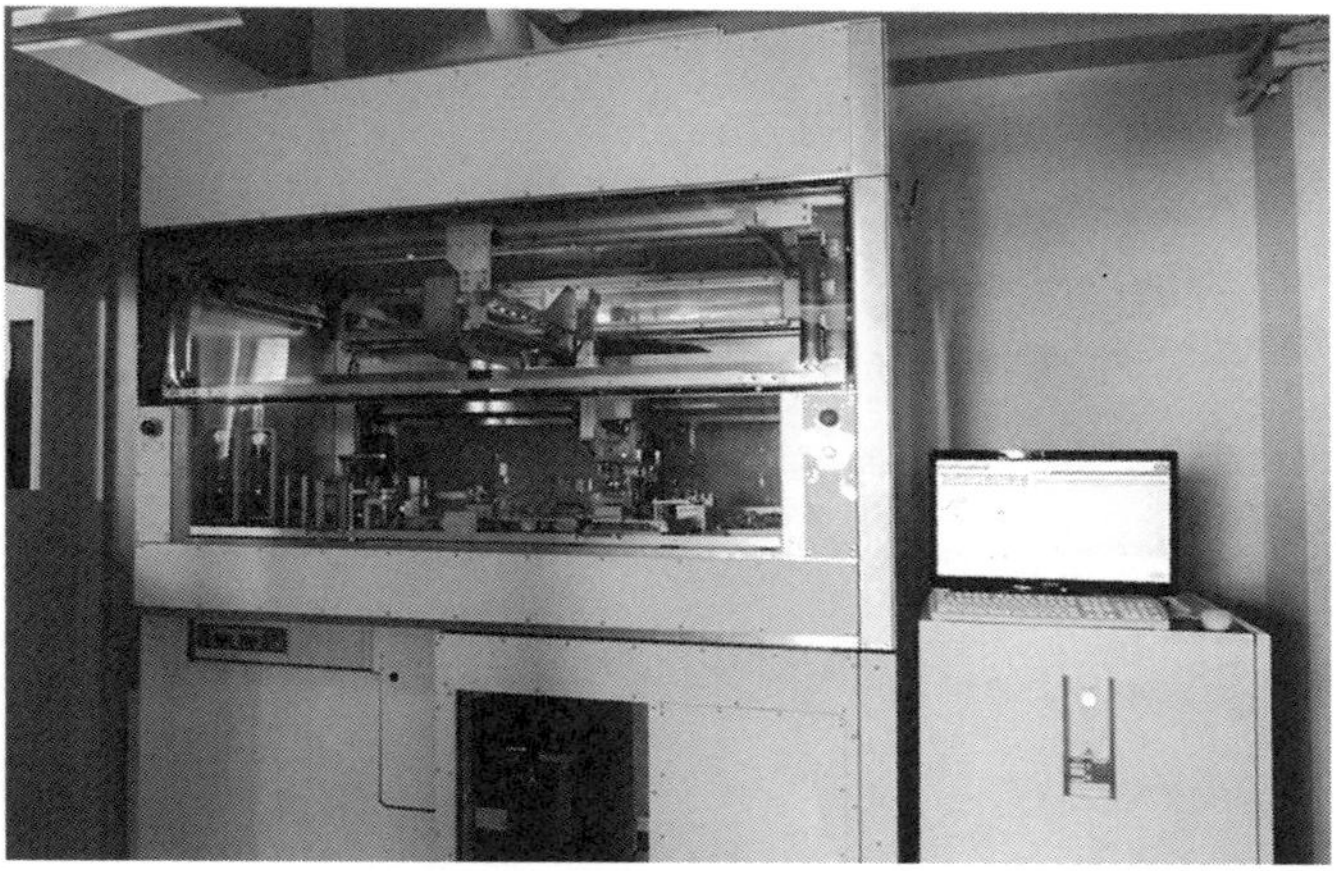

図29. 細胞培養ロボット

学の専門家や製薬メーカーの開発者と専門的な内容であっても十分に議論することができたし、ロボットの開発までたどり着いていたはずだからである。

しかし、自分が培養する側の当事者になってみると、意外なところで戸惑うことになった。細菌などが培養細胞に混ざることを指すコンタミネーション（通称、コンタミ）という現状が起こるのである。教科書レベルでは、コンタミに注意すべきということは知っていたが、実際に起きたときの心へのダメージは、想像以上に大きかった。

研究室に行くと、前日までは何の

異変もなかったはずの培養容器が濁っている。細菌が繁殖してしまったのだ。休日もラボに行って、大事に育ててきた細胞ちゃんたちを廃棄することになり、予定していた実験もできなくなる。そんなことがそれなりの頻度で起こるのだ。

土日も盆も正月も、休み返上で培養し続けたのに、コンタミが起きたときのショックは大きい。またコンタミが起きてしまうのではないかと思うと、精神的に落ち着かない。

製造業でラインが止まるのと同じような心理的プレッシャーかもしれないが、目に見えない細菌によって心が打ち砕かれるとは想像もしていなかった。ヒヤリングでその事実を知っていても、現場に足繁く通っていても、なかなか心のダメージまでは理解することは難しい。

しかし、自分が顧客になったからこそ、すなわち「圧倒的当事者意識」があるからこそ、コンタミをできるだけ防ぐためのロボットの設計や配慮、もし起きてしまったときの除染の仕方など、妥協せずに開発することができた。

結果として、ユーザーの方にも共感と共に安心していただき、「圧倒的当事者意識」が製品競争力につながるのだと実感した。

最近は、当事者意識を圧倒的なレベルまで引き上げるために、自らが顧客になる事例がいくつか出始めている。ポイント③で紹介した、ピーマンの収穫ロボットを導入している

図30. アグリストのAIロボット農場

「アグリスト」もそうだ。

　アグリストが二〇二一年に公開したのが、自社の試験圃場となるＡＩロボット農場である（図30）。本社から車で数分という場所に開設した幅一二メートル、長さ二〇メートルのこの圃場では、まさに自分たちでピーマンを育てつつ、研究開発・商品開発を行っている。農場のオペレーションの中に実際に組み込みながら、ロボットに適した栽培方法などを研究しているのだ。

　また、ポイント⑤で紹介した、コンビニエンスストアや倉庫向け遠隔操作ロボットの開発・事業化を進めている「テレイグジスタンス」

は、二〇二〇年、東京ポートシティ竹芝オフィスタワーに、同社の子会社である「Model T Operations（モデルティーオペレーションズ）」が運営するコンビニ店舗を開設している（図31）。

この店舗は、先端的な印象を与える内装・外観であるものの、一般的なコンビニと同様の商品が並べられている。バックヤードに設置されたロボットは、コンビニの売上の大部分を占める飲料（ペットボトル・缶飲料）および中食（弁当・おにぎり・サンドイッチなど）の補填など、陳列業務を行っている。

もちろん、ロボットが飲料や食品を掴むための各種データを取得するなど、研究開発の目的もあると思われるが、ロボットを組み込んだオペレーションの改善をすぐに試すことができるという利点がある。

私は、どちらの現場にも行ったことがあるが、実験場というよりも、完全にリアルな農園であり、コンビニだった。ロボットが稼働しているという事前情報がなければ、ピーマンの育て方について学んだり、コンビニで買い物をしたりして帰るところだった。この二つの事例では当事者意識というより、まさに当事者としてピーマンを育て、コンビニを運営していた。

このように開発者が当事者となることは、業務課題を自ら体感するだけでなく、時に

図31. テレイグジスタンスのコンビニでの作業の様子(引用:同社公式YouTubeチャンネル)

はクレーム対応といったエンドユーザーとの触れ合いを通して、業務上で大切にすべきことや表に出にくいストレスなど、業務に関連する多様な観点に気づくのに役立つ。

また、調理ロボットの開発を行っている「TechMagic(テックマジック)」は、自社開発の調理ロボット「P-Robo(ピーロボ)」を活用したスパイスヌードル専門店「Magic Noodle香味麺房」を旗艦店として開店した。一連の調理工程を自動化し、生産性を改善し、オペレーションの標準化、おいしさの再現と安定化を実現する取り組みである。

自社運営することで、外食産業の

課題である人手不足や低利益率構造を身をもって認識できると、解決する必要性の解像度は桁違いに上がる。もちろんロジックとしてはユーザーとの協業というスタイルでも理解はできるかもしれないが、やはり当事者意識のレベルに圧倒的な差が出るのは紛れもない事実である。ロボット活用時のノウハウやデータの蓄積が、次の調理ロボット開発に活かされるという好循環も生むだろう。

その他にも、導入に関するユーザー側との様々な交渉を省けるし、ポイント⑤で説明した「ロボットフレンドリーな環境」を自由に実現できるなど、メリットは多い。

一方で、個人的に最も意味があると思うのは、エンドユーザーから直接お金をいただきながら、その仕事で何が大切なのか、何が嬉しいのかを理解できることだ。農業であれば、精魂込めて育てた野菜のおいしさであったり、飲食店であれば、おいしそうに食事をしているお客様の様子であったり。それは仕事の喜びとも言えるものだろう。

仕事なので、もちろん大変なことや課題もたくさんあるが、「これがあるから辞められない」という瞬間がどんな仕事にもあるはずだ。その感覚を体験することや、そうした瞬間のために現場がどのような努力をしているのかを深く理解することが、モノを作るメーカーにとって非常に重要なのだ。

ユーザーにとっても、課題や困りごと、ちょっとした不安を含めてしっかり理解してくれるメーカーほど頼もしい存在はない。さらには、仕事の根源的な楽しさややりがいも共有できていれば、様々な障壁をユーザーとメーカーで協力して乗り越えていくことができるだろう。

さて、ここまで自らが当事者になる事例を紹介してきたが、当然、設備投資の費用や場所が必要になる。現場を持つために必要な投資規模は業界や業種によって異なり、また、新しい取り組みが自社の既存顧客のコンペティターになるようなケースもあるかもしれないため、全ての業界、企業で自ら当事者になるアプローチがとれるわけではない。そこで、最後の事例として、必ずしも完全に新規で現場をつくる必要はない、という事例を紹介したい。

倉庫向けのロボットシステムを世界中に展開する「Autostore（オートストア）」はノルウエーに本社があり、二〇二一年にソフトバンクグループが約四〇％の株を取得したことでも話題になった企業だ。

同社はニトリの倉庫など、すでに日本でも多くの案件を手がけるロボットメーカーであるが、もともとはロボットメーカーではなく、半導体の販売代理店だった。その事業の中で、半導体の在庫などを保管する倉庫スペース不足という課題に自らが悩み、それを解決する手段として、半導体を積み重ねて保管する箱をロボットが制御する自動入出庫システムを開発したのだ。

つまり、自らの事業の中で解決すべき課題に直面し、それに対するソリューションを社外販売向けに横展開したのである。自らの事業の中には、当然課題がある。その課題に関しては、自らが顧客であり当事者である。このように、新たに設備投資をしなくても、そもそも「圧倒的当事者意識」を持たざるを得ない課題は、実は自らの周りにゴロゴロと存在しているものだ。

作り手側が「圧倒的当事者意識」を持つことができるようになれば、現場の課題を本当の意味で自分事化することができる。そして、業務の全体像を理解した上で、ロボットがすべきことを要求仕様としてまとめることができるようになる。

ただし、気を付けたいのは、要求仕様とは決して課題だけから構成されるものではないということだ。ヒヤリングや現場分析で明らかになる課題だけではなく、当事者にとっては当たり前となっている「大切にしていること」や「愛情」、課題としては表出されることのない「心配事」を理解し、それらを十分に意識・配慮しなければ、要求仕様は不完全なままである。

「課題」「心配事」「大切にしていること」など業務の全体像を理解したからこそ気づく、

運用上で重要なデータがあるだろう。それに気づいた上で、ロボットの導入を設計できれば、データビジネスやビジネスモデルの変革にもつなげやすくなる。

では、「圧倒的当事者意識」を持つためには、そして、顧客が大事にしていることを理解するためには、自分たちで現場を持つ、もしくは、自分たちで現場を持っている領域から始める以外の方法はないのだろうか。現場へのヒヤリングで、それらを理解することはできないだろうか。

答えは「できるが、かなり難しい」である。現場へのヒヤリングにおいても、深い洞察が得られる場合はある。有効な手法として考えられるのは、「デザイン思考」または「デザインシンキング」と呼ばれるやり方だろう。

デザイン思考とは、スタンフォード大学などが提唱した手法で、簡単に言うと、デザイナーがデザインを考案する際に用いるプロセスを課題解決のために活用する考え方のことである。ユーザーの視点で物事を捉えることに重きを置いており、ユーザーの深い観察に基づいて本質的な課題・ニーズに対する解を出すところに特徴がある。多くの専門書や教材が準備されているので詳細の説明はそちらに譲るが、「人間中心」「インサイト」「エスノグラフィ」などという言葉と共に語られることが多い。

私自身も、デザインシンキングの本場と言われるイギリスの「Royal College of Art（ロイヤル・カレッジ・オブ・アート）」でデザイン思考を学んだことがあるが、思考法としてしっかりと体系化されており、概念としては十分理解できるものだった。

ただし、いざ実践しようとすると、他人のことを深く洞察し、本質的に理解するのは言うほど簡単なことではない。デザイン思考というのは、フレームワークに従って進めていけばよいという「方法論」のことではなく、突き詰めると、人やその環境に注意深く意識を向け、理解しようとする「態度」のことであり、心のあり方のことなのである。

自分以外の人の内面にも強く共感し、自分事化（当事者意識を持つこと）をできるような状態に持っていける人が「デザイナー」と呼ばれる人たちであり、その手法こそがデザインシンキングなのだろう。

他人にいきなり共感し、インサイトを得るのは容易なことではない。それであれば、他人ではなく自分を対象とし、内面を深掘り、インサイトを得ることのほうが簡単である。だからこそ自分が顧客になれる場をつくり、当事者意識を圧倒的なレベルまで引き上げようとするのである。

エンジニア自身がデザイナーとして振る舞い、相手が他業種であっても課題の本質や全体像を理解でき、「圧倒的当事者意識」を持てるようになるのが理想である。ただし、それはなかなか難しい。餅は餅屋である。そんなエンジニアには、無理して知らない業種の相手を丸ごと理解しようとするのではなく、まず小さくてもよいので自分を顧客にしてしまう現場を持つ、もしくは自分たちで現場を持っている領域から始めるという手法をお勧めしたい。

サービスロボットの開発は新規事業であることが多く、ニーズに合わせてアップデートやピボットを繰り返すアジャイル（機敏）なスタイルで開発が進む。しかし、抜本的なハードウエア開発を伴うレベルのピボットは時間や費用がかかるため、できるだけ回数を抑えたいだろう。顧客の全体像を理解することは、より顧客にフィットしたかたちでプロダクトやサービスを開発することにつながる。結果としてピボットの回数を減らすことにもなる。そのような意味でも、当事者意識を持つことの重要性は高い。

自分自身が顧客になることは、単に開発の確度・スピードを上げるだけではない。一般的によく言われる顧客ニーズだけでなく、自分にとってのニーズ、自分だけにカスタマイズされたストーリーとして、開発テーマを推進することができる。

自分にとって思い入れの強いテーマであれば、その新規事業がうまくいかないときにも踏ん張れる。本ポイントの冒頭に記したように、新しいことにチャレンジするときに必須のマインドが「圧倒的当事者意識」なのだ。

しかし、一つだけ注意しなければならないのは、「圧倒的当事者意識」が強すぎると、時に心がしんどくなることだ。対象が完全に自分事化されてしまったからこそ、課題を解決できないとき、自分の非力が情けなくなり、無力感に苛まれることになる。特に、医療やヘルスケアなど人の命に関わるテーマの場合には、このような感情が起きやすい。このあたりは、エンジニアがそこまでの当事者意識を持って活動していることに対し、上位層側が感謝しながらも、強すぎる心的負荷がかかっていないかを理解していかなければならない。

「圧倒的当事者意識」を持って、個別の課題と社会課題の間を行き来しながら、最終的には汎用性のあるソリューションを作り上げることを心がけたいところである。

メーカーはメーカー、ユーザーはユーザーと切り分ける必要はない。メーカーがユーザーになってもよいのだ。その最大のメリットは、もしかするとユーザーの仕事に対する愛情を理解できることなのかもしれない。

ポイント⑨　必ずしも単独でやりきる必要はない

新しい市場が拡大するにつれて、新しいビジネスモデル、新しいプレイヤーの出現が見

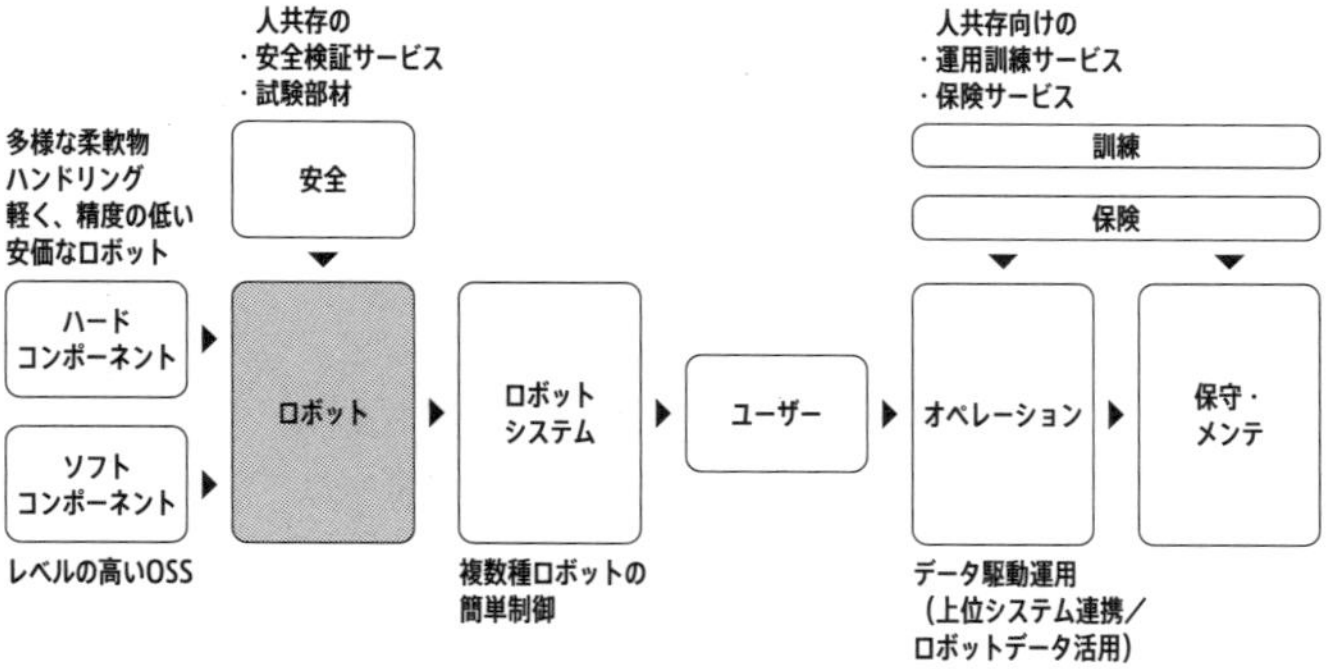

図32. ロボットのバリューチェーンでのビジネス機会

込まれる。サービスロボットの領域でもそうだ。ロボット導入が広まると、ロボット本体以外のところでも新しいビジネスが多く誕生する。

ロボット事業を行うとき、バリューチェーン・サプライチェーン・エンジニアリングチェーンの一連の流れの中で、どの点に注力するのか、どの点は他社と協業するのかを正しく見極めることが重要である（図32）。ロボットビジネスへの関わり方は多様であるし、必ずしも全てを一社で行う必要はない。

企業活動の上流工程と下流工程は付加価値が高く、製造・組み立てといった中流工程の付加価値は低く見積もられるという「スマイルカーブ理論」に当てはめると、ロボットの本体販売はスマイルのボトムになる。特に、ロボット本体のモジュール化が進み、これまでの擦り合わせ技術というよりも、モジュールをつなぐことで簡単にロボットを動かせるようになると、ロボット本体の開発は、中国などとの熾烈な価格競争に陥るだろう。つまり、ロボット本体の販売以外のところで収益を上げることが必須になる可能性もある。

上流に目を向けると、サービスロボットに性能を特化させた要素部品、具体的にはロボットを動かすためのモーターやバッテリー、ＬｉＤＡＲ、カメラといった市場が広がっていくかもしれない。

前述したように、サービスロボットは産業用ロボットとは異なり、高速・高精度で動作させるよりも、対象や環境が変化しても安定してロボットを動かせることが求められる。また、車などの自動運転と比べても、低速・近距離の動きが多いため、産業用ロボットや自動車の要素部品がそのまま使えない。そのため、サービスロボット向けの市場が拡大する可能性がある。

また、やわらかく、個体差のある対象物を扱う機会が多いサービスロボットにおいては、「ソフトロボティクス」と呼ばれるやわらかい素材を使った技術や、ソフトロボティクスとＡＩを組み合わせた新しい技術が発展する余地も大いにある。

下流側では、ロボットのシステム化、いわゆる「インテグレーション」と呼ばれる事業に加えて、さらに新しいロボットビジネスが生まれてくるはずだ。いくつか、代表的なものを見ていこう。

まず、産業用ロボットの分野では王道のシステムインテグレーションの事業は、今後サービスロボットの分野でも広がりを見せるだろう。

ロボットは購入しただけでは役に立たない。ロボットの導入目的を達成するためには、ロボットをどういう場合にどのように動かすのかを検討し、その通りに動くように設計することが必要だ。

例えば、センサーを活用して周囲の状況を見極めることができるように、ロボットの調整・ティーチング（教示）作業を実施する。ロボット単体ではなく、関連機器や関連システムと組み合わせ、一つのシステムをつくり上げることで、エンドユーザーの要望を満たす作業である。こうした行為の総称を「システムインテグレーション」と呼び、これを実行する人や会社のことを「システムインテグレーター（SIer：エスアイヤー）」と呼ぶ（IT分野のシステムインテグレーターと区別するために「ロボットインテグレーター」や「ロボットシステムインテグレーター」と呼ぶこともある）。

ロボット領域におけるシステムインテグレーションの重要性は、近年強く指摘されている。システムインテグレーター抜きには、ロボットの価値を最大限発揮させることはできないからだ。

システムインテグレーションは、スマイルカーブの下流側なので、一般的には事業収益を上げやすいはずだ。しかし、実際にはそれほど簡単ではなく、ＳＩｅｒは苦戦を強いられている。しかし、ＳＩｅｒの重要性に変わりはなく、スイスの「ＡＢＢ（エービー）」をはじめとする大手ロボットメーカーも、自社の知見を活用したシステムインテグレーション事業を立ち上げ、ロボットの製造から生産ライン構築までのバリューチェーン全体に対応している。また、日本でも、日立製作所はアメリカのシステムインテグレーターである「ＪＲオートメーション」を買収し、北米でのインテグレーション事業に参入している。政府が主導して二〇一八年に設立された「ＦＡ・ロボットシステムインテグレータ協会（現在の日本ロボットシステムシステムインテグレータ協会）」の会員数は、二〇二四年五月時点で二二二社と賑わいをみせている。

では、なぜ今システムインテグレーターが増えているのか。それは、システムインテグレーターに求められる最も重要な要件の一つが、「エンドユーザーとエンドユーザーの業界を深く理解している」であることに関係している。つまり、インテグレーターに求められるのは、単に技術的にＡとＢをつなげられることではなく、業界や顧客を十分に理解していることなのである。

これまでのロボットは、自動車産業や電機産業が主な活用領域だった。それに対して現在は、産業用ロボットが自動車・電機産業以外の製造領域で活用されたり、サービスロボットとして公共空間で活用されたりしているのは、これまで説明してきた通りである。

自動車・電機産業の大手メーカーは、基本的には生産技術部門をもち、自社内にシステムインテグレーションを担える人材を保有しているケースが多い。もしくは、業界を熟知した昔から付き合いのあるシステムインテグレーターがいるだろう。

しかし、自動車・電機産業のインテグレーターが、他産業やサービスロボットのシステムインテグレーションをすぐに担えるかというと、なかなか難しい。まず業界の特性や顧客の要望を正しく理解するところから始めなければならないからだ。ロボットの活用領域を広げたいと思っても、多くの産業に対応できるインテグレーターの数は不足しており、それがロボットの普及速度が上がらない要因となっている。

この難しさを超えるために、様々な施策が検討されている。大きくは「未活用領域でも活躍できるシステムインテグレーション企業・人材の育成」と「システムインテグレーションの技術難易度の低下」である。

前者としては、先に述べた「日本ロボットシステムインテグレータ協会」が情報共有や研修活動、システムインテグレーションスキルを学べる高等専門学校との連携などの施策を進めている。

後者としては、例えば画像認識やアームの位置制御、移動ロボットの経路生成といった共通する機能のインタフェースを統一して個別開発の必要性をなくしたり、ロボットの教示作業を簡易化したりするといった試みがなされている。

また、生成ＡＩを使い、簡単な言葉で指示するだけでロボットを動かせるようにする研究開発も行われている。これらの技術は、インテグレーション作業の門戸を広げる可能性を秘めている。

ロボット産業では、メーカーごとに囲い込む戦略が主流であるように見受けられるが、他分野も含めたグローバルなトレンドを鑑みると、技術を「民主化」「オープン化」する流れには逆らえないだろう。むしろ、そうしないと生き残れないという状況になっていくかもしれない。

日本のスタートアップ「Mujin（ムジン）」は、主要なロボットメーカーのロボットアームを、統一の制御コントローラーで制御する技術を提供している。ムジンのコントローラーを使いこなすインテグレーターが必要になる点は変わりないが、各メーカーがインタフェースを開示したことは大きな変化の兆しかもしれない。

次にバリューチェーンの下流側で重要になると考えられるのが、多くのロボットが動き始めたときの運行管理システムだ。うまく考えなければ、ある特定のエリアだけにロボットが集中し、ロボットが渋滞するということが起きかねない。

国内大手の「TIS（ティーアイエス）」は、ロボットの運行を管理するクラウドシステムなどを開発し、ビルの中で動き回るロボットを管理する「RoboticBase（ロボティックベース：マルチロボット統合管理プラットフォーム）」というシステムをすでにサービスインしている。シンガポールは国を挙げて、ロボット管理システム「Robotics Middleware Framework（RMF）」の研究開発や実証活動を進めている。

システム連携という観点も重要になる。産業用ロボットも、工場の生産を管理する「製造実行システム（MES）」と連動したかたちで稼働し、最適な製造を実現している。それと同じように、サービスロボットを複数台管理する場合、サービス事業の領域に応じてシステムと連動していくことになる。

物流倉庫では、「いつ、どのような荷物が、どのような荷姿で、どこからどこまで運ばれるのか」という情報を、ロボットは連動するシステムと共有する。具体的には「Warehouse Management System（WMS）」や、その下位で機器の制御を行う「Warehouse Equipment System（WES）」「Warehouse Control System（WCS）」といったシステムだ。

オフィスビルや高層マンションであれば、エレベーターや自動ドアの開閉のタイミング、最適な走行経路に関する情報を、「Building Management System（ＢＭＳ）」「Building Information Modeling（ＢＩＭ）」などのシステムから得ることになる。ホテルにおいて、顧客管理や客室管理に使われる「Property Management System（ＰＭＳ）」も、ロボットの制御に大いに役立つだろう。

ロボットのためだけに基幹システムや上位システムを整備するのはハードルが高い。前述したような上位システムや仕組みが、業界標準としてすでに整備されている業界や現場のほうが、ロボットの活用が進みやすいだろう。

もっと言えば、システム連携以前に、現場の動きや業務がデジタル化されている業界からロボットは導入されていくことになる。

メカトロニクスや製造ラインという意味でのシステムに加え、今後はオペレーション全体を効率化するシステムインテグレーションの重要性も高まると考えられる。全体最適化を実現するためには、サイバー空間でシミュレーションした将来の計画や、ロボット以外のモノの状態に関するリアルタイムな情報、ロボットがフィジカル空間から得ている情報の連動が欠かせなくなるからだ。

また、連動システムの利用ビジネスや、複数のシステムを行き来するためのインタフェースであるＡＰＩの標準化ビジネスも有望だ。これらのビジネスは、ビルＯＳや都市

ＯＳの開発にも必要とされるだろう「スマートビルディング」や「スマートシティ」と呼ばれる、ビルや街の最適なマネジメントに直結する技術なのである。

例えば、ゼネコン大手の清水建設は、建物の設備機器とＩｏＴデバイスの相互連携が可能になる建物ＯＳ「DX-Core（ディーエックスコア）」や、ロボットとモビリティに特化した制御システム「Mobility-Core（モビリティコア）」の開発を行っている。

ロボットの管理や運用という観点では、街やビルといったエリアの中に、ロボットの起動やバッテリー交換などを行うサービスも生まれるはずだ。

ガソリンスタンドは、今後のＥＶ化の流れに伴って店舗数が減少することが予想されるが、ＥＮＥＯＳはガソリンスタンドを街のロボットステーションとする構想を発表している。ロボットの保管や管理拠点として使うのだ。コンビニエンスストアも、似たようなコンセプトの場として活用される可能性があるだろう。

また、ロボットの運用や管理を支えるために、運用人材の教育や派遣のビジネスも必要不可欠となる。すでに「日本交通教育サービス」は、移動ロボットの開発・販売などを行う「ＺＭＰ（ゼットエムピー）」のサポートを受けて、自動運転ロボットの遠隔監視オペレーター育成事業を展開している。

また、人との共存環境の中でロボットを動かす以上、「安全」というキーワードは外せない。人とロボットが接触した際にどれくらいの負荷がかかるのか、安全であるかを事前に検証するサービスが生まれている。

例えば、ゲル素材メーカーの「TANAQ（タナック）」は、パナソニックとトヨタ自動車が共同開発した技術を使った「指ダミー」という安全検証用の部品を販売している。指ダミーは人間の指を模した製品で、ロボットに人間の指が挟まれないか、挟まれた際にはどの程度の損傷を受けるのかなどを検証するために利用されている。

自動車の安全検証では、死亡といった致命的な負荷を検証するのにダミーが用いられる。一方でロボットにおいては、そこまで人体に負荷がかかるような事故は想定されにくいが、痛みや切り傷など軽度の損傷リスクを調べる必要が出てくる。こういった安全検証の市場においても、新しいビジネスがさらに生まれるはずだ。

安全やリスクという観点では、保険ビジネスもロボット用のものが必要になってくる。東京海上日動は「ドローン保険」という名目で、ドローンの損傷などを補填する機体保険と、対人・対物の損害賠償や撮影時の人格侵害権の賠償補償などに使える賠償責任保険を提供している。

また、損保ジャパンも、自動走行ロボットの実証実験における遠隔操作時の刑事責任といった運行リスク、サイバー攻撃を受けたときのリスク、ロボットが運ぶ荷物が損傷するといった業務遂行リスクなど、様々なリスクをカバーできるオーダーメイド型の保険サービスを発表している。

今後も新しいアプリケーションに伴って新しいリスクが生じる場合には、それらのリスクをカバーするための各種保険が設計されるだろう。

このように、ロボット産業の市場が拡大するなか、ロボットメーカーのみならず、部品メーカーからＳＩｅｒ、そして運行管理や保険といったサービスを提供するサービサーなど、多くのステークホルダーが存在することがわかっていただけたかと思う。

これら全てを一社で完結することは極めて難しく、業界のエコシステムを構築し、持続的に事業を提供できるようなオープン・クローズ戦略が重要になる。デンマークの協働ロボットのトップメーカー「Universal Robots（ＵＲ：ユニバーサルロボット）」は、ＵＲのロボットと組み合わせて使えるロボットハンドやセンサーといった周辺機器を「ＵＲ＋」として認証する仕組みを構築している。

「ＵＲ＋」は、ＵＲと接続しやすいようなソフト面・ハード面の両方のインタフェースが用意されていることはもちろん、認証された部品はＵＲロボットのティーチペンダント（ロボットの動作設定を行う端末）に表示され、ユーザーが簡単にプログラムできるなど、部品メーカー側やＳＩｅｒにとってもメリットが大きい仕組みとなっている。

URのように、特定の会社がエコシステムの構築をリードする場合もある。一方で、特定個社だけではなく、業界全体として生産性を上げる取り組みを推進する場合もある。その代表例が総菜業界だ。

総菜業界は自動化が望まれている代表的な業界である。産業別の従業員数を見てみると、製造業の中で最も人手がかかっているのが食料品製造業（約一二〇万人）で、中でも弁当や総菜の製造が最も生産性が低いとされている。特に盛り付け業務は、不定形物に対する精度の高い作業や、見た目の品質基準の高い作業などが要因となり、より自動化が難しく、多くの人数が割かれていた。

そのような大きな課題に対して、特定の大企業だけで自動化を進めるのではなく、業界の大半を占める中小企業も含めた業界全体をワンチームと捉えて活動を推進しているのが、「日本惣菜協会」の荻野武氏である。

荻野氏は、資本主義の父とも言われる渋沢栄一の合本主義に近い考えのもと、日本の持続可能な食産業を支え、公益を追求するという使命達成のために、最も適した人材と資本を集めて、事業を推進している。

産官連携の体制を組みながら、業界の共通課題の合本、トップメーカーの合本、ユーザーとメーカーの合本を行い、総菜盛り付けロボットや弁当盛り付けロボットにおける安価な自動化システムの開発・実戦投入を迅速に実現しようとしている。

このように、ロボットの社会実装を考えるとき、最初から最後まで全てを自社だけで完結する必要はない。様々なプレイヤーと協業することで、より効果的に、より速く実装が進むだろう。

前記の図32では、デバイスレベルからインテグレーション、オペレーション、サービスなどの事業のつながりをチェーン構造で表現した。しかし、ロボットの活用もDXの一部であると捉えると、今後はチェーン構造よりもレイヤー構造で考えるほうが適切かもしれない。

DXの時代においては、特定の工程やロボットから取得されたデジタルデータが、サプライチェーン（モノの流れ）やエンジニアリングチェーン（モノづくり業務の流れ）全体に広がる。データの同期性やリアルタイム性が高くなり、データ空間に加えて物理空間でも瞬時に共有されるようになる。そのようなとき、ロボットが適応されるアプリケーション（業界）ごとに各種プレイヤーが存在するというよりも、業界を超えて機能レイヤーごとに主要プレイヤーが現れるという構造になるだろう。

そして、各チェーンの中では全ての情報がリアルタイムに共有され、需要と供給のマッチングなどが全体最適化されるように、モノの流れが制御されるようになるだろう。そのような大きな流れの中で、自社の立ち位置をしっかりと見極め、他のプレイヤーたちと連携を行っていく必要があるのだ。

ポイント⑩　ロボット単体ではなく、全体のコストを考える

そもそも、ロボットはいくらで販売すべきなのだろうか。もしくは、買う側からすれば、いくらで購入すべきなのだろうか。

この質問に答えるのは簡単ではない。ケースバイケースだからだ。業界にいると、「一人分の年間人件費は三〇〇～四〇〇万円だから、それ以下でないと置き換えはできない」「介護分野での値ごろ感は三〇万円以下かな」といった話を耳にすることがある。しかし、事はそれほど単純ではない。

このコストという問題に関して、興味深い調査がある。「日本機械工業連合会」が二〇一七年に公表した『平成二八年度関西地域の産業におけるロボット導入状況と今後の活用分野に関する調査報告書』によると（図33・34）、過去にロボットを導入したことがある企業の中で課題として最も回答が多かったのが「導入にかかる費用（六一・七％）」であり、三番目に多いのが「導入後のメンテナンス費用が高かった（二五・〇％）」となっ

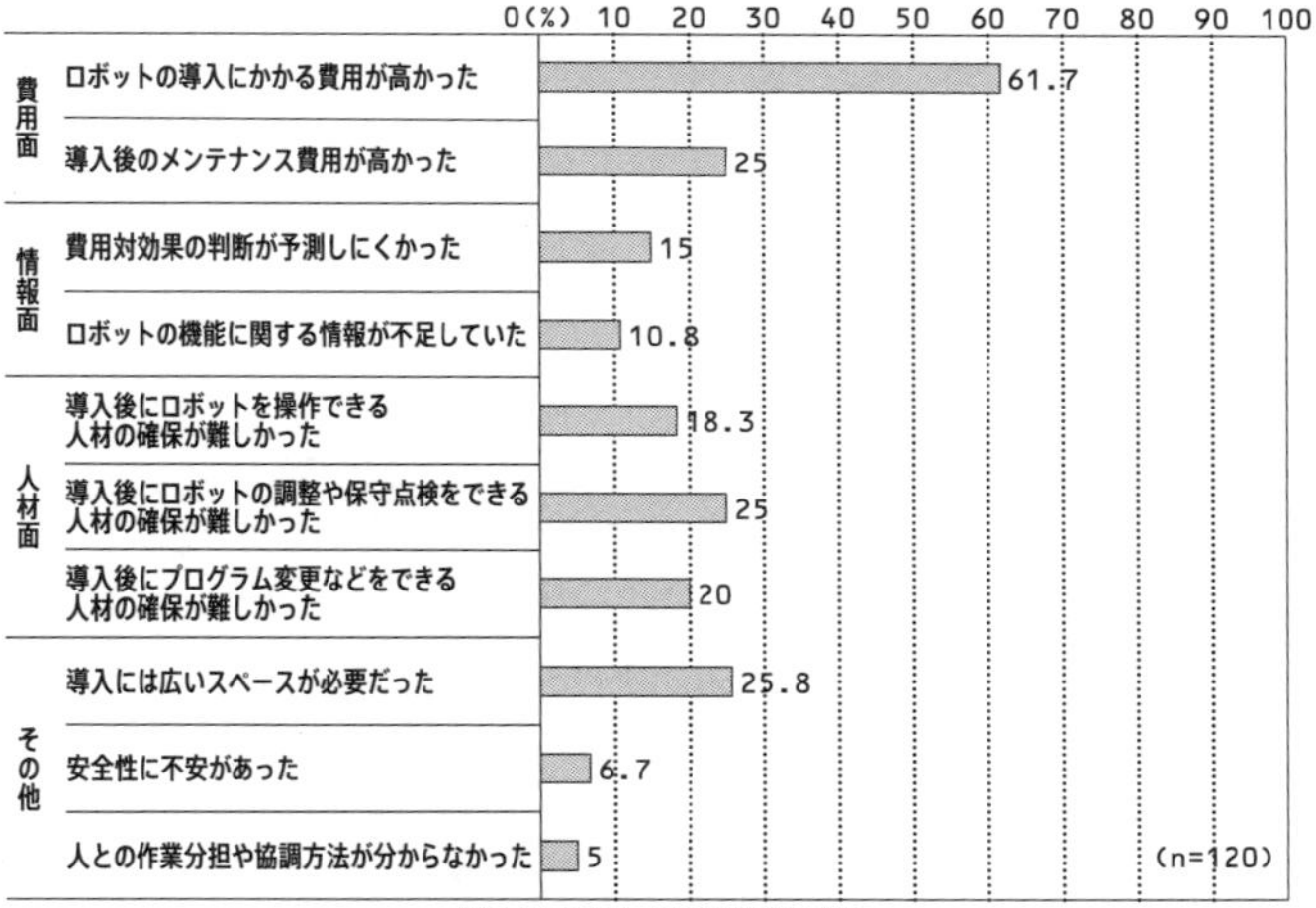

図33. 検討にあたっての課題(複数回答)

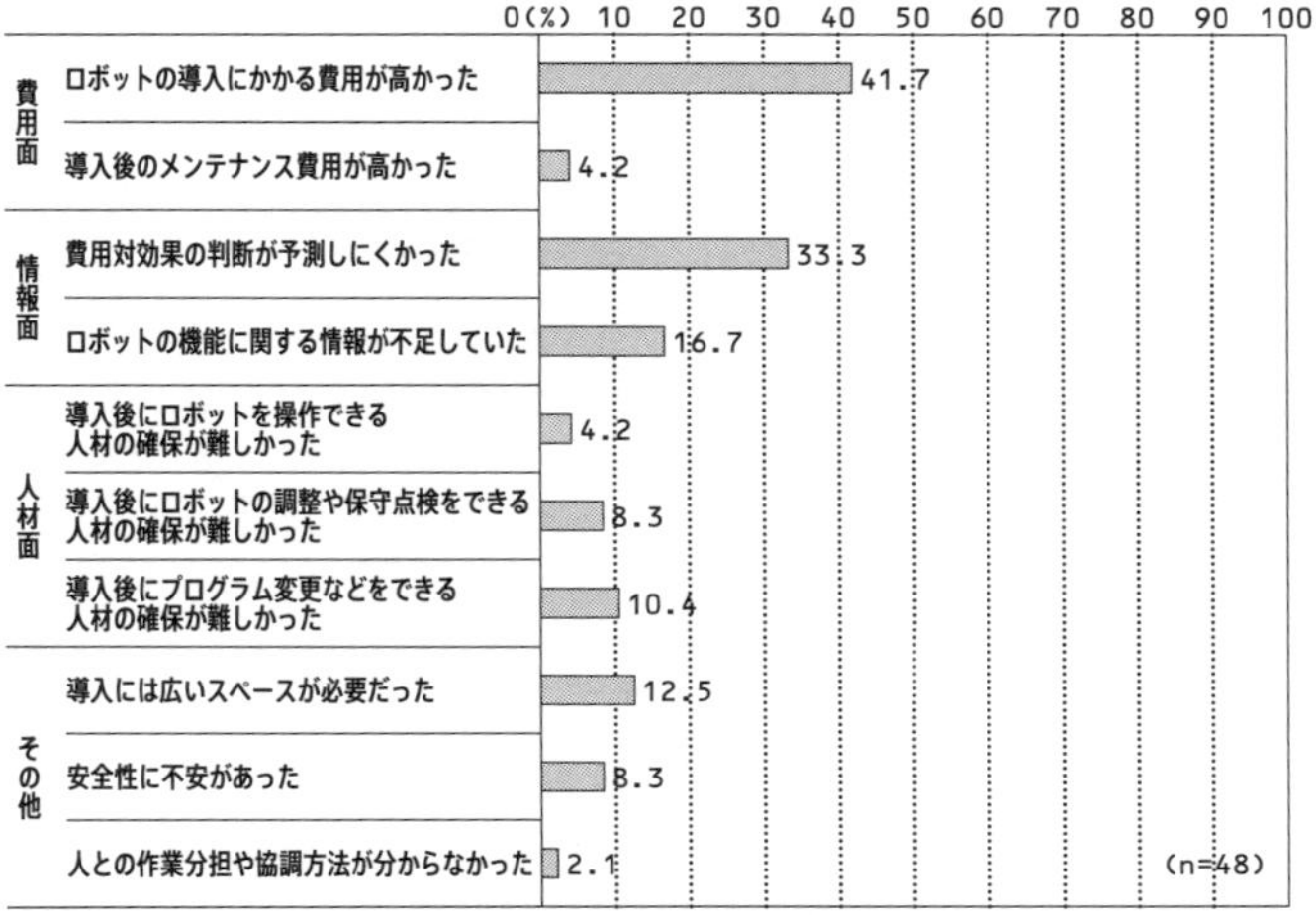

図34. 検討したが導入しなかった理由(複数回答)

(出典:(一社)日本機械工業連合会『平成28年度 関西地域の産業におけるロボット導入状況と今後の活用分野に関する調査報告書』)

ている。

さらに、導入を検討したが導入しなかった理由について企業の回答で最も多いのが「導入にかかる費用が高かった（四一・七％）」であり、二番目に高いのが「費用対効果の判断が予想しにくかった（三三・三％）」となっている。

つまり、導入した企業も結果的に導入を見送った企業も、最も大きな課題が「費用」なのである。確かにロボットを活用するためには、本体・設置代・トレーニング代・メンテナンス代・電気代・アップデート代など実に様々な費用がかかる。特に、これまでロボットが十分に活用されてこなかった領域において、これらの費用を正確に見積もり、費用対効果を算出することは至難の業かもしれない。

しかし、特にB2Bの事業領域においては、売り手側も買い手側も、この費用対効果を正しく見積もらなければ、商品化や購入といったプロセスに進むための承認は得にくいだろう。

詳細は後述するが、このような背景もあり、費用を丸ごと月額制にする「Robot as a Service（RaaS：ラース）」モデルが広がっているのだが、まずは過去の事例を見ながら、導入に必要な費用がどのくらいになるかを考えてみたい。

ロボットの導入コストという話をすると、多くの人はロボット本体のコストを思い浮かべるだろう。それは決して間違いではない。ただし、繰り返しになるが、ロボットはほとんどの場合、本体を購入しただけでは役に立たない。ただの金属の塊だ。ロボットの導入目的を達成するためには、ロボットをどういう場合に、どのように動かすのかを考え、その通りに動くようにシステムや設備を構築しなければならない。

ポイント⑦で、現在のロボット産業においては、システムインテグレーションが重要になるという話をしたが、インテグレーションにはどれくらいの費用がかかるのだろうか。「日本ロボット工業会」が作成した『ここが知りたい！ロボット活用の基礎知識』によれば、ロボット本体よりもインテグレーションにかかる費用のほうが圧倒的に高い（図35・図36）。

垂直多関節ロボットやパラレルリンクロボットという比較的よく使われるタイプの産業用ロボットが、一台あたり三〇〇～四〇〇万円である。これに対して、ロボットの使い方を考える構想設計から実際に安全に動かすところまでで、その二～五倍くらいの費用がかかる。違う言い方をすると、少なくとも本体の倍以上の費用をかけないと、ロボットは現場で役に立つレベルにならないということになる。

このように、ロボット本体だけのコストを見て費用対効果を算出したり、投資回収期間を算出したりすると、痛い目を見ることになるだろう。

本体以外のコストを強く意識しなければいけないのは、サービスロボットにおいても同じである。

もちろん、単体で動き回ることができるロボットも存在はするが、例えば搬送ロボットであれば、走行用の地図の作成、ロボットが入ってはいけない禁止領域の設定、自動ドアやエレベーターとのシステム的な連携などが必要になる。場合によっては、上位システムや顔認証システム、警備システムとの連動など、さらに高度な運用がなされる。

では、コスト算出の難しさや持つべき視野の広さの重要性を認識し、コストをきちんと見積もれたとして、導入の判断が正しくできるかというと、残念ながらまだだ。費用対効果という言葉通り、効果も見積もる必要がある。ロボットにおいては、この効果を見積もることも、実はそれほど簡単ではない。

産業用ロボットがすでに積極的に活用されている領域では、基本的には人が手作業でやっていることを、より速く、より正確にすることで導入が進んでいった。それはつまり、ロボットが人作業の生産性を凌駕するということである。ざっくりと言ってしまえば、一時間に○○円の部品が△△個増産できるようになれば、その売上増加分とロボットのコストを比較することができる。

もしくは、人が行っていたときは一定の確率でミスがあり、□□円の損失が出ていたの

ロボット本体	垂直多関節ロボット	300万円×1台	300万円
ロボット関連装置	ロボットハンド	40万円×1台	70万円
	ロボット架台	30万円×1台	
ロボット周辺設備	安全柵	30万円×1台	90万円
	製品ストッカー	30万円×2台	
システムインテグレーション関連費	構想設計、リスクアセスメント	100万円	520万円
	詳細設計（メカ設計、電気制御設計、ハンド設計等）	200万円	
	製造組立	120万円	
	設置工事、調整、運搬	80万円	
	安全講習	20万円	

図35. 想定例:1 部品の工作機械への着脱工程
（出典:（一社）日本ロボット工業会『ここが知りたい！ロボット活用の基礎知識』より抜粋）

ロボット本体	パラレルリンクロボット	400万円×2台	800万円
ロボット関連装置	ロボットハンド	80万円×2台	400万円
	カメラ	120万円×2台	
ロボット周辺設備	コンベア	1,000万円×1台	2,500万円
	製函機、封緘機	1,500万円×1台	
システムインテグレーション関連費	構想設計、リスクアセスメント	200万円	1,350万円
	詳細設計（機械設計、ハンド設計等）	600万円	
	製造組立	300万円	
	設置工事、調整、運搬	200万円	
	安全講習	50万円	

図36. 想定例:2 製品の箱詰め工程
（出典:（一社）日本ロボット工業会『ここが知りたい！ロボット活用の基礎知識』より抜粋）

を、ロボットを使うことで品質を安定させ、ロスコストを低減できるという場合もあるかもしない。

物流向けロボットなどで躍進中の「ラピュタロボティクス」が、商品をピッキングする際に、人海戦術で行う場合とロボットを活用した場合で作業時間がどれくらい異なるのかを調査した。結果は、ロボットを使ったほうが作業時間が約半分になる（ロボットを使うことで二倍の物量が捌けるようになる）というものだ。このようなケースではロボットの効果も比較的算出しやすい。

しかし製造業では、多品種少量生産・マスカスタマイゼーション・パーソナライゼーションというトレンドの中で、同じことを繰り返す作業は減少の傾向にある。サービス産業、特に対人業務においては、そもそも状況に応じて臨機応変に対応できることが求められる。要は、人がやっていることをロボットに置き換え、人件費と比較して効果を算出すればよいわけではなくなってきているということだ。

このような動きの中で、製造業の言葉で表現すれば、「現場作業」「工程」「工場」「経営」を、もう少し一般的な言葉で言えば「タスク」「業務」「ビジネスモデル」を、ロボットを使うことで変革していく「ロボット・トランスフォーメーション（ＲＸ）」が重要であることは、これまでも述べてきた通りである。

RXという文脈の中で、ロボットの導入効果を算出するのは難しい。「現場作業」「工程」のレイヤーであればコストを把握しやすいが、現行の人作業の置き換えだけを対象とした場合、先ほど述べたように費用対効果は合いにくい。

逆に「工場」「経営」という視点では、効果のインパクトは大きいものの、比較対象となるコストに絡む要因が複雑になる。ロボット導入前の状態を適切に把握するのは簡単ではないし、ロボット導入だけで全てが解決するわけではないため、導入後の効果試算も難しいことが多い。

ロボット導入効果を経営の観点から評価する場合には、様々な捉え方があるだろう。生産量・販売量・スループット・在庫など、直接的に経営数値に効く項目を取り上げて評価するかもしれない。あるいは、将来的な労働力不足の想定、離職に伴う教育コスト、新型コロナウイルスやウクライナ危機といった自然災害・国際情勢まで考慮したBCP（事業継続計画）の中で、ロボット活用の効果を評価することもできるだろう。どのようにして費用対効果を評価するのかは、投資規模などにも依存するかもしれない。

しかし、一章でも説明したように、今後の流れとしてRXを無視することはできない。困難であっても、目の前の作業一つの自動化による効果だけではなく、より広い視野でロボット導入の費用対効果を考えることが必要だ。

では、ここからは少し視点を変えて、ロボット導入の費用対効果を考えていきたい。まず、「費用は極力減らしたい」というのが、多くの人が最初に考えることだろう。不要な機能は外したいし、必要最小限からトライしたい。

一方で、そもそもロボットの本体やインテグレーションの費用が高いという問題がある。特にサービスロボットはまだまだ黎明期であり、規模の経済が効きにくいことが一因だ。数が出ないから値段が下げられない、値段が高いから数が入れられないというのは鶏と卵の問題である。しかし、そうして二の足を踏んでいるうちに、低価格かつ現場実績が豊富な中国など、海外の黒船に一気に市場を持っていかれるという状況は避けたい。中国勢も、現段階では収支が成り立つ価格での市場投入というよりも、市場を面で抑えるための投資として国家を挙げて取り組んでいるように見える。

日本でも国や地方自治体が、この鶏卵問題を解決しようと、ロボットの導入を検討しているユーザー側への支援を始めている。

例えば、執筆時点では中小企業庁の「事業再構築補助金」は、コロナ禍を乗り越えて事業の再構築に取り組む中小企業を対象に最大一億円の補助を行っている。

また、中小企業基盤整備機構の「ものづくり補助金（ものづくり・商業・サービス生産性向上促進補助金）」は最大三〇〇〇万円まで、ロボット本体はもちろんインテグレーションなどのシステム構築や外注費を対象に補助するとしている。他には「中小企業省力化投資補助金」があり、中小企業の省力化を後押しするために、IoTやロボットなど、人手不足解消に効果がある製品の導入を補助している。

介護の分野では、厚生労働省が、介護ロボットに三〇〜一〇〇万円、見守りセンサー導入に伴う通信環境整備に最大七五〇万円など直接的な導入支援を行っている。また条件を満たす特別養護老人ホームなどの施設に対しては、夜勤職員の人員配置要件を緩和するなど、間接的に費用対効果を得やすくするための施策も行っている。

農業分野においては、農林水産省が「ICTを活用した畜産経営体の生産性の向上」というプロジェクトを推進している。説明資料には「酪農・肉用牛経営の省力化・事故率低減等に資するロボット・AI・IoT等の先端技術の導入や、それらの機器等により得られる生産情報等を畜産経営の改善のために集約し、活用するための体制整備等を支援します」と謳い、搾乳ロボットなどの導入支援を行っている。

一方で、ロボット本体の費用やインテグレーションに関わる費用を抑えるための国策も進んでいる。前述したロボットフレンドリー関連の取り組みである。

エレベーターとの通信規格を統一化するなど、ユーザーごとに異なる環境・業務オペレーションに合わせるために、個別にロボット開発・カスタマイズ導入するのを避け、社会全体でコストを削減できるように取り組んでいることは前述の通りである。

ロボットフレンドリーな環境整備のための国策の中で注目すべきは、ロボットが性能を発揮しやすい動作環境の整備を進めるだけでなく、ロボットに要求される作業レベルを引き下げて、ロボットの導入を加速させようとしていることだ。

詳細はポイント⑥で触れたので割愛するが、「今後どのようなタスクをロボットにさせるのか」という議論の行方は、ロボット導入に関わるコストだけでなく、国民や社会の受容性（経済産業省の言葉を借りれば、「人々の寛容さ」）にも大きく依存する。これをコントロールすることは難しいが、避けては通れない論点だろう。

各企業も競争優位性を確保するべく課題に取り組んでいる。ポイント⑦で紹介した、複数社の産業用ロボットに対応したコントローラー関連事業を展開する「ムジン」の取り組みや、三菱電機が開発したロボットの動作をＡＲ（拡張現実）を使ってティーチングする技術は、まさにインテグレーションコストを低減させるためのものである。


では次に、技術の側面から見たときの本質的な費用対効果を良化させるものが何であるかを考えてみたい。答えは人によって様々と思うが、私はユニークな技術よりも「アーキテクチャー」が鍵ではないかと考えている。現状の全体像だけでなく、将来像も含めたシステム全体を構想することが何よりも大事なのである。アーキテクチャーが良ければ、汎用性が高く、案件対応の手間が減る。逆に、いまいちなアーキテクチャーであれば、都度開発が必要になるのだ。

これだけ急速に技術が発展してくると、これまでは難しいと言われていたことも、エンジニアが頑張れば、比較的短期間でできるようになってしまうことが多い。ロボットアームによる作業も自律移動のタスクも、対象や環境がある程度限定されてしまえば(そして、一案件に絞ってしまえば)、各種チューニングによって、「頑張れば何とかなってしまう」のである。

もちろん、その作業には大変な労力がかかるし、場合によっては導入後も多くのフォロー作業が発生するために、トータルの費用対効果という意味では成立しないケースも多い。このような手離れの悪い状態をなくすことが、インテグレーションコストを含む総コストを下げることにつながる。システムインテグレーターが完全に不要になるレベルまで到達するのは容易ではないが、「買ったらすぐにパッと使える」「専門的な知識がなくても使える」というのが理想だろう。

このような状態を目指したいが、実際にはロボットの技術開発に注力してしまい、どのように利用されるのかというところまで気が回らないことが多い。特に、PoCの初期の段階では、開発者自身が現場に行き、現場でセッティングして、デモンストレーションや実証を行っている場合が多く、開発者自身の知識や頭の中にある設計書の力で簡単に対応してしまう。

ところが、実際に導入する段階、すなわち現場から技術者がいなくなり、PoVやPoBの検証を始めるタイミングになって、ロボットの起動方法がわからない、設定の変更方法がわからない、使う場所を変更できない、停止原因がわからない（止まってしまったまま何もできない）、エラー番号が表示されてもトラブルシュートできないなど、様々な問題が起きる。これらに都度場当たり的に対応していると、ソースコードはのびたスパゲッティのように絡まり合い、さらなる沼にはまっていく。

このような「使いやすさ」においていつも感心するのが、移動ロボットの開発・製造を行っている「Doog（ドーグ）」である。ロボットの展示会によく出展されるので、ロボット導入に興味がある方は製品に触ったことがあるかもしれないが、驚くほど使いやすいのだ。人が設定・操作しなければならない場面もあるが、その操作も非常に簡単だ。

ロボット単体でも、しっかりと機能するユースケースが多い。一方でシステムインテグレーターの存在も大事にしており、他のシステムにも組み込みやすく、全体として高いユーザービリティを実現している。最近では、アマゾンで購入でき、使い方はユーチューブで確認できるという。そういう意味でも、本当に誰もが使えるロボットに仕上げていると言えるだろう。

しかし、これまでも繰り返し書いたように、本当の意味でロボットを活用するためには、他の機器とロボットをつなぐインテグレーターの役割が重要だ。そして、「そもそもロボットが必要なのか?」「どのシーンでどうやって使うのか?」「完全自動化を目指すのか、部分的な人による介入を想定するのか?」「どれくらいの費用をかけて行うのか?」という「そもそも」の部分を考えることが重要なのである。

これらについて考えることとは、つまりロボット導入のアーキテクチャーを設計することである。「そもそも」の部分をアーキテクチャーに落とし込む人を、ここでは「ロボットアーキテクト人材」と呼ぶことにしよう。

この「ロボットアーキテクト」こそが、ロボットの費用対効果を決定付け、結果的にはロボットの導入と普及の鍵を握っている。

似たような言葉で「ITアーキテクト」があるが、経済産業省が策定したITスキル標準を参考に、「ITアーキテクトが担う役割」を「ロボットアーキテクトに求められる役割」として読み替えると次のようになる。

・事業上の課題を分析し、ソリューションを構成するロボットシステム化要件として再構成する。
・顧客のビジネス戦略を実現するためにロボットシステム全体の品質（整合性や一貫性等）を保ったロボットアーキテクチャーを設計する。
・設計したアーキテクチャーが課題に対するソリューションを構成することを確認すると共に、後続の開発・導入が可能であることを確認する。
・ソリューションを構成するためにロボットシステムが満たすべき基準を明らかにする。
・実現性に対する技術リスクについて事前に影響を評価する。

さらには、「情報処理推進機構（ＩＰＡ）」が定めた『ＩＴスキル標準Ｖ３ ２０１１』には、ＩＴアーキテクトに必要なスキルもしっかりと定められている。要約すると次のようになる。

・要件の分析、定義や実現可能性の評価、技術上の課題や代替案の分析など「アーキテクチャー設計」に関するスキル
・アプリケーション設計やプロセスモデリングなど「設計技法」の理解と適用

・「標準化と再利用」のために開発標準、ＩＴ標準を定義し、再利用資産の開発と適用が行えるスキル
・「コンサルティング技法」の選択と活用
・「業務分析」
・「知的資産」の管理と活用
・ロボット業界の動向把握と「技術標準」の理解と適用
・関連業界の動向把握と「ビジネス標準」の理解と適用
・「プロジェクトマネジメント」
・「リーダーシップ」「コミュニケーション」「ネゴシエーション」

ロボットの場合には、ソフトウエアに加えて、機構や電気などのハードに関する知識もある程度必要だ。そして何より、正しく現場を理解し、業界のドメインナレッジを吸収し、将来的にはどのように使われるのかを想像する力が必要になる。

このようにロボット業界が必要としている人材は高いスキルを持ち合わせていなければならない。コンサルティングスキルや業務分析スキルを用いて、本当にロボット化が必要な部分を見極め、どんなロボットシステムがふさわしいかを策定し、再利用可能なかたち

で実装する。まさに、RXそのものを説明するようなスキルである。

こうした高いスキルを持つ人材を育成することによって、インテグレーションより上位にある「アーキテクチャー」の設計が可能になるだろう。これは足元のロボット導入案件の費用対効果を実現するだけでなく、ロボット産業のさらなる発展のためにも重要になってくる。

ポイント⑪　必ずしもロボットを売らなくてもよい

何度も述べてきたが、顧客はロボットが欲しいわけではない。何かしらの現場の課題、経営の課題があり、それを解決したいという想いがあるのであって、それが解決できるのであれば、決してロボットという手段にこだっているわけではないのだ。

それは、ロボット業界のビジネスモデルの特徴にも如実に現れ始めている。従来は、一台いくらで販売する「モノ売り」が標準的なビジネスのかたちだった。ロボットのビジネスモデルでは他に、消耗品ビジネスや保守ビジネスが有効な利益源とされてきた。ロボットは「動く」という特性上、車輪やバッテリー、可動部など、様々な部品が消耗しやすいからだ。

一章でも紹介したように、本体以外で稼ぐビジネスをロボット業界で最もうまく展開しているのが、手術ロボットを手がけるアメリカの「インテュイティブサージカル」である。三〇%という驚きの利益率の源は、消耗品やサービス事業に他ならない。売上高全体に占めるロボット本体の割合は約三割に過ぎず、残りは消耗品（五〇%以上）とサービス事業（約二〇%）なのだ。例えばロボットアーム先端のハンド（手）にあたる鉗子は一〇回の手術で交換する必要があるなど、交換頻度が高い手術器具を消耗品として展開している。一方のサービス事業というのは、ロボット本体の保守サービス、医師や看護師への教育訓練のことである。ここまで高頻度に交換が必要かつ高額な消耗品が存在するケースは稀かもしれない。しかし、消耗品の他に、保守やトレーニングなどのサービスをうまく組み合わせたビジネスモデルを構築することで、収益源の多重化を実現できるだろう。

近年では「モノ売り」から「コト売り」へと移り変わり、ロボットを使ったこと、ロボット活用によって効果が出たことへの対価として費用を支払うモデルが増えている。ロボットの資産をユーザー側が有さないため、初期コストを抑えることができるし、もしうまく効果が出なかったとしてもロボットの利用の中断が簡単で、従来よりもスイッチングコストを抑えられる。

このような流れはロボット業界に限定するものでなく、多くの産業分野で起こっている現象であり、「Mobility as a Service（MaaS）」など、様々な「X as a Service（XaaS）」が開発されている。ポイント⑩で少し触れた「Robot as a Service（RaaS）」もこうした流れを汲むビジネスモデルである。

このモデルが増えている理由は、顧客との継続的な接点づくりの重要性が高まっているからだけでなく、ロボットが使われるシーンやユーザーが変わってきたことも大きい。

自動車産業や電機・電子産業を中心に活用されてきたロボットだが、近年はサービスロボットが活躍するような領域に新しいユーザー層を広げている。従来のユーザーには資金力があり、大型の設備投資が可能だったのに対して、新しいユーザー層は中小事業者が多く、大型の設備投資が難しい。月額モデルや成果報酬モデルのほうがリスクが少なく、受け入れやすいという側面もあるだろう。

ここでは、ロボットが実現する機能や価値、サービスに対して金銭を支払う代表的なRaaSモデルとして、「定額利用モデル」「業務請負モデル」「従量課金モデル」「成功報酬モデル」という四つを紹介しよう（図37）。

従来存在しているリース（オペレーションリースやファイナンシャルリース）もRaaSの一形態とも言えるが、既知の内容が多いと思われるため、ここでは割愛する。

なお、ビジネスモデルや価格などについては、執筆当時にウェブサイトなどで確認した

売り切りモデル（自動車・電気産業などロボットへの大型投資可能）

↓

代表的なRaaS（Robot as a Service）モデル

定額利用モデル（サブスクリプション）	業務請負モデル（マネージドサービス）	従量課金モデル	成功報酬モデル
事例： ·配膳ロボットServi ·ソフトバンクロボティクス	事例： ·ロボットアームYuMi ·ABB	事例： ·倉庫GTPロボ ·ギークプラス	事例： ·アスパラ収穫ロボット ·inaho
·月額99,800円×36カ月 ·本体・付属品のレンタル費、クラウドサービスの利用料、定期メンテナンス ヘルプデスク 故障時の翌日交換など	·オペレーション用PF "ABB Ability"で 遠隔監視・操作・管理 ロボット資産の管理の最適化により顧客業務の請負・代行サービス	·初期費用ゼロ 作業数量に応じて ロボットの利用料金を支払う ＊取扱商品の変更、作業数量の変更など、物流倉庫における環境変化に柔軟に対応可	·収穫高に応じて課金する成果報酬型 「市場取引価格×重量の15%」の支払い

図37. RaaSの代表的なカテゴリー（各社ウェブサイトより抜粋して著者作成）

ものであり、出版時には変更されている可能性があるので、ここでは具体的な数字ではなく、お金の支払われ方に関する理解を深める事例として目を通していただけたらと思う。

一つ目の「定額利用モデル」は、多くの人が最もなじみのあるモデルだろう。古くから新聞は月額で配達されているし、携帯電話やスマートフォンなどの利用料も月額であることがほとんどである。ロボット分野においても、例えばソフトバンクが二〇二〇年九月に発表した配膳ロボット「Servi（サービィ）」の利用料が、三六カ月縛りながら、月額九万九八〇〇円であった。この料金プランには、本体・付属品のレンタル費用やクラウドサービスの利用料、定期メンテナンスやヘルプデスク、故障時の翌日交換といったサービスが含まれていた。

　また、日本のＺＭＰが手がける自動運転パーソナルモビリティ「Rakuro（ラクロ）」は、本体価格六五〇万円以外のコストに関して、定額利用モデルを併用したビジネスモデルを取り入れた。初期コスト（ロボットを動かすためのマップ作成・ルート設定・現地チューニング・実証実験など）を二〇〇万円とし、ランニングコストであるシステム利用料と保守料は月額で支払う仕組みだ。

　使用頻度によって定額料金を変えられるモデルも存在する。例えば、物流ロボットのシステムインテグレーターである「+Automation（プラスオートメーション）」は、自社ではロボットを開発せず、様々なロボットメーカーの物流ロボットを使い、導入サポートから導入・運用・保守までを定額で請け負うビジネスを展開している。物流現場業務そのものを請け負う状態に近いが、ロボット台数によって料金が変わるサービスを提供している。初期コストをゼロにした、月額定額制のサブスクリプションモデルである。

　二〇二四年四月の段階で、すでに「モノタロウ」や「セイノー」などの物流現場で、国内一四〇施設以上、四八〇〇台を稼働させている。月額二五万円から利用できるような仕組みになっており、まずはトライアルレベルから始められる。効果が見られたり、慣れてきたり、仕事が忙しくなったりしたら、ロボット台数を増やすことができる。もしくは、ピークシーズンが終わったら台数を減らすなど、柔軟な運用が可能だ。

物流関係では、アメリカの「inVia Robotics（インビアロボティクス）」がこのモデルを発展させ、「業務請負モデル」として事業を展開している。業務請負であるので、特定の業務をロボットが担当し、その業務を効率的かつ安価にこなせれば、メーカーが儲かることになる。

このインビアロボティクスの場合には、ロボットが品物をピッキングし、所定の場所まで運ぶごとに課金される設定となっている。作業の効率化・高速化を図り、稼働するロボットの台数を減らせれば減らせるほど、もしくは一台当たりの捌ける量を増やせれば増やせるほど、インビアロボティクスが儲かる仕組みになっている。逆に、うまく最適化ができなければ、損をするリスクも兼ね備えたモデルである。

このようなビジネスモデルは、サービスロボットだけでなく、当初ハード売り切りモデルが主流だった産業用ロボットの界隈にも見られ始めている。例えば、ポイント⑨で登場したスイスの産業用ロボット大手のＡＢＢは、同社の協働ロボット「YuMi（ユーミィ）」に、クラウドを利用したオペレーション用プラットフォーム「ABB Ability（エービービーアビリティ）」を組み合わせ、ロボットを遠隔から監視・操作・管理するＲａａＳ事業を構築している。

ユーミィは、スマートフォンなどの小型民生品を対象にした協働ロボットである。小さな部品を扱うと共に、機種変更のサイクルが早く、組み立て工程が頻繁に変わる多品種少量生産をターゲットにしている。

ユーミィの動きを遠隔監視するサービスにより、遠隔からの異常検知と解決、ロボット資産管理の最適化などが可能になることから、顧客業務の請負・代行サービスだと言える。アウトソーシングビジネスとも言われるが、いわゆる「業務請負モデル（マネージドサービス型）」のビジネスモデルをロボット分野で構築しているのである。

ＡＢＢのサービスは、単純な監視業務から始まりながらも、最後はリソース管理という顧客の懐深くまで入り込むことで、継続的なサービス提供を狙うことができる。これを実現するためには、顧客像を明確にした上で、業界への深い知見と、ハードウェアから得られる機器および作業データを組み合わせることが重要になってくる。

このような請負サービスをさらに進化させているのが、顧客が求めるサービスを実現できたときのみ対価を得る、いわゆる「従量課金型」や「成果報酬型」のモデルである。従量課金は、コインパーキングや高速道路など、使った分だけ支払いが発生するものであり、成果報酬は、不動産売買やアフィリエイト広告など、物事がうまく進んだときに費用が発生するタイプのビジネスモデルである。

「従量課金モデル」の代表例としては、物流倉庫の中でパッキングする人のところまでモノを運ぶ、自動搬送ロボットサービスを提供する「Geek+（ギークプラス）」が挙げられる。

ギークプラスは、二〇一五年に北京で創業された倉庫向けの自律移動ロボットのトップ企業であるが、日本では初期費用をゼロにして、モノを運んでピックした作業数量に応じてロボットの利用料金を請求するモデルになっている。これにより取り扱う商品の変更や作業数量の変更など、物流倉庫における環境変化に柔軟に対応できるようになっている。

「成功報酬モデル」としては、日本の農業ベンチャーである「inaho（イナホ）」が、収穫高に応じて課金する成果報酬型ビジネスモデルを採用している。具体的には、例えばアスパラガスの場合は、「市場取引価格×重量の一五％」の費用を農家はイナホに支払う仕組みになっている。農家にとっては、売上が確定してからの支払いになり、安心してロボットを活用することができる。

「X as a Service（XaaS）」モデルは、バズワードのように世間でもてはやされたが、特にメーカー側にとっては決して良いことばかりでもない。

従来の売り切りモデルは、ある意味でメーカー主導であり、「このようなプロダクトを作ったので買ってください」という考え方が成立していた。対するサービスモデルは

「ユーザー目線」である。本質的には非常に良いことではあるが、メーカー側からすれば、かなり自信がなければ踏み込めない。

例えば、初期コストをゼロにした成果報酬型は、ユーザー側は非常に導入しやすいが、思ったよりもロボットの性能が発揮されなかったり、使えないと思えば、契約を解除し、他社への乗り換えが容易にできるということである。ある程度満足していたとしても、より性能が高いロボットが現れれば、簡単にそちらに乗り換えられてしまうのだ。

これを避けるためには、大きくは二つのポイントがある。一つは、当たり前だが、ロボット自体の性能を高め、強みを維持し続けること。もう一つは、重要経営課題にしっかりと刺さるサービスモデルに育て上げることである。どちらも実現することにより、ユーザーがロボットを使えば使うほどロボットは賢くなるし、経営課題に直結する情報が集まり、改善が進むようになる。

最近では、多くの分野で商品・サービスを購入した顧客へ能動的に関わり続け、「顧客の成功体験」を実現させる「カスタマーサクセス」という言葉が使われることが多くなった。ロボット分野においても、サービス化が進むなかで、いかに顧客の成功に貢献できるのか、顧客の課題を解決できるのかという点に積極的にコミットしなければ、顧客との持続的な関係は構築できないのである。

ポイント⑫　ダブルハーベストで課題解決装置としてのロボット活用を

重要経営課題に刺さり続けるモデルに育てるための鍵は、単純にロボットの性能を高めることに加え、ロボットをIoT化して「経営課題発見装置」として機能させたり、顧客の経営を改善するための案を出し続けて、経営へのインパクトが大きい課題に対するサービスに成長させることができるかにある。

成功事例としては、ロボット業界ではないが、アメリカの「General Electric（GE）」のエンジン事業を見てみるとわかりやすい。

第一のハードウェア（エンジン）性能を高めるという意味では、GEは加工・成形を徹底的に内製化することで、燃費改善のコア技術をブラックボックス化すると共に、素材メーカーとの連携を強化し、他メーカーに対する優位性を維持した。

そして、経営課題に刺さり続けるために、従来のエンジンを売るモデルからエンジンデータを使ったサービスモデルに変革を図ったのである。エンジンにセンサーを付け、エンジンの回転数・出力・燃焼状態や部品状態などを常時モニタリングできるようにしたことで、「エンジンを使った分だけ課金する」という従量課金モデルへの変更に成功。さらに、稼働状況や部品データを活用することで、迅速かつ未然のメンテナンス作業を提案し、アフターマーケット市場での収益化を図っている。

こうした仕組みは、日本の「コマツ（小松製作所）」の、IoT建機のプラットフォームである「Komtrax（コムトラックス）」も同様の考え方である。

コムトラックスは、建設機器に遠隔監視機器として標準装備されており、データ活用による機器の稼働管理、保守（故障前の予防交換）、資金回収リスクの低減、生産数量予測、部品交換履歴の管理や模倣品対策といった経営貢献ができる仕組みと密につながっている。そして、センサーデータは自社のエンジン開発にもフィードバックすることで、ハードウェア強化につなげている。

IoT化の大前提として、「ダントツ商品」と銘打ち、高水準な品質技術で、壊れず、長期安定稼働を実現した強いハードを開発している点は見逃せない。

話をコマツからGEに戻すと、GEのすごさは、さらに次のステップにビジネスモデルを進化させたことにある。計測したデータを分析し、「燃料消費が少ない最適な飛行ルート」のデータを航空会社に販売し、そのビジネスモデルを成果報酬型で実現。最短の飛行ルートと保守作業を事前に明確に知らせることで、航空会社の経営指標に直結する「定時運航率」や「燃料ロスの削減」という価値を提案し、それらを実現できれば費用を徴収するという、顧客にとってこの上ない納得感を与える仕組みを構築しているのである。

このように、ハードウェアから取得できるデータをうまく使いながら、ユーザーの本質的な経営課題解決を実現しようとする事例は、ロボット分野でも増え始めている。国が導入支援を行っている搾乳ロボットは代表的な事例であり、ＲＸの成功へのアプローチとして一章で詳しく紹介したが、簡単に振り返っておこう。

搾乳ロボットとは、乳牛などを対象とした自動乳搾り器である。センサーで乳頭の位置を検出し、マッサージして洗浄した後、自動で搾乳機を装着し、搾乳する。手間のかかる搾乳という作業を自動化・省人化することがこのロボットの一つの目的である。しかし、ただ「乳を搾る」だけでなく、対象物との「タッチポイント」を活用した健康管理のセンシング機器として、また、疾病の早期発見・早期治療につながるセンシング機器として、さらには最適な授精タイミングの情報を得ることで繁殖成績の向上につなげるツールとして効果を発揮する。

つまり、搾乳ロボットをセンシングのコアとして使うことで、牛をより精密に管理できるようになるため、結果的に、経験則に頼るしかなかった情報がデータとして可視化され、生産性向上に貢献できるのである。そして、使えば使うほど、搾乳ロボットに適した乳牛としての生産性が高まり、導入したロボットからの切り替えが難しくなっていくような仕組みが構築されていく。

ロボットから取得したデータを活かし、ロボットの性能を上げ、ロボットというエッジから取得できたデータを、ロボット制御だけでなく、最終的には企業経営という目的に展開していく。このようなデータ活用法は、ＡＩソリューションを提供する「シナモン」の堀田創氏などによって提案されている「ダブルハーベスト」という概念で説明を行うこともできる。

ダブルハーベストとは、簡単に言ってしまえば、収穫（ハーベスト）が次の収穫につながるというハーベストループのサイクルを構築することを表した言葉である。このサイクルとは、基本的に「ビジネスを進める」「データが集まる」「自社が強くなる」「さらにビジネスの幅が広がる」という好循環サイクルのことであるが、要するに、使えば使うほど事業が強くなるということである。

このループをたくさんつくればつくるほど、事業としては他社に対して強みを増すことになる。逆に言えば、データ活用が単純な性能アップやコスト削減だけで終わってしまうと、多重ループが回らない状況になり、成長の限界を迎えやすくなってしまうのだ。

ロボットという言葉を主語にすると、ロボットがデータやＡＩを使って、ロボットの性能を向上させるだけであれば、人作業をロボットに置き換えた単純な省人化、単純なコスト競争になってしまうのである。

もう一つ、別のユースケースでハーベストループについて、妄想も含めて、もう少し具体的に考えてみたい。

例えば、ポイント⑥のロボットフレンドリーな環境整備の事例で紹介した、トマトの収穫ロボットは、赤くなったトマトを見つけて自動で収穫するロボットだが、この場合の第一のループは「収穫の性能を上げるための画像認識」になる。トマトがどんな色になったら収穫するべきなのか、そして、ロボットが収穫しやすいトマトはどのようななり方をしているのかなど、画像などから得られるデータに対してＡＩを活用することで、ロボットの性能を高めることができる。

では、第二のループはどうだろう。先にも述べたように、ロボットは優秀なＩｏＴ端末であり、トマトを収穫しないときにも周囲の状況をセンシングしている。まだ赤くなっていないトマトの前を通過するときも、葉っぱしかないときも、画像を撮り続けることができるのだ。このデータはロボットの収穫性能向上には役に立たないかもしれない。しかし、農園の運営・経営にとっては有効なデータになる。

例えば、葉っぱのデータからは、病気の兆候をいち早くキャッチできる。一度病気になってしまうと、次から次へと広がっていくのが農業分野の課題であり、それまでかけてきたコストも無駄になってしまうため、早く手を打たないと農園経営に与えるダメージは大きくなってしまう。このようなロスコストを防ぐループもハーベストループである。

また、赤くなっていない実の画像からも場所・大きさ・色のデータを蓄積することで、何日後にどこの場所を収穫すべきなのか、農園全体でどれくらいの収穫量になるのかを予測できる。

収穫量が多いと見込まれる場所には複数台の収穫ロボットを配置するなど、収穫期の実のありかを示す正確なデータは、ロボットのより効率的な運用のために役立つだろうし、全体の収穫量のデータは、ロボットの稼働台数や時間、さらには人の勤務シフト作成にも活用できるだろう。

そして、ロボットが取得できるデータは、トマトや葉っぱなどの画像データ以外にも様々だ。農園内を動き回るロボットは環境センサーとしても活用でき、実の周辺エリアの温度・湿度・二酸化炭素濃度といったデータも取得できる。農園内には固定された環境センサーもあるが、それらの隙間を埋めるような、よりローカルなデータを取得することで、より正確に、よりリアルタイムに、空調や日照条件などの最適な制御ができるようになるのである。

このように、ロボットが取得できるデータとＡＩをうまく融合することにより、一重、二重、三重、四重と幾重にもハーベストループを織りなすことができ（図38）、それが農

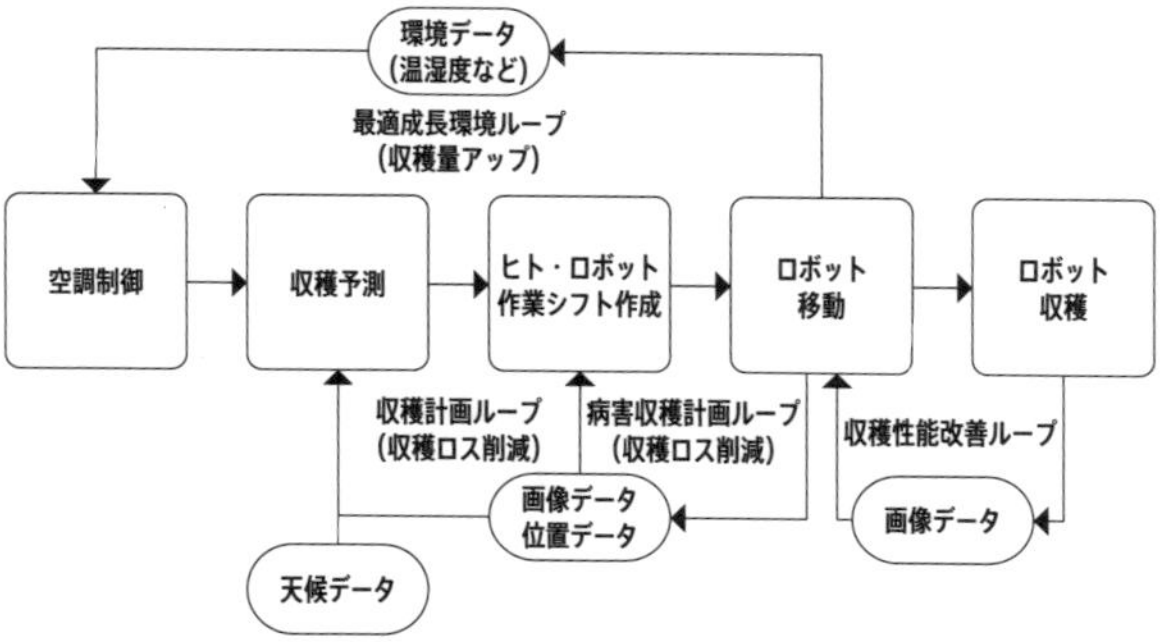

図38. トマト収穫ロボットにおけるハーベストループのイメージ

園の事業全体を変革するロボット・トランスフォーメーション（ＲＸ）へとつながっていく。

つまり、「技術としてのデータ活用」から「戦略デザインとしてのデータ駆動」へと、ロボットの活用に関する考え方をシフトすることが、ＲＸを実現するための鍵になるのだ。

搾乳と収穫、農業分野での事例を二つ紹介したが、このようなロボットから得られる情報は、製造・流通・小売・飲食など多くの分野で有効利用できる。

固定的なセンサーによって似たようなデータを取得することは可能だが、移動ロボットの場合には、動き回りながら地面やユーザーにより近いところで解像度の高いデータを取得することができる。ロボットアームであれば、対象物に接触した状態で密度の高いデータを取得することができるし、コミュニケーションロボットであれば、ユーザーと正対した状態で顔画像や音声情報などを取得することができる。

このような、対象により踏み込んだディープデータは、通常のセンサーではなかなか取得できるものではなく、ロボットならではの価値につなげられる可能性を秘めている。ロボットを活用することで、ユーザーとのタッチポイントを増やすだけでなく、より細かく、より深くデータを取得できるようになるのだ。

そして、このようなデータは、普段と違う兆候を検出することでロスコストを防いだり、今後の需要などの未来を予測することでリソースの最適化に貢献するなど、経営視点での課題解決につながることが多い。

ＲａａＳの時代においては、モノ（ロボット）を売って終わりではない。むしろ、モノを売ってからユーザーとメーカーの関係が始まると言っても過言ではない。その関係をいかに継続できるのか、より良い方向にアップデートし続けられるのかが重要であり、そのためには、ロボットそのものの性能を向上させるだけでなく、ロボットを課題発見装置として最大限活用し、常に経営全体の自律的な改善につなげていく必要がある。

違う言い方をすると、ＲａａＳの時代というのは、これまでのモノとサービスを別々に

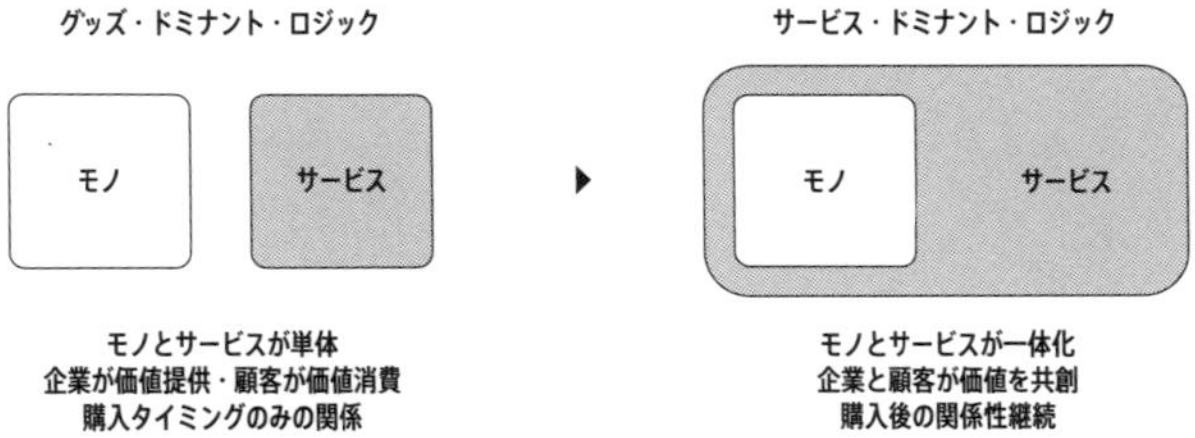

図39. グッズ・ドミナント・ロジックからサービス・ドミナント・ロジックへ

考える「Goods-Dominant Logic（ＧＤＬ：グッズ・ドミナント・ロジック）」ではなく、サービスの中にモノ（ロボット）があり、モノ（ロボット）に支えられたサービス全体の使用価値・経験価値を考える「Service-Dominant Logic（ＳＤＬ：サービス・ドミナント・ロジック）」がより重要になるのである（図39）。

　多くの業界と同じように、ロボットにおいても「サービス化」の流れは避けられないトレンドである。どのようなＲａａＳモデルがよいかは一概には言えないが、ロボティクスを使ったサービスを顧客に使い続けてもらうには、これまで書いてきたように、ロボット自体の優位性の維持と顧客の経営指標に突き刺さるビジネスモデルの立案がポイントになるだろう。

　また、プロダクトの技術開発面での戦略的なレベルアップは当然として、ＧＥの例のように、事業戦略としてバリューチェーンの川上側まで踏み込んだ開発戦略や、川下側では保守・メンテナンスなどとの密な連携が必要なケースも増えていくだろう。そして、ロボットというモノがある以上、そのアセット（資産）は誰かが所有しなければならない。この重たいアセットをどのように価値に変え続けるかという視点では、金融業に期待される役割も大きくなっていく。

ロボットの「魅力」と「魔力」として紹介したように、どうしてもロボット本体そのものが注目を浴びることが多いが、バリューチェーンやサプライチェーンといった各チェーン構造においても、多様なプレイヤーがそれぞれの役割の中で新しい取り組みや技術、事業を開発していくことが必要なのである。

ＡＩをロボット本体の性能向上だけでなく、ロボットをＩｏＴ端末の一つとして見ることによってサービスや事業全体が改善できることを紹介してきたわけだが、近年トレンドとなっているＲａａＳというビジネスモデルを理解し、その特徴を掴む機会になれば嬉しい。

ポイント⑬　事業より前に世界観を共創する時代

ここまで、ＲＸを成功に導くため、そしてロボットの「魔力」を振り払い、「魅力」を最大限に引き出すためのポイントを一二個積み重ねてきた。前半はロボットにこだわりすぎず、全体最適視点を持って取り組みを進める重要性を、後半は実際のロボットを社会実装しようとしたときに、事業面を含めてどのように考えていくべきかを示した。

しかし、未だに世の中に広がっていないロボットのようなものを、社会実装することは簡単ではない。そこで最後に、事業の構想よりも前に「世界観を共創する」ことが重要であるという話をしたい。

世界観を創り上げるには、メーカーやユーザーの想いだけではどうしようもないこともある。絵に描いた餅に終わらせず、社会に実装していくためには、国を巻き込んだトップダウンのアプローチと、実際に社会の中でくらしている一人ひとりの国民の想いを吸い上げる、ボトムアップのアプローチの両方が欠かせない。

新しい技術の開発も重要だが、今ないものがある世界を創るためには、技術を開発するだけではなく、仕組みや社会を変えていく必要がある。つまり、技術を社会「に」実装するだけではなく、技術を社会「と」実装していく必要があるのだ。

トップダウン、すなわち「国との連携」というと、規制緩和が議題に上がることが多い。しかし、新しい分野にロボットを効果的に導入していくためには、規制を緩和するだけでなく、時にはルールを積極的に構築していくことも必要になる。

ロボット未活用領域では、ロボットを使うためのルールなど、環境が未整備であることも多い。法律レベルで対応が必要な場合もあれば、法律レベルの規制ではなくとも業界の習慣を変更する必要がある場合や、特にルール変更の必要はないが逆にルールをつくることで社会実装を促進できる場合など、様々なケースが存在する。

もちろん、ルールをつくりすぎて、自由な競争やイノベーションを阻害しないように配慮する必要はあるが、産官学連携を行ってロボット活用のインセンティブを積極的につくる意義は大きい。

例えば、手術ロボットに関して、ロボット支援による内視鏡手術に健康保険が適用されるようになったことは、より多くの人がロボット手術の恩恵を受けられるようになるだけでなく、産業的にも、適切な保険点数の付与は手術ロボット市場の拡大に寄与する。

また、進行形で検討が行われている、介護ロボットの導入に伴う介護人員配置基準の緩和に向けたルールづくりも、直接的に介護施設の経営にインパクトを与える可能性があり、実現されれば普及の後押しとなる。

ただし、ロボットの導入ありきで議論を進めることはリスクもある。保険点数などを具体的に決めることは、意図する方向性についての暗黙の意思表示になるため、これまで再三述べてきたように、全体最適化の視点、ユーザーの便益を確保した上での総コスト最小化（費用対効果の最大化）の視点で議論していく必要がある。

一方、ボトムアップという視点で考えると、ロボットを新しい領域、特に一般環境に導入していくためには、社会受容性の確保が必要になる。

従来の産業用ロボットの現場は工場空間であり、基本的にはロボットを使う人も専門家で、ロボットの周りにいる人も専門家である。どのようなロボットが、どのように動き、どのように役立ち、どのような危険性があるのかを関係者全員が理解し、基本的には会社にとって便益があることを合意した上でロボットが運用される。

しかし、特に一般環境に導入する場合には、関係者はそもそもロボットが動いていることも、どのようなロボットかも、どのように動くのかも知らないということが往々にしてありうる。

例えば、食品工場やコンビニで動くロボットを想定した場合、ロボットを使う人が専門家であることは稀で、どのようなロボットかは理解していたとしても、どのような危険があり、トラブル時にはどう対応すべきかわからないというケースもある。

もっと言えば、ロボット活用によるメリットを直には受けない人が大半という中で、ロボットが運用されるケースも多い。そのような環境でも、ロボットの存在をポジティブに捉えてもらい、受け入れてもらう必要があるのだ。

例えば、ファミリーレストランなどで活用される配膳ロボットは、ネコ型の姿をしているものが広く普及している。SNSなどでは「ネコ型でカワイイ!」といった投稿と共に、「(配膳が)失敗しても許せる」「移動の邪魔になっても許せる」などの意見が見受けられた。また、ロボットが通路を通れないときにも、ロボットの顔の表現や、「通してにゃー」といった音声表現によるインタラクションが受容性を高めているようである。

トップダウンとボトムアップの活動について、もう少し具体的に理解を深めてみよう。事例として紹介するのは、公道を使ってデリバリーを行うロボットである。

物流業界において、ラストマイル配送(事業者とユーザーをつなぐ最後の区間の配送)の問題は、人手不足に直結している。再配達に苦しむ配達スタッフの映像を見たことがあるかもしれないが、特にコロナ禍以降は、ECサイトでの購入が加速度的に増加し、荷物の量も飛躍的に増加している。これらの問題を解決するために、日本では二〇二〇年頃から、ロボットによる公道を使った配達が本格的に検討されるようになった。

技術的には、もちろんチャレンジングな課題が多くある。これまでに実用化されている移動ロボットは、基本的には屋内環境で走行するものであり、公道を走るためには、屋外での走行技術を開発しなければならない。歩道のような狭い場所でも通行人とぶつかることなくすれ違う必要があるし、雨や雪の中でも安定して動く必要がある。

そして、技術の開発と同じくらい問題なのは、世の中に価値を提供し、それを受け入れてもらう、受け入れたいと思ってもらう必要があるということだ。

社会と実装を進めるために、デリバリーロボットの場合においても、トップダウンとボトムアップの両方のアプローチが採用されている。

トップダウンという意味では、法律を変えていく必要がある。道路に関するルールが定められた道路交通法では、ロボットが公道を走ることを想定していないため、一からのルールづくりが必要になる。

一方、ボトムアップという意味においては、これまで世の中になかったものを一般の人々がくらす環境の中に導入していくために何をしなければならないのか、何をすれば受け入れてもらえるのかを考えていく必要がある。

配送ロボットの利用シーンを想定すると、メリットを享受するのは、荷物の受取人や依頼人、配送業者であり、公道を走行する間にすれ違うであろう近隣住民や、たまたまその街に来ていた一般市民にとっては何らメリットがない。そのような場合においても、市民の皆さんから受け入れられる存在になる必要がある。

トップダウンに関しても、いきなり「では法律を変えましょう！」という話にはならない。まず経済産業省の中に官民協議会が設置され、大学の有識者や警察庁、国土交通省などの関連省庁が参加して、現状の法令や技術課題、海外動向の整理などを行い、現行の法令のもとで公道での走行実績を蓄積するというアプローチがとられた。

具体的には、道路運送車両法に基づき、原動機付自転車という位置付けでナンバープレートをロボットに取り付けた上で、二〇二〇年頃から各社が実証実験を行ってきた。そのような実績を踏まえて、二〇二三年には道路交通法が改正され、遠隔操作型小型車という新しいカテゴリーを設置し、法改正レベルでロボットの社会実装環境を整備している。

また、法改正だけではなく、メーカーやサービサーといった関連企業が集まり、「ロボットデリバリー協会」という業界団体を設立し、業界として守るべき安全基準の策定や普及に向けた活動を積極的に行っている。

このように、法改正を含むような産官連携を行う場合には、一足飛びに規制緩和や法改正を行うだけでなく、事前協議や実証などを通じた知見の獲得・共有、そして課題の共有をステークホルダー間で密に行うことが重要となる。

一方、ボトムアップでの取り組みに関しては、例えば神奈川県藤沢市では、ロボットの走行エリアにおける住民見学会、ロボットの名称やイラストの住民公募、ロボットの使い

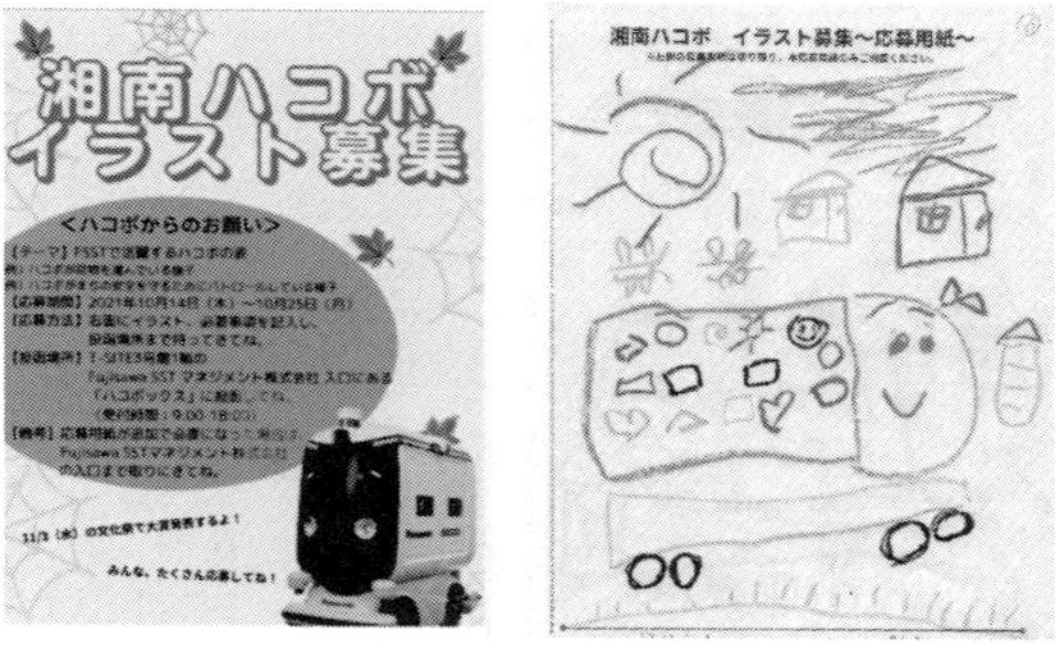

図40. 住民の受容性向上に向けた取り組み

方を住民と議論しながら行うユースケースの策定など、住民とロボットの関係性を構築するための様々なアプローチが積極的に行われている（図40）。このような取り組みを通じて、住民に受け入れられる存在、ひいては愛着を感じる存在にまで昇華させることに挑戦しているのだ。

住民によって描かれたロボットは、街中を走行するだけではなく、荷物と一緒に笑顔やハートといった素敵なイメージも運んでいる（図40）。単にモノを搬送するだけでなく、街の中で可愛がられる大切な存在になるためのヒントが描かれているように感じる。

社会受容性を確保するために重要なのは、第一義には、「誰かの役に立つ」という有用性であることは間違いない。しかし、それと同じくらい重要な要素として、広義の意味でのデザインを挙げることもできる。

一般の方が受け入れることができるユーザーエクスペリエンス（ＵＸ）を提供できれば、許容レベルの閾値を下げることができる可能性があるだろう。特に、一般環境で動く場合には、非常に変動性の高い環境に対応する必要があるが、安定した性能を実現するのは技術的障壁が高く、常時タスクが成功するとは限らない。そのような場合であっても、ユーザーや社会に受け入れてもらえるＵＸやデザインが必要となるのである。

このような活動を通じて、私は「これからの技術のあり方」や「メーカーとユーザーとの関係性」が、これまでとは変わっていくのではないかと感じている。

これまでは、メーカーが作ったものをユーザーに渡すという一方向の関係が一般的であった。実証活動においても、「テストベッド」というような言葉の使われ方がされるなかで、評価が行われることもある。

しかし、一般の人からすれば、何度も「テスト」されることとは、決して気持ちがよいものではない。メーカー側がユーザー側から一方的にデータを取り、活用するというこれまでの姿勢では、今後はうまくはいかないだろう。

ある意味では、街やコミュニティのこれからのあり方に責任をもつ、そして、新しいカルチャーを根づかせるというコミットメントをもって、街づくりに入っていく必要がある。

もちろん街の発展は、決してメーカーが一方的にコミットするものでもなく、住民自ら形成していかなければならないと思う。今後は、これまでのような一方通行の関係性ではなく、メーカーとユーザーが一体になって、モノやサービスをつくり上げていくことが主流になっていくだろう。

このような流れは、ポイント⑫で述べたサービス・ドミナント・ロジックの模式図で表現したこととも一致する。サービス・ドミナント・ロジックは、モノとサービスが一体化するだけではなく、企業と顧客が価値を共創し、購入後の関係性が継続するという特徴がある。

これからの技術やプロダクトは、「〇〇企業のロボットだ！」と呼ばれるのではなく、住民の方、ユーザーの方が「私たちのロボットだ!!」と言えるようなものが望ましい。それぞれのくらしや街に適したカスタマイズがなされたロボットサービスをつくり、それを住民や企業、自治体が一体となり、皆で支え、活用する構図ができていくはずである。

そのためには、メーカー側があえてプロダクトを作りきらないという工夫も必要だろう。プロダクトを作りきってしまうと、プロダクトそのものの性能に関心が向いてしまい、そのプロダクトがイエスなのかノーなのか、是か否かで判断されてしまう可能性が高まる。

そうではなく、ポイント⑦「PoC死しないようにする」でも述べたように、ある一定の「余白」を残しておく必要があり、その余白をPoCや住民との共創の中で、世界観と共にユーザー側と一緒に埋めていく作業をしなければならない。この行為こそが、ユーザー側のプロダクトに対する愛着を生成し、使い続けたいと思うモノに育て上げていくのである。

三章

WELL-BEING

自動化の次の新たなロボットの使い方

良質な問いを共創する時代

二章では、RXを実現するために、逆説的だがロボットにこだわりすぎず、全体最適化という視点で考える重要性とそのためのポイントを紹介してきた。

ここまで説明してきた全体最適化という視点とは、主に人手不足などの社会課題に対して、どのように自動化や省人化を進め、どのように生産性を上げるのかという視点である。

では、自動化や省人化が進んだ世界とは、本当に良い社会なのだろうか。そして、そのような自動化が進んだ先で、人は何をすることになるのだろうか。人は、自動化・最適化の中に組み込まれ、技術的にロボットができないことを行うだけの、歯車のような存在になってしまうのだろうか。

仮にそうだとしても、自動化できないその作業を担う人が心の底から楽しいと感じられるのであれば、全く問題はないだろう。だが、その作業が楽しくない・やりたくないことであれば、それはあまりにも悲しく、ディストピア（不幸や抑圧が支配する未来社会）な世界に感じる。

幸いにも、現状はここまで極端な状況にはなっていない。だが、企業としてはどこまでも生産性を高めながら、売上や利益の拡大を追い求め、国はどこまでも国内総生産（GD

P：Gross Domestic Product）の拡大を追求していることは間違いない。
しかし、地球は丸い。サイバー空間が登場し、人の活動範囲が無限に広がるのは事実だが、人がリアルに存在するフィジカル空間が有限であることは変わらない。そうした中で、量だけを追い求める活動は早晩限界を迎えるだろう。生産性の高さは求められるだろうが、活動の「量」よりも「質」が重要になるはずだ。

独立研究者である山口周氏の言葉を借りれば、これからの時代においては「経済性から人間性へ、人間的衝動に根ざした欲求の充足」が求められるのである。いわゆる3K作業や単調作業など、働きがい・やりがいを感じにくいことは、徹底的に自動化すればよい。一方で、人間は人間らしく生きること、「やりたいことをやる」「なりたい自分になる」ということが、「人生一〇〇年時代」において生涯にわたり実現できるなら、これほど幸せなことはない。

人間なら誰しも、少なからずやりたいことや好きなこと、なりたい状態があるのではないだろうか。歳をとっても自分の意志で食事をとり、移動し、トイレに行く。そのような生きる上での当たり前を続けたいと願う人は多いと思う。そして、速く走りたい、人気者になりたい、ぐっすり寝たい、集中したいなど、その他にも様々な欲求があるだろう。

自動化・省人化により創出されたヒューマンリソースは、さらなる効率化のために注ぎ込まれるだけではなく、人それぞれが持っている「こうありたい」「こうなりたい」の実現に向けて使われてもよいのではないか。そして、それらを実現するためのテクノロジーがあってもよいのではないだろうか。

この「自分」のフィジカルな能力やエモーショナルな状態を、テクノロジーを使って「拡張」することを「自己拡張」、そのための技術を「自己拡張技術」と呼ぶことにすると、今後まさに必要になってくるのが「自己拡張技術」であり、「自己拡張」による幸福度の向上ではないだろうか。

オムロンの創業者である立石一真氏は「機械にできることは機械に任せ、人間はより創造的な分野で活動を楽しむべきである」という素晴らしい経営理念を掲げた人物であるが、人間がより創造的な活動を楽しむために、裏方的に活躍する機械を含む技術全体を「自己拡張技術」と呼ぶこともできるだろう。

図41は日本における経済成長と生活満足度・幸福度をグラフ化したものである。経済成長はある程度右肩上がりになっているのに対して、生活満足度はほぼ横ばいである。

生産性が高まり、モノの豊かさは飽和状態に近づいていくなかで、今後は心の豊かさの重要性が増してくる。図42に示したように、第二次世界大戦後の書籍における「経済成長」と「幸福」という言葉の登場頻度を見てみると、幸福が二〇〇四年に逆転して以来、ずっと経済成長を上回り、その差は広がる一方である。人の幸せ、生きがいや働きがい、流行り言葉にもなっている「Well-being（ウェルビーイング）」の実現に向けて、テクノロジーがどのようにサポートできるかを真剣に考える時期に来ているのである。

これまで、ロボットが経済成長を支える有効な道具として機能してきたことは間違いない。だからこそ、自動化の次には、人生をより豊かにするためのロボティクスがあってもよいではないか。個々の「生きがい・やりがい」を含めた広義の「生産性」を長期的視点で最大化するためにロボット技術を使っていくことができるはずだ。つまり、「自己拡張技術」による個人の「Quality of Life（ＱＯＬ：生活の質）」向上と、自動化技術による経済合理性を両立できるように、テクノロジーを活用すべきではないだろうか。

様々な分野にロボットが普及し始める今こそ、我々はロボットに何を任せ、そして何を任せないのか、人は何をするのか、ロボットやテクノロジーは人の幸せに貢献できるのか、そのような問いに真正面から対峙しなければならない。

自動化と自己拡張

繰り返しになるが、これまでの経済成長を支えてきたロボット技術は基本的に自動化

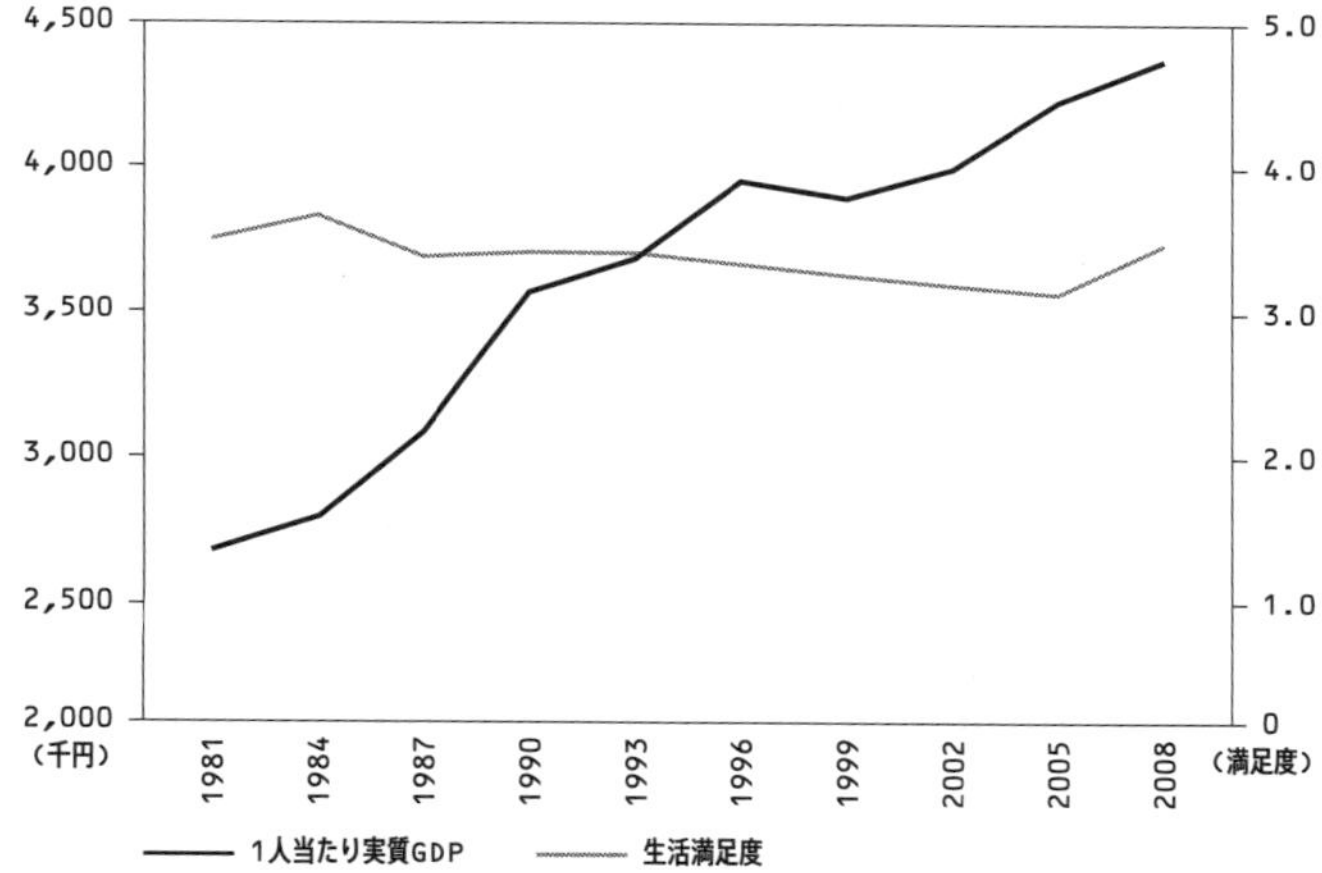

図41. 経済成長と生活満足の推移(日本)(出典:内閣府)

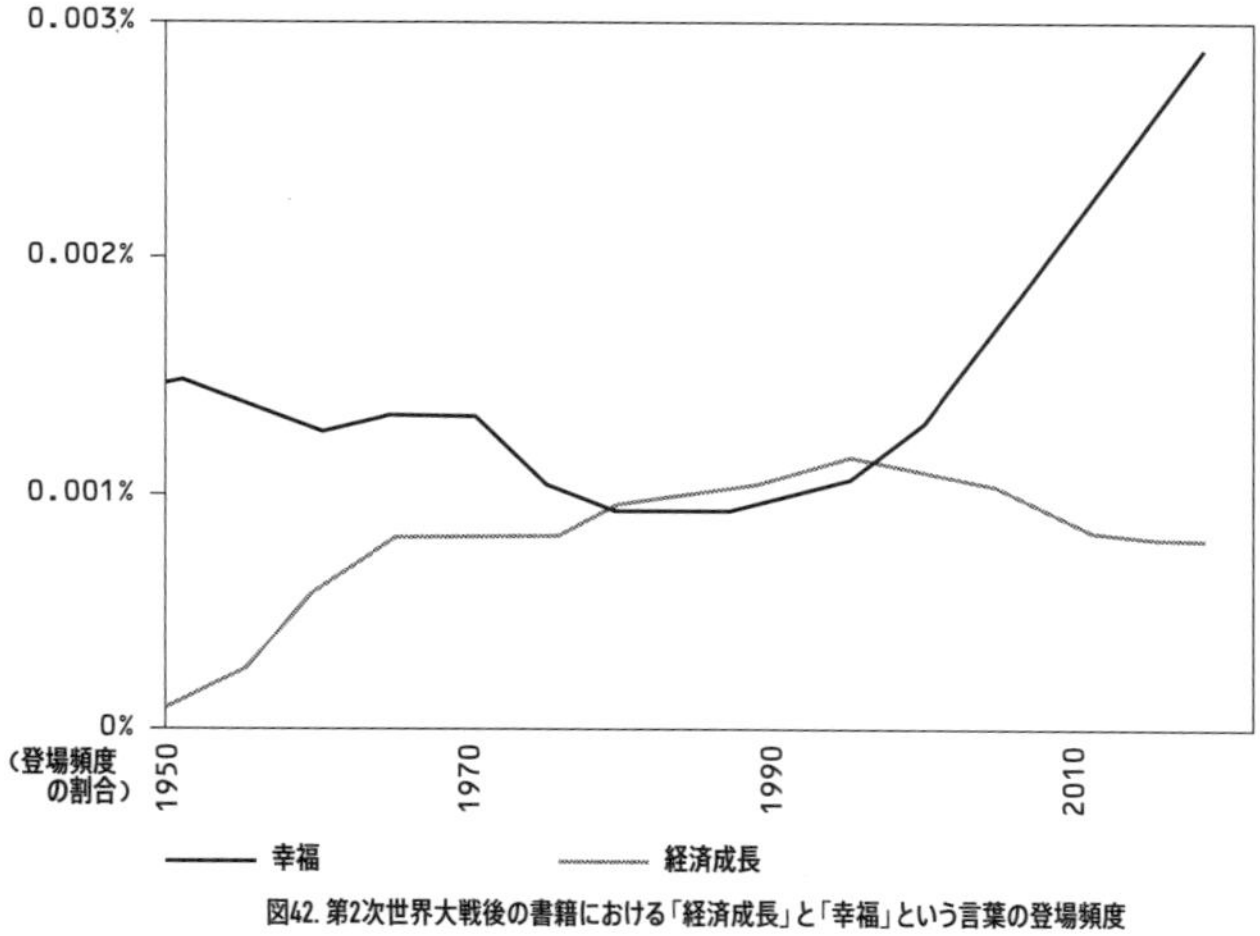

図42. 第2次世界大戦後の書籍における「経済成長」と「幸福」という言葉の登場頻度

(Automation)の技術である。それに対して、それぞれの人生をより豊かにするロボット技術のことを、自己拡張(Augmentation)技術と定義したが、自動化技術よりも自己拡張技術のほうが大事だという話ではないということを強調しておきたい。人手不足の影響が今後ますます激しくなるなかで、自動化が果たすべき役割は今まで以上に大きくなるのは間違いない。

一方で、「人生一〇〇年時代」と言われる社会では、足りないを補うだけでなく、人生をより豊かに過ごせることも重要である。ロボットという技術を使いながら、この二つを両立していかなければならないし、そのバランスを自分自身で納得して選択できるような社会のあり方が望ましいだろう(図43)。

このバランスは、誰かが勝手に決めるものではない。当然、一人ひとり、そして同じ人でもタイミングやシチュエーションによって最適なバランスは異なってくるからだ。

例えば、料理という行為一つとっても、毎日忙しくて、とにかく栄養が取れればよいという人にとっては、自動化して、必要なタイミングで必要な量の食事がある程度おいしく食べられればよいだろう。

しかし、子どもが親の誕生日に作る料理は、たとえ失敗したとしても、作ろうとしてくれた子の想いや、自身の手で料理をしたというプロセスに親は価値を感じ、嬉しい気持ち

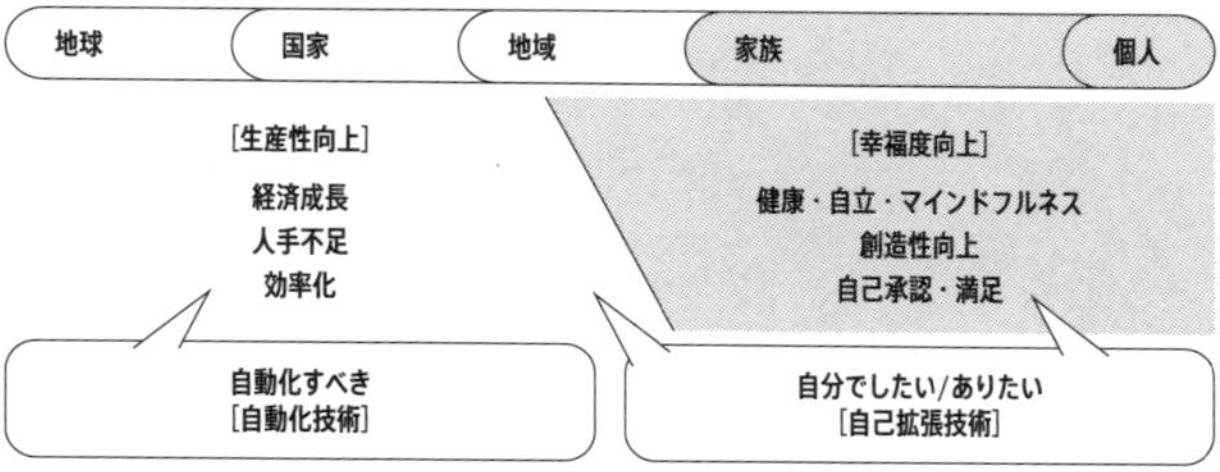

図43. 自動化技術と自己拡張技術の役割

になるだろう。豊かさは、行為を簡単・効率的に済ますことではなく、相手を想い、あえて時間や手間を惜しまない行いによって生まれるのである。それこそが本当の意味での「ケア」とも言えるだろう。

自己拡張技術とは、人それぞれが持つスキルや想いのポテンシャルを最大限に引き出すことであり、「想いの実現をサポートする、人生を豊かにするための技術」と言うこともできる。

この技術は、何も最近になって生まれたものではない。義手・義足は代表的な自己拡張技術だが、これらは産業用ロボットよりも歴史が古いくらいだ。ただ、これまでの自己拡張技術は、病気や障がいなどにより、低下や損失・欠損した機能を正常範囲に戻す目的で使われることが多く、ユーザー層が限られた。

一方、これからの自己拡張技術は、そのユーザー層を拡大し、広く一般的に受け入れられるだろう。できなくなったことをできるようにするだけではなく、やりたいことやなりたい状態に向かって、より積極的に挑戦できるような支援をしていくのである。

この自動化と自己拡張というロボティクスの変遷を、ロボットがどのような「人称」で呼ばれてきたのかという視点から紐解いてみよう。

産業用ロボットは「道具」として使われている。長年使うことで愛着を持つユーザーはいるかもしれないが、基本的には「道具」であり、その存在は「これ」とか「あれ」とか呼ばれる三人称的なものである。

これが、サービスロボットになると少し違ったケースが出てくる。人との共存環境で使われることが多いサービスロボットには、顔のようなものが取り付けられ、生物感を帯びてくる。そうしたロボットに対し、ユーザーは愛称で呼びかけたりするようになる。

実際、二章で紹介した病院向け搬送ロボット「ホスピー」においても、同様の現象が確認されている。病院によってはホスピー用の衣装を用意し、着せ替えを楽しむ例もある。

もはや「道具」ではない。他のロボットでも同じような話はよく聞く。まさにパートナーとして、「あなた」「彼」「彼女」といった二人称的な存在になる。ご存じ「ドラえもん」は、こうしたパートナーロボットを表現した代表例である。

では、自己拡張を実現するためのロボットは、人にとってどのような存在になるのだろう。自己拡張の定義において、「やりたいことをやる」「なりたい自分になる」ということを述べたが、大事なことは、そこに「主体感」が存在しているかどうかである。

それは、理想的にはロボットなどのテクノロジーを含めた状態を「私」と認識することである。これを専門的には、自分の身体に備わっているものだと認識する「自己所有感」と、観察される運動が自分自身によって引き起こされていると認識する「自己主体感」が存在している状態を言う。

難しい要件はさておき、「やりたいことをやる」「なりたい自分になる」ためには、あくまでも「自分がやっている」と思えることが大事である。

例えば、一〇〇メートルを速く走りたいと思ったときに、パワースーツを使っていつもより速く走れたとしても、そこに「自分が走った感」がなければ、その人は満足しないだろう。満足できるためには、技術自体が自分に取り込まれるかたち、すなわち「私」「私たち」の一部として一人称的になっていなければならない。

自分に取り込まれるといっても、体内に埋め込むという意味ではなく、視覚障がい者にとっての白杖のように、まるで自身の身体の一部と感じるような状態のことである。さらに、アバター技術などのサイバー空間における技術発展に伴い、自己拡張する「自己」は、必ずしもフィジカルな空間における存在だけではなくなってきている。

「私」の一部になるための自己拡張技術は、英語では「Augmentation」という単語が使われることが多い。「Augmentation」は、日本語では「拡張」と訳されるのが一般的で、これに関連した技術である「ＡＲ（Augmented Reality：拡張現実）」という言葉は聞いたことがある人も多いのではないだろうか。

その語源を見てみると、「aug」は「authority（権威）」と語源を同じにし（augere）、「個」として存在を強くするというニュアンスを含んでいる。つまり、「Augmentation」は自分の能力・状態をありたい姿に近づけるために、増強するだけでなく、それぞれの個人が内に秘めているものをしっかりと引き出し、一人の個として強くなる技術という意味なのである。

メディア論の大家であるマーシャル・マクルーハン氏は、著書『メディア論　人間の拡張の諸相』で「あらゆるメディアやテクノロジーは身体の拡張である」と語っている。例えば、テレビカメラは視覚の拡張であり、ラジオは聴覚の拡張だという意味である。

また、数学者のノーバート・ウィーナー氏は、「Cybernetics（サイバネティクス）」という学問体系を構築したが、これは、人の生理学的な情報をモノの制御にフィードバックするという考え方であり、人がより直感的にモノを制御するための技術だとも言える。

ただし、サイバネティクスは生理学的な情報だけを扱おうとしているわけではなく、心理学や組織マネジメントなど多様な分野から人を理解し、人がより良い方向に動くためには何が必要かを探求する学問である。

ウィーナー氏は、代表的な著書『人間機械論』の副題を「THE HUMAN USE OF HUMAN BEINGS（邦訳：人間の人間的な利用）」とした。『人間機械論』の発表は一九五〇年であり、七〇年以上前になる。情報やテクノロジーによる人の拡張は長年考えられてきたテーマだ。自己拡張技術が現在挑戦しようとしているのは、まさにウィーナー氏が提案した、人間が人間らしく生きることの実現なのかもしれない。

ウェルビーイングと自己拡張

数年前から急に、「ウェルビーイング」という言葉を聞く機会が増えたという人も多いだろう。二〇二一年三月には、日本経済新聞社と「公益財団法人Well-being for Planet Earth」が、ＧＤＰに代わる新しい指標として「Gross Domestic Well-being（ＧＤＷ）」の研究を大手日系企業と共同で始めることを発表している。

やりたいことができるようになる、なりたい状態になるという「自己拡張」の考え方とウェルビーイングは、実は親和性が高い。

ウェルビーイングの語源は、「心身の健康、健康から得られる幸せ」を意味するイタリア語「benessere（ベネッセレ）」からきているようだ。英語を直訳すると、「Well＝良い」と「being＝状態」で、「良い状態であること」を意味し、「幸福」と訳されることもある。国際的には、ウェルビーイングは「身体的・精神的・社会的に良好な状態」と説明されることが増えている。

これは、一九四六年に署名された世界保健機関（ＷＨＯ）憲章の前文において、次のように表現されたことに起因していている。

Health is a state of complete physical, mental and social well-being and not merely the absence of disease or infirmity.（健康とは、病気ではないとか、弱っていないということではなく、肉体的にも、精神的にも、そして社会的にも、すべてが満たされた状態にあることをいいます）

ここで大事なのは、健康や幸福とは、決して身体的に良好な状態だけを指すわけではなく、精神的・社会的にも良好な状態であるということだ。

ウェルビーイングを定量化したり、分解したりする取り組みも多数実施されている。例えば、アメリカの世論調査会社大手の「Gallup（ギャラップ）」は、一四〇を超える国や地域で「ウエルビーイング度」について調査している。

その調査は、「ポジティブ体験（よく眠れた／敬意を持って接された／笑った／学び／興味／歓び）」と「ネガティブ体験（体の痛み／心配／悲しい／ストレス／怒り）」の有無や、人生に対する自己評価を一〇段階で聞くといった内容になっている。同社は、ウエルビーイングには「Career（キャリア）、Social（社会）、Financial（経済）、Physical（心身）、Community（地域）」の五つの要素があるとも分析している。

他にも、ポジティブ心理学の権威であるマーティン・セリグマン氏による「ＰＥＲＭＡ（Positive emotion：ポジティブな気持ち、Engagement：没頭、Relationship：人間関係、Meaning：人生の意義、Accomplishment：達成感）理論」は、ウエルビーイングと密接な関係があるとされる。

一方で、幸福というのは実に解釈が難しく、個人や文化など多くの要因に影響を受ける。日本では、大阪芸術大学の安藤英由樹氏、ＮＴＴコミュニケーション科学基礎研究所の渡邊淳司氏、早稲田大学のドミニク・チェン氏らが「日本らしいウエルビーイング」について議論を深めている。

このように、学術的には色々と違いが存在しているものの、大きく捉えるとウエルビーイングとは「身体的・精神的・社会的に良好な状態」と考えて問題ないだろう。逆に「ill-being（イルビーイング：幸福が損なわれている状態）」とは、「身体的・精神的・社会的な要素のいずれかが良好ではない状態になってしまっている」と考えられる。

このような定義や各種の取り組みを踏まえると、「自己拡張」とは、「身体的・精神的・社会的のいずれかの要素が理想的な状態から乖離してしまっているときに、テクノロジーを使って自身の身体的・精神的・社会的状態を拡張することで、理想の状態に近づけること」だと言える。

量的拡張と質的拡張

では、身体的・精神的・社会的な自己拡張とはどのようなものなのか、それぞれを具体的に見てみよう。

まず身体的な拡張だが、わかりやすい例の一つが「パワーアシストスーツ」だ。身体に装着することで、身体的能力を増幅するテクノロジーである。

例えば、茨城県つくば市を拠点にサイバニクス技術の研究開発などを行う「CYBERDYNE（サイバーダイン）」は「ＨＡＬ®（ハル）」（図44）というロボットスーツを開発してい

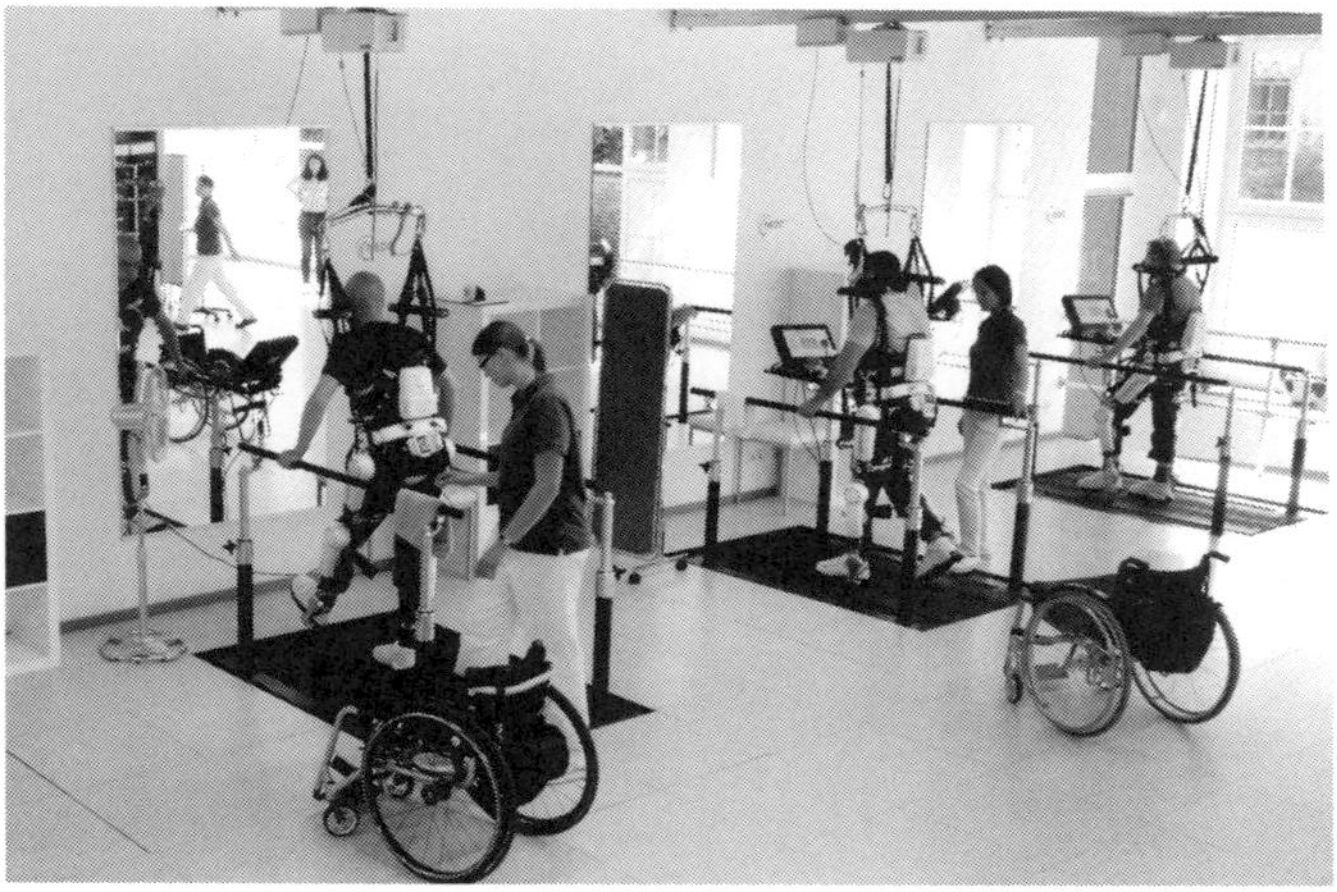

図44. サイバーダインのロボットスーツ「HAL®」(提供:サイバーダイン)

る。神経疾患などを有する患者などが、治療やリハビリを介して再び歩行機会を獲得するための装着型ロボットだ。東京理科大学発の「INNOPHYS(イノフィス)」が開発する「MUSCLE SUIT Every(マッスルスーツエブリィ)」は、家電量販店での販売も始まっている。いずれの装着型ロボットも、すでに病院やリハビリ、物流などの複数の現場で活用されており、今後も導入が進んでいくことだろう。

身体的な自己拡張とは、パワーアシストスーツのように「力」を増強したり、「速度」を上げたりと、何か物理的な量を大きくすることである。つまり「量的」に自己を拡張することであり、「量的拡張（Enlarge）」とも言える。

量的拡張の歴史は古い。先ほど少し触れたが、自己拡張技術の代表例は、歩く能力を物理的に拡張させる義足である。紀元前のヨーロッパでは、「カプアの棒義足」「イオニア人の花瓶」と呼ばれる義足が利用されていたという。エジプトで発見されたミイラの義足は、単に外観を補完するだけでなく、歩行能力をしっかりと増幅していたことも証明されている。

日本でも、幕末に活躍した歌舞伎役者・澤村田之助が義足を使っていたことが知られている。彼の義足の用途も、外観を隠すための手段としてだけでなく、「歩きたい」「歌舞伎の女形という自分の仕事をしっかりとやりたい」という意志を実現するための自己拡張だったことは想像に難くない。

最近では、義足ユーザーが社会で活躍する機会も増えている。ファッションモデルとしても活躍するパラリンピアンのエミー・マランス氏は、国際的な著名人や専門家が講演を行うことで知られる「ＴＥＤ（テッド）」でのプレゼンテーションで、次のように語っている。


義足のおかげでモデルとしての幅が広がっており、個性として誰にもできない表現ができている。例えば、足そのものを木で作って彫刻したり、ガラスにしたり、さらには足の長さもファッションに合わせて自由自在に変更できる。それは、他人にとっては本気で嫉妬するレベルだった。

おそらく、エミー氏も最初からこのような心境だったわけではないだろう。しかし、様々な経験を乗り越えて、義足を「自分のやりたいことを表現し、演出するための個性」だと認識したのだ。

義足以外にも、視力が低下したときの眼鏡やコンタクトレンズ、聴力が低下したときの補聴器なども立派な量的拡張を伴うプロダクトになる。視覚という観点では、顕微鏡も肉眼では見えないものを拡大して見えるようにするという意味で、身体的な能力を拡張している。

このように、身体的な性能を量的に拡張するテクノロジーは、実は身の回りに溢れている。これらに共通しているのは、もちろん第一義的には身体的な拡張を行っていることだが、その拡張は「やりたいことができる」「なりたい自分になる」ことにつながっている。結果として、身体的な拡張は、心的な満足や社会参画に伴う喜びといった精神的・社会的な価値の創出にも貢献している。つまり、「心身機能・構造」をサポートすることによって、その人が望む活動や社会参加を実現しているのである。

逆に言えば、精神的・社会的な拡張につながらない身体的な拡張は、その行為をあえて人間が行う必要性は低い。可能であればロボットなどの機械に任せたほうがよいだろう。


次に、身体的な拡張は伴わずに、精神的・社会的な拡張はできるのかを考えてみよう。精神的な拡張とは、「より気持ち良く」「より創造的に」「より集中できる」「より心が落ち着く」など、心の状態が自分の希望する方向に深まる状態だ。だとすれば、「Mindfulness（マインドフルネス）」「Transformative technology（トランステック）」の文脈で注目されている、良質な睡眠確保のための枕やベッド、瞑想のための施設やスマホアプリなども精神的な拡張のためのテクノロジーと呼ぶことができる。

こちらも歴史を遡ってみよう。一章でロボットの起源の一つとして紹介した古代ギリシャのヘロンの自動扉も、心の状態を希望する方向に深めるという意味では、精神的な拡張と言えるかもしれない。祭壇の扉を自動で開閉するという機能は、生産性の向上や省人化が目的ではなく、おそらく司祭が祭壇に火を灯すタイミングと扉の開閉が連動することによって神秘的な状況を創り出し、信仰心を刺激して心的なウェルビーイング度を高めたのだろう。

図45. パロ（提供:知能システム）

図46. アイボ（提供:ソニーグループ）

図47. LOVOT（提供:GROOVE X）

より現代的なロボットに関連するところでは、「知能システム」という会社が開発したアザラシ型ロボット「PARO（パロ）」（図45）やソニーの犬型ロボット「aibo（アイボ）」（図46）などのペットロボットは、もちろん遊んでも楽しいが、ユーザーの心をケアできることで知られている。

中でもパロは、「世界で最もセラピー効果があるロボット」として、二〇〇二年、ギネスに登録された。ストレスや血圧の低下といった生理的な効果や、笑顔の増加、うつ病の改善といった心理的な効果に加えて、高齢者同士の会話が増えるなど、社会的効果も学術的に示され、アメリカなど多くの国では医療機器として認可されている。

また、「GROOVE X（グルーヴエックス）」が開発した家族型ロボット「LOVOT「らぼっと」」（図47）は、一般家庭で利用されるのはもちろん、オフィスから医療・介護の現場まで一〇〇〇社（二〇二五年一月現在）を超える企業に導入されており、社内コミュニケーションの活性化や社員のウェルビーイング向上に役立てられている。まさに精神的な状態を良い方向に拡張しているロボットと言えるだろう。

社会的な拡張という視点においては、「関係」の質を向上させることが重要なポイントになる。人と人、人とモノなど、たくさんの「関係」によって社会は成立している。それらの関係をより良い方向に促進させることが、社会的な拡張と言えるだろう。

例えば、「OQTA（オクタ）」が開発する鳩時計「OQTA HATO（オクタハト）」も、社会的な拡張を担うプロダクトだ。この鳩時計は、時刻に合わせて鳩が鳴くのではなく、スマホアプリのボタンを押した数だけ鳩が鳴く設計になっている。「いつも想っているよ」という気持ちだけを遠く離れた相手に届けるというコンセプトで、一緒に住んでいない家族などとの関係を良い方向に後押ししてくれる。

精神的・社会的な拡張は、心や関係の状態を良い方向に向かわせることだ。つまり、身体的な拡張が「量」を拡張しているのに対し、精神的・社会的な拡張は状態の「質」を拡張している、質的拡張（Enrich）なのである。

質的拡張の話をすると、「イメージが湧かない」と言われることがある。そんなときによく事例として挙げるのが花束だ。

花束をもらうと嬉しくなる。相手が自分のことを想い、選んでくれたという事実が自分の気持ちを良い方向に促す。部屋に飾れば、花を見るたびに少し癒やされる。

何か自分の能力を劇的に増幅させてくれるものではないし、直接的に生産性を改善するものでもない。しかし、心は満たされる方向に動く。質的拡張とは、そのようなことなのである。

質的拡張の質に対する理解を深める

質的拡張をもう少しなじみがある言葉で表現すれば、「心の豊かさ」「心の充実度」「感性的な豊かさ」「感性価値を高める」などと言うこともできる。

「感性」について辞書で調べてみると、「外界の刺激に応じて感覚・知覚を生ずる感覚器官の感受性」などと書かれている。ここに登場する「感覚」については「目・耳・鼻・舌などで捉えられた外部の刺激が脳の中枢に達して起こる意識の現象」を指す。

すなわち、世の中で起きていることを知るためのセンサーとして「感覚」があり、その感度もしくはセンシングした情報から、どのような感情や想いを生じさせるのかという変換が「感性」だと言えるかもしれない。

この「感覚」は、いくつ存在しているのだろうか。古代ギリシヤの哲学者・アリストテレスは『霊魂論』において、人の感覚を「視覚、聴覚、触覚、味覚、嗅覚の五つがある」と分類した。いわゆる五感である。巻では、これに第六感として「直感」を加えることもある。

感覚がいくつあるのかについては「まだよくわからない」というのが現状だろう。例えば、インターネット百科事典「Wikipedia(ウィキペディア)」には、「平衡感覚」や「臓器感覚」など、二〇個以上の感覚が記載されているし、「五〇個くらいは存在しているのではないか」と言う研究者もいる。

人の内面に関しては、実に多くの研究がなされてきたが、まだ未知の部分が多く残されている領域だ。私たちのチームも、感覚についての研究を進めている。どのような感覚があるのかを知っておくことは、質的拡張を実現するためにも重要だと考えているからだ。

こう書くと大層な感じだが、研究を始めたきっかけは、「お腹すいた〜というのも立派な感覚だよね」みたいな他愛もない会話だった。そこで感覚・感性について調べることにしたのである。

まずは、人の感覚・感性を理解し構造化するために、三〇冊ほどの文献を参照した上で、人の内面や特性の理解が仕事で求められる人々へのディープインタビューを実施した。具体的には、生花店主、高級ホテルの支配人、芸術家など約二〇人を対象に行い、業

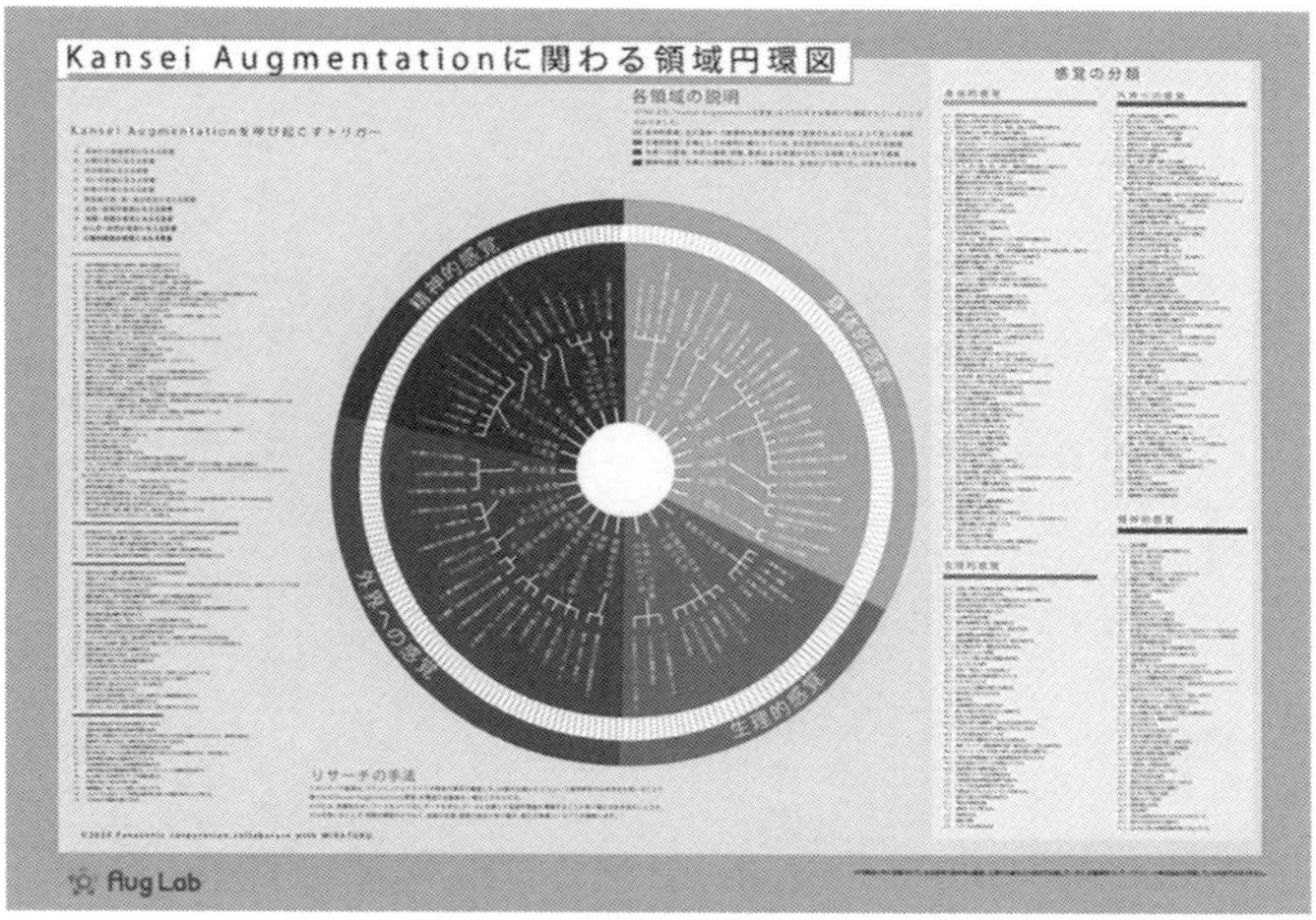

図48. 感性拡張に向けた感覚の円環図
https://tech.panasonic.com/jp/auglab/news/20200214.html

務上で意識している感性に関する事項を抽出した。文献やインタビューから抽出した感性に関する知見は、「Grounded Theory Approach（ＧＴＡ：グラウンデッド・セオリー・アプローチ）」という手法で構造化を行った。ＧＴＡは、データから概念を抽出し、概念同士を関連づけるための方法である。

自然科学的に考えれば、王道的なアプローチは、人の感覚の受容体を探し出し、分類することかもしれない。ただ今回は、自然科学的なアプローチにこだわらず、可能な限り網羅的に全体像を理解することを優先し、ＮＰＯ「ミラック」の協力を得ながら、「感覚の体系化」と「感性価値の概念整理」に取り組んだ。

その結果の一部を円環図としてまとめたのが図48である。円環図の周辺には、小分類を導き出すのに使った元の文章が示されている。この円環図では、感覚を大きく「身体的感覚」「生理的感覚」「外界への感覚」「精神的感覚」の四つに分類し、中分類として二五個、小分類として七八個にカテゴライズした。大分類に分けられた四つの感覚は次の通りである。

- 身体的感覚：主に身体への直接的な刺激が感覚器で受容されることによって生じる感覚（五感）
- 生理的感覚：生物として本能的に備わっている、また生存のために良しとされる感覚（直感・安心感）
- 外界への感覚：外界の環境、状態、要素による刺激から生じる知覚とそれに伴う感覚（時間・モノ・場所から感じる感覚）
- 精神的感覚：外界との関係性によって構築される、主体がどうありたいかを表す感覚（自己のあり方・おかしみ・畏敬）

例えば「精神的感覚」の中には、中分類として「自己のあり方」があり、さらに小分類として「環境から受ける影響」があるように、感覚を深掘りしていけるようになっている。大分類の四つの中の「身体的感覚」は、「量的拡張」に関連する感覚・感性と理解できる。逆に「質的拡張」に関連するのは、「生理的感覚」「外界への感覚」「精神的感覚」の三つである。

最終的なプロダクト・サービスとしてデザインされ、ユーザーの体験として表層的に現れやすいのは「身体的感覚」かもしれない。しかし、そこに表出されるまでには、直感や安心感といった生理的感覚や、場所などから感じ取られる外界への感覚、自然に対する畏敬の念といった精神的感覚が存在しているはずだ。

我々がウェルビーイングの実現を目指して、質的拡張の対象となる感覚・感性を扱おうとするとき、決して五感に限定されるべきではない。その背後に存在する本能的な「生理的感覚」、時間・モノ・場所などから感じる「外界への感覚」、主体がどうありたいかを表す「精神的感覚」も視野に入れるべきなのだ。

もちろん、この円環図は人のあらゆる感覚・感性を網羅的に抜け漏れなく抽出できているわけではない。文献により網羅性を、インタビューにより解像度を高めてはいるが、まだまだ不完全な状態だ。今後も定期的に更新していければと考えている。

最近では、抽出した七八個の感覚が、それぞれどのように関連し合っているのかを調べる大規模調査に取り組んでいる。日々のくらしにおいて、心が動くような経験をしたときに、これら七八個の感覚・感性がどのように生じているのかを明らかにすることが目的だ。

こうした感覚の関係性がわかってくると、プロダクトやサービスをデザインする際に、ユーザーにどのような体験、どのような感想を持ってほしいのかという内容に応じて、具体的にどのような感覚・感性に注目する必要があるのかを意識しながら設計できるようになる。

なお、我々が作成した円環図は一般公開しているので、興味のある方は有効に活用いただきたい。感覚・感性の概念を整理することは、全体像を理解するためだけでなく、多くの大学や企業でも、アイデアを創出するためのワークショップなどで役立てられるはずだ。

社会的な拡張は社会全体をウェルビーイングにする

次に、質的拡張、特に社会的な拡張の理解をさらに深めていきたい。先ほど社会的な拡張とは、関係性の向上であると述べた。事例として、オクタハトや花束など、家族や友人といった身近な人との関係を向上させるプロダクトを紹介したが、社会はもっと多くの要素で構成され、関係も実に多様である。人・モノ・自然など、地球はダイバーシティ（多様性）に富んでいる。

それら全ての関係を包摂（インクルージョン）し、より良くすること、つまり、真の意味で社会（Social）が良い状態（Well-being）になっていくことが、今後社会的な拡張、社会的なウェルビーイングとして求められていくだろう。そのための拡張技術の重要性は、さらに増していくことになる。

では、社会的なウェルビーイングを実現するためには、具体的にはどのようなことを考える必要があるだろうか。開発したロボットやプロダクトが、個人の精神状態や人間関係をより良くするだけでなく、企業や社会全体におけるウェルビーイングにどんな影響を与えるかを考えなければならないだろう。例えば、プロダクトの製造・流通といったサプライチェーンの全工程に関わる人がウェルビーイングであるか（過酷な労働条件下にないか）、社会全体や地球にとってもウェルビーイングであるか（環境に悪い影響を与えていないか）といったことである。

企業においては、これまでは自動化などによる生産性・効率性の向上が評価基準になっていた。しかし、昨今では「働いている人が楽しく、やりがいを持って働いているか？」「明日、会社に行きたいと思えるか？」といったエンゲージメントや社員満足度などが、企業や組織の評価基準に加わる。自社社員のウェルビーイングの重要性が上がっているのである。

さらには、自社社員のことだけを考えていればよいという時代でもない。本当の意味での社会的なウェルビーイングとは、一個人、一企業という次元の話ではなく、商品・サービスのサプライチェーン全体として、もしくはサーキュラーエコノミー全体として、関わる全ての人がウェルビーイングになっているかというレベルで物事を考える必要がある。

ファッション業界を例に挙げれば、以前は生産工程で起こる大量の水質汚染や大量排出される温室効果ガス、発展途上国での労働者の安価かつ過酷な労働環境、廃棄された服の山や使い捨てられる大量のプラスチックゴミなど、華やかさの裏側に隠された問題を挙げればきりがない状態だった。

好きな服を買った本人は気持ちが高揚し、個人のウェルビーイング度は確実に上がる。その服を作ったアパレル企業も儲かる。ここまでは以前と同じである。でも今は、働く人もより良い状態で働いている必要がある。決してブラック企業では駄目なのだ。そして、洋服を作るための素材のメーカーも、その先にいる綿花などの材料を作る農家も、ウェルビーイングな働き方ができていなければならない。サプライチェーンをそこまで遡ると、おそらく途上国の中でも貧困層の人たちが携わっていることが多い。そのような人たちも含めて、みんながウェルビーイングになっていることが、これからの社会においては大事な価値観になってくる。

洋服を廃棄するという段階になったときも、リサイクルやリユースできる仕組みがあるか、地球環境にとってもウェルビーイングになっているかを問われるだろう。サステナビリティやサーキュラーエコノミー(循環経済)という考え方は、まさに「社会のウェルビーイング」において大事になっていく。

このような話をすると、「ウェルビーイングとは金持ちの道楽なんじゃないか」という指摘を受けることがある。そこには、「お金をたくさん稼いだ人が、他にやることがなくなって幸福とか考え始めたんじゃないか」「効率化・便利さで稼いだ企業が、次の金儲けのキーワードとして幸福やウェルビーイングなどと言い始めているのではないか」といったニュアンスが含まれている。なぜこういう指摘が出てくるのかを考えてみよう。

「ウェルビーイング」や「幸福」という言葉には二つの視点が存在する。幸せを実現するために「ネガティブ面を減らす」という視点と、「ポジティブ面を増やす」という視点だ。

ネガティブ面を減らすというのは、「安全・安心・安定」な生活の土台の部分であり、マズローの欲求でいう、食べる・寝るなどの「生理的欲求」や、病院で医療を受けられるといった「安全欲求」を実現することである。

一方のポジティブ面を増やすというのは、安定的に生きるための土台は実現した上で、あるべき自分になりたいという「自己実現欲求」や、自我さえもなくなる「自己超越」を目指すようなものである。

このような二つの視点が存在する一方で、国や企業などにおいてウェルビーイングを議論している人々の多くが、すでに「生理的欲求」や「安全欲求」が満たされた状態にあるというのは事実だろう。

その結果、どうしてもポジティブ面を増やす「自己実現」「自己超越」の方向にスポットが当たりやすく、ネガティブ面を減らすことについては置き去りになってしまう。これが「ウェルビーイングは余裕がある人の道楽」という指摘につながっているのではないだろうか。

人間は自分視点で考えてしまいがちな存在だ。フェアな議論をするためには、自分が一方的な見方をしていないかという視点が欠かせない。

一方、企業においては、ウェルビーイングという言葉が戦略的キーワード化しているところはあるかもしれない。ウェルビーイングがどのようなビジネスになっていくのかは、まだまだ各社手探り状態である。市場規模三〇〇兆円と言われることもあるが、実際のところは、ビジネスとしての範囲が定義されていないこともあり、どれくらいの市場規模になるかはまだよくわかっていない。

ただし、人の身体的・精神的・社会的な健康に関連する市場は、非常に大きいことは間違いなく、企業が売上や利益の獲得を目指して取り組んでいくことは自然なことだろう。

一方、ウェルビーイングが企業の中でも注目されているのは、間接的にはさらなる効率性・生産性の追求という側面もある。『ハーバード・ビジネス・レビュー』でも、「幸福感の高い社員の創造性は三倍、生産性は三一%、売上は三七%高い」「幸福度が高い従業員は欠勤率が低く、離職率が低い」など、従業員の幸福感が生産性と欠勤・離職率に大きな影響を与えるというデータが紹介された。様々な研究で満足度や幸福度の向上が仕事の生産性を高めることが明らかになりつつあるのだ。

反対に、精神面が不健康になってしまうと、個人にも企業にも悪影響が出る。グーグルやアップル、フェイスブック（現在のメタ）といったアメリカの名だたる大企業で、マインドフルネスや瞑想が取り入れられているのも、結局は社員の心がウェルビーイングな状態であることが、仕事の成果や生産性にダイレクトに効くからである。企業からすれば、ハイスペックなパソコンを導入することと、ウェルビーイングに力を入れることは、どちらも投資という意味では同じなのだ。

そして、個人や組織によって視点や優先順位は異なるかもしれないが、最終的に目指すべきは「社会のウェルビーイング」である。先ほど、ファッション業界のサプライチェーン全体におけるウェルビーイングの事例に触れたが、このような「社会のウェルビーイング」まで考えると、おそらくエンドユーザーが支払う代金は、これまでよりも高くなってしまうだろう。その影響で、商品を買える人は限られてしまうかもしれない。

それでも、それが社会のウェルビーイングの観点からすれば、適正価格なのだ。そして、そういう商品こそが、これからのラグジュアリー、いわば「New Luxury（ニューラグジュアリー）」になっていくのである。

経済的に裕福な人々は、社会を構成する一市民の責任として、先頭に立ってニューラグジュアリーを体現していかなければならない。そして、企業側は社会のウェルビーイングが実現できるような適正価格を設定し、高くても欲しいと思われる機能・デザインを実現していかなければならないのである。

ただし、サプライチェーン全体にウェルビーイングの視点を広げることは、決して限られた「金持ち」だけの特別なことではなくなりつつあるのも事実だ。

特に、一九九六年から二〇一二年に生まれたZ世代を中心に、環境や社会へ配慮した消費スタイルが広がっている。義務感ややせ我慢ではなく、自己利益のための行動と捉え、社会のウェルビーイングを自分事として内面化しているのである。

このような考え方について、英国の哲学者であるケイト・ソパー氏は、「新しい快楽主義（代替的快楽主義：Alternative Hedonism）」として整理したが、より環境に適した消費生活を送りたい、他者の問題を解決したいという新しい欲求や快楽が生まれているのである。つまり、若い世代は共感範囲・自分事範囲が従来よりも広く、時間軸的にも長くなっているのだ。

こうした考え方や取り組みは、ウェルビーイングと同様に昨今のバズワードになった「Sustainable Development Goals（ＳＤＧｓ：持続可能な開発目標）」や、産業や社会構造をクリーンエネルギー中心にする「グリーン・トランスフォーメーション（ＧＸ：Green Transformation）」との融合領域にもなる。これからのウェルビーイングは、ロボット導入を含めた「デジタル・トランスフォーメーション（ＤＸ）」だけでなく、ＳＤＧｓやＧＸとのかけ合わせがポイントになってくるだろう。

少し解像度が低い概念的な話が続いてしまったので、ここからは特にロボティクスを活用した「質的拡張」の解像度を上げるために、私自身が携わった事例をいくつか紹介していきたい。

一人ひとりの心の豊かさを支援する

まずは、質的拡張の中でも、精神的なウェルビーイングへの貢献を目指したプロダクトを紹介する。二〇二〇年に我々が作った「ゆらぎかべ：TOU（トウ）」（図49）は、その名の通り、ゆらゆらと揺れる壁だ。

最初の発想は、「キャンプ場でたき火を見ながらぼーっとする時間を、家の中でも再現できないか」というものだった。「ぼーっとしたい」という思いとは裏腹に、現代人はとにかく忙しい。

ウェブ会議やチャット、テレビ、動画配信にSNSなど、様々なデジタル情報に常に晒され、追い打ちをかけるように、自分用に最適化されたリコメンド広告が目に飛び込んでくる。「アテンションエコノミー」の中で生かされているのである。人によっては、トイレの中にまでスマートフォンを持ち込み、見入っているという。

こうした傾向は、新型コロナウイルス感染症の登場によって、さらに顕著になった。リモートワークの環境では、通勤時間も自席から会議室へと移動する時間もなくなり、一つのウェブ会議が終わったと思ったら間髪を入れずに別のURLをクリックし、次の会議が始まる。それが絶え間なく続き、複数の会議に同時に参加することさえある。

図49. ゆらぎかべ:TOU

ＮＨＫの人気番組『チコちゃんに叱られる！』では、チコちゃんが「ボーっと生きてんじゃねーよ！」と毎回怒っているが、もしかすると現代人に必要なのは、心の底から、脳の底から、ぼーっとすることなのかもしれない。

このぼーっとする時間をつくる際のヒントにしたのが、前述したキャンプ場のたき火だ。あるいは、祖父母の家の仏壇で見たろうそくの火のゆらぎや、線香から上がった煙のゆらぎである。火や煙のゆらゆらした動きは、特に何も考えることなく、心の底からぼーっとした状態で、いつまでも見ていられる。

こうして生まれたアイデアを一緒に作り上げてくれたのが、共同開発のパートナー会社「Konel（コネル）」だ。当時、コネルはＮＡＳ

A（米航空宇宙局）の観測データから落雷情報を抜き出し、リアルな雷として地球儀上に再現する「雷玉 Lightning Ball」というプロダクトを発表していたが、これを「ランダム家電」として位置付けていた。

そのコネルから提起されたのが、「テクノロジーは『不』をなくすこと以外にも使えるのではないか」ということだった。

多くのテクノロジーは不便や不快など、「不」を軽減するために使われる。しかし、「不」は決して悪いことだけではなく、不便だから人は工夫をするし、不条理だから疑問を持つ。

そして、様々な議論を繰り返して生まれた仮説が、雷やたき火、線香の煙など、何にもコントロールされない自然がつくり出すランダムな現象が「ぼーっとする」ことにつながるのではないかというものだった。

では、自然界に数ある現象の中で何にフォーカスを絞るべきか。筆者は最初、ろうそくやたき火などの「火」を思い浮かべたわけだが、リアルな火を家庭内に持ち込むのは、なかなか難しい。いくつか考えた上で我々が最終的に選んだのが、「風」である。

そして、この「風」と、どの家庭にもある「壁」を組み合わせて生まれたのがゆらぎかべだった。本来、内と外を分けることで雨風が外から入ってこないようにするための壁を、

「あえて風で自然に揺らしてみよう」というアイデアにたどり着いたのだ。確かに、草原が風でなびいている様子も、何も考えずにぼーっと見ていられる。その体験を、テクノロジーでつくり出せないかと考えたのである。

ゆらぎかべの構造面にも少しだけ触れておこう。壁の表面には鉄粉を混ぜた布を貼り、布の裏側には約八〇〇個の電磁石を等間隔に配置した。電磁石のオン／オフを制御し、表面の布を引き寄せたり離したりすることでゆらぎを発生させている。

壁全体を「ゆらぎかべ」にすることもできるが、構造的には八〇センチメートル角で分割でき、様々な場所に取り付けられる。一日中ウェブ会議に参加している自室に置いてもよいし、高層マンションの上層階や地下空間など、窓を開けられない場所に設置するのもよいだろう。将来的には宇宙空間といった真空の場所でも、風を感じてぼーっとする時間をつくり出せるかもしれない。

果たして、ぼーっとすることはウェルビーイングにつながるのだろうか。改めてぼーっとすることの価値について考えてみたい。

あなたも、寝ようとしてベッドに入った後、ナイスなアイデアを閃いたことがあるのではないだろうか。そのまま眠ってしまい、翌朝には何も覚えていなかったり、冷静に考えてみると大したアイデアではなかったりするかもしれない。それでも、ぼーっとしていると何かを思いついたり、閃いたり、思い出し笑いをしたりと、想定外の様々な思考が頭に浮かぶことがある。

ぼーっとすることは、一見すると無目的であり、生産性を下げるだけで、無駄な時間だと思われるかもしれない。逆に、生産性を重視するロボットやＡＩシステムにはなかなか真似しづらい、非常に人らしい行為だと言えるかもしれない。

このぼーっとしている状態を脳科学的に考えてみるとどうか。脳の中には、複数の広域なネットワークがあることがわかっており、外界に関する問題解決を行うときに活動する「Central Executive Network（ＣＥＮ：中央執行ネットワーク）」、内的な状態、自己についての記憶や社会的な認知に関与する「Default Mode Network（ＤＭＮ：デフォルトモードネットワーク）」、ＤＭＮからＣＥＮへのスイッチングに関わる「Salience Network（ＳＮ：顕著性ネットワーク）」という三つが知られている。

ぼーっとすることは、ＤＭＮと深く関連しており、安静時にはこのＤＭＮが特異的に活動する。ＤＭＮは創造性と関係しているとも言われ、その意味では、ぼーっとすることは思考を拡張し、創造性豊かに生きていくための大事な要素だと言える。

一方でＤＭＮは、内省・内観、過去の記憶や未来の想像とも強く関係している。良いことばかりではなく、良くない出来事を考えてしまうケースが生じる可能性もある。「Mind

Wandering（マインドワンダリング）」とも呼ばれるこの現象は、マインドフルネスとは異なる状況を生んでしまう場合もある。

さて、ぼーっとすることの価値の次は、ゆらぎをテクノロジーで実現することのメリットを考えてみよう。それは一言で言えば、ポータビリティである。テクノロジーを使って風という自然現象をデータ化・デジタル化することで時間や空間の制約を超え、データを持ち運べるようになる。いつでも、どこでも、風を再現できるのである。

ゆらぎかべの例では、何も自宅の周りで吹いている風を部屋の中で再現することにこだわる必要はない。地球の裏側で吹いている風も再現できるし、遠く離れた故郷の風を伝送することもできる。あるいは、データになっていれば、過去に遡って、思い出の場所の風を吹かせることもできる。

実際、京都市京セラ美術館で行われた「KYOTO STEAM 2020」でゆらぎかべを展示した際は、風のセンシング技術「Windgraphy（ウインドグラフィー）」をもつ電子部品メーカー「KOA（コーア）」の協力を得て、長野県諏訪市にある諏訪湖で秋分の日に吹いていた風のデータを用いたのだが、京都にいながら、遠く離れた長野の風の動きを感じられるのは不思議な体験だった。

データ化によって時間と空間の制約を超え、人の記憶を刺激することができる。それには感性的な価値を創出するという大きなメリットがあるだろう。

ゆらぎかべは、その場で静かに音を立て、存在するだけである。もちろん、ぼーっとしてほしいという開発側の思いはあるものの、だからと言って、特定の対象者に対して働きかけることはしない。そこにあるだけなのだ。

以前、ドバイ万博の日本館を担当された建築家・永山祐子さんらとトークセッションを行う機会があった。そのときに永山さんが語った「テクノロジーには向きがある」という話がとても印象に残っている。テクノロジーが自分のために何かをしている、すなわちテクノロジーが全部自分に向かっている状態は、却って気持ちがしんどくなるという内容だった。

そういう意味では、このゆらぎかべには向きがない、もしくは、環境という自分の外側の存在に向いているのかもしれない。

目の前にある空間・環境に対して、無目的に揺らいでいるだけである。それに対して、人側も特に解釈することなく、同じ空間で時間を過ごす。ぼーっとしている状態は、ある意味では最も贅沢な時間であり、その実現を支援するテクノロジーは、人々の幸せをつくる基盤になるかもしれない。

図50. ベビパパ

人と人の関係性を支援する

ゆらぎかべが支援するのは、一人ひとりのウェルビーイングだったが、次は人と人の関係性におけるウェルビーイングについて考えてみたい。

他者との間で生じるウェルビーイングを、渡邉淳司氏、ドミニク・チェン氏らは「わたしたちのウェルビーイング」と呼んでいるが、「わたしたちのウェルビーイング」は、東アジアを中心とした東洋思想とつながりが強いと言われている。

アメリカなどにおいては、「感情は家族・友達など、自分以外の存在とは無関係であり、一人で経験するもの」と考えられる場合が多いが、日本などでは反対に、「人と人の間に感情が存在し、感情は他者と共に経験するもの」と考えることが多い。こうした考え方の違いは、おそらく仏教などの宗教や文化が影響しているのだろう。

そんな「わたしたちのウェルビーイング」の実現を目指して筆者らが開発したロボットの一つが、「babypapa（ベビパパ）」だ（図50）。その基本機能は、ロボットの腹部に内蔵されたカメラで撮影した写真をクラウドにアップロードすることで、複数人での閲覧を可能にするというものだ。そのため「コミュニケーションカメラ」と呼ばれることもある。

ベビパパは三体が一セットになっており、互いにおしゃべりしたり、歌ったり、怒ったりする。しゃべると言っても、意味がわかる明確な言語を話すわけではない。アニメキャラクターの「ミニオン」や「ピングー」のように、独自の言語を用いており、言いたいことが何となくは推測できるレベルのコミュニケーションに留まる。「かわいい〜」と評されることが多いタイプのロボットだ。

このようなロボットを作っているため、「コミュニケーションロボットを作っているんですね」と言われることが多い。確かに、一般的なカテゴリーとしてはコミュニケーションロボットに該当するのかもしれない。

だが、開発している立場から言えば、コミュニケーションロボットを作ろうと思ったことは一度もない。少なくとも筆者は、「ロボットと人がコミュニケーションできるようにしてみよう」と思ったことはない。実際、ベビパパは音声認識機能を備えておらず、人とのコミュニケーションはほとんどできない。

ベビパパができるコミュニケーション（通信）は、三体のロボット間でのやり取りだけだ。三体が存在することで、小さな社会が形成できる。三体だけで勝手に話している（実際は話しているように見える）し、笑ったり怒ったりもしている。その三体が形成する「社会」に興味を持った人だけが、その社会に加われる。

ただし、その人がロボットの社会に入ったとしても、ロボットのほうから積極的に絡んでくることはない。人側がその気になれば、一緒に歌ったりはできるかもしれないが。

このような、ある意味で役に立たないロボットに唯一できるのが、「写真を撮る」という行為だ。ベビパパは、前方にいる人の写真を撮る。笑ったり、泣いたり、怒ったりと、生活の中の色々なシーンを写真にして勝手に記録してくれるのだ。

ベビパパの「papa」は実はイタリア語の「paparazzi(パパラッチ：有名人を追いかけ回すカメラマン)」に由来しているのだが、ベビパパを通して筆者らが実現したかったことは、知らぬ間に撮られた写真を使って、人と人とのコミュニケーションを促すことである。写真は、その場にいられなくても、後からその瞬間を共有できる。ベビパパでは特に、親子など家族の間に存在するウエルビーイングのサポートを目的にしている。

ベビパパが撮る写真は、親が「はい、チーズ」と言いながら撮ったものとは少し違う。

ポーズをとって笑った姿ではなく、その人の素が写っている。ロボットと遊んでいるときの笑った表情、子ども同士が喧嘩している様子、ロボットの前で絵を書いたり作業に没頭したりしている姿など、親がなかなか撮れないような、自然な様子を間近で撮ってくれる。もちろん、笑顔の写真も魅力的だ。だが、真剣に遊んでいるときの表情や、泣いたり怒ったりしている顔も、後から振り返ってみれば、よい思い出になるのではないだろうか。そんな写真を撮れることが、このロボットカメラの特徴だ。

ベビパパの開発は、コロナ禍よりも前にスタートした。単身赴任や帰宅が遅いといった理由から子どもと一緒にいられない親や、離れて住んでいる祖父母などの、日頃の子や孫の様子を知りたいという想いに応えたいと考えたのである。

ベビパパが撮影した写真を見ることで、親子が会話するきっかけになったり、夫婦間や祖父母との間での話題のきっかけになったりする。筆者らがコミュニケートさせたいのは、人とロボットではなく、あくまでも人と人であり、その手助けをしたいという想いで開発されたのがベビパパなのだ。

普段会えない、もしくは見ることが少ない互いの姿を届けるだけであれば、二四時間ウェブカメラで撮影し、動画としてライブストリーム配信するほうがよいのではないか、と思う人もいるかもしれない。

図51. 装飾されて返ってきたベビパパ

しかし、ベビパパでは、情報は多ければよいというものではないという仮説のもと、あえてそこまでの情報は提供せず、あくまでも静止画にこだわった。それは、情報の可視化だけでなく、「削る化」をすることで、結果として親から子へのコミュニケーションが増えるのではないかと考えたからだ。

そして、やはり愛情の対象に関する情報を拡張（圧縮）することは、より対象への関心を高めるようである。足りないからこそもっと欲しくなって、コミュニケーションが活性化するのだ。

ベビパパはこれまでに、実際の家庭に持ち込み、短期・長期の評価実験を行ってきた。それぞれ結果の詳細は述べないが、面白いと思ったエピソードを一つ紹介したい。

図51は、評価実験を終えて返ってきたベビパパである。服を着たり、ハチマキを巻いたり、リボンを付けたりと、オシャレになって戻ってきたのだ。当然、ベビパパを貸し出すときは無地の状態だ。つまり、貸し出し期間中に、実験に参加してくれた家庭が三体分の装飾を作ってくれたのである。

よくよく話を伺うと、保育園に通う娘さんがベビパパを気に入り、洋服を着せたいと希望したそうだ。そこで家族は、どんなデザインにするかを話し合い、ベビパパを採寸し、一緒に布地屋さんに出向き、店先でイメージしていた柄がないと悩み、帰宅後も、みんなで布を切ったり張ったりと試行錯誤しながら洋服を作り上げたという。そして、たまたま三人家族だったこともあり、自分たちと三体のベビパパを重ね合わせて遊んでいたらしい。

コミュニケーションロボットの分野では、近年ファッションショーが開かれるようになっている。ロボット用の服を販売するビジネスも当然想定はしていたが、子どもや家族が自分たちで考えて、服を作ってくれるとは思っていなかった。

ベビパパのための服を作るという行為は、評価実験中という限られた時間だったからこそ起きた、一過性の事例かもしれない。しかし、ロボットというきっかけが、開発側の想定を超えたレベルで、親と子の関係性に影響を与えた事例だと言える。

ロボットがメディア（媒体）として存在することで、親子の会話が生まれ、さらには何かを一緒に考えたり、作業したりする時間が増え、コミュニケーションが活性化されたのは事実である。

このことは、技術が人と人の関係を直接良化させるだけではなく、技術がきっかけをつくれれば、後は自発的に人同士のコミュニケーションの頻度や濃度が高まっていく可能性を示している。

人は人とコミュニケーションする能力を持っている。二足歩行を始めた我々の祖先が、前足が手となり、モノを作るようになってから急激に進化したと言われるのがコミュニケーション能力である。

しかし、現代においては、きっかけを失ってしまったり、関係がこじれたりといった何らかの理由でコミュニケーションの機会が十分にない場合がある。そんなちょっとしたズレに対し、技術を使って刺激を与えるだけで、もともと持っているコミュニケーション能力が引き出され、人と人との関係性が良好になるのかもしれない。

もう一つ、似たような外観をしたロボットを紹介したい。それは「cocoropa（ココロパ）」というロボットだ（図52）。「離れている人との想いをつなげるロボット」とも言われ、離れて住む家族やパートナーとのゆるやかなつながりを支援するためのもので、一緒にいなくても一緒にいるような感覚になる、「共在感覚」を生み出すことを目指している。「共在感覚」という言葉は聞き慣れないかもしれないが、京都大学の人類学者・木村大治先生がつくり上げた概念である。文字通り、他の人と「共に在る」感覚のことだ。木村先生の場合には、主にアフリカの人々を対象とした研究をされているが、我々は、物理的には同じ空間にいない人同士が「共に在る」と感じられる状態を、プロダクトを作りながら実現しようとした。

ココロパの機能は非常にシンプルだ。まず、二体のロボットを別々の家に一体ずつ設置する。そして、片方の家でロボットに触れると、二体とも右腕が上がる。もう片方の家でロボットに触れると、二体とも左腕が上がる。結果、二体とも両腕を上げた状態になる。親子双方からの触れ合いが確認されると、両腕が上がったロボットは、まるで「ＯＫ！マル！」というポーズをしているようにも見える。

朝、「おはよう」のつもりでロボットに触れると、その意図が動きを通じて相手に伝わり、相手がロボットに触れ返したら、「おはよう」が返ってくるという感じである。

発信した情報が相手に伝わったことを確認できる機能としては、ＬＩＮＥなどの「既読」の表示に似ているかもしれない。ただし、腕を上げるだけではＬＩＮＥのように具体的なメッセージは伝えられないので、「伝えたい」ということくらいしか伝わらない。

図52. ココロパ

　このプロダクトは、我々のチームと筑波大学の鈴木健嗣教授との共同研究によって誕生したが、我々はこのロボットの機能を「伝達感の通信」と表現している。

「毎日電話するのは気が引けるが、相手のことは気になる」という関係性の人たちが、連絡するという負荷を感じずに、ココロパを介すことで「私はあなたのことを想っています」という気持ちだけを伝えることができる。「想っている」というたった一ビットの情報を送るだけであり、機能という意味では最小限の通信手段かもしれない。

　様々な表現があるなかで、「最小として何を残すか」という議論があったのだが、結局一番残したいものは、「身体性を伴った運動」ということになった。動作は人の意思を反映しているものだからである。

近年、ＩＴ機器を使った高齢者の見守りが進められているが、見守りは一方で「監視」にもなりうる。「監視」になってしまうのは、共在感覚が一方にしか生じない場合だ。両方が共在感覚を得るためにはアクションすることが必要なのだが、実はアクションを起こしたことを伝えるべき相手は、自分自身でもある。

人間は、体の動作によって体性感覚が脳に返ってくるようにできている。すなわち、人間は動作することで初めて、自分の意思が理解できる。そこで、ココロパでは、伸ばした手の感覚が自分の意思を反映し、相手に対する意図を表現するようにしたのである。

これまで、離れてくらしている多くの親子に使用してもらったが、「思ったよりも一緒にいるように感じる」という評価を得ている。正直、実験前はここまでシンプルなロボットで共在感覚に変化があるのか、少し心配だった。ところが、六〇～八〇歳くらいの親と二〇～四〇歳くらいの子どもによるコミュニケーションの実験では、手を上げるという動作を一日一回ロボットにさせるだけで、全体の六〇％の人が相手と共にいるように感じたり、九五％の人が相手とより親密になるような感覚になったという結果が出た。

また、実験期間後も、それまでよりも「親子の会話が増えた」「メッセージでやり取りする回数が増えた」など、関係性そのものに影響があり、行動の変容にまでつながったと思われる事例も複数見受けられた。思っていたよりも、「同じモノを持っていること」「モノが同じ状態になっていること」「モノが日常生活の視界の中に存在していること」の効果が大きかったようである。

そして、このロボットの使われ方においても、面白いエピソードがあった。我々の想定としては、「一日一回だけロボットに触れる」という制約条件をつけて行った。実験は、朝起きたときの「おはよう」や、帰宅したときの「ただいま」の挨拶に使われることが多いのではないかと考えていた。

もちろん、そのような使われ方もあったが、実際には、孫がお風呂に入るタイミングでロボットを触ったとか、在宅勤務の時間帯に触ったというように、様々な使われ方が確認された。ユーザー自身が使い方を考えたのである。

これは、二章のポイント⑬「事業より前に世界観を共創する時代」でも書いたように、メーカー側がプロダクトを作り込みすぎず、一定の「余白」を残した状態にすることで、ユーザー側が自分自身でプロダクトの続きのストーリーを構築し、その余白を埋めていった事例と言える。

このように、人とテクノロジーとの関係性をデザインすることで、人と人のつながりを深めることはもちろん、人とテクノロジーやプロダクトとの関係を、より愛着のある状態に昇華させることができるのではないだろうか。

一方で、このロボットを使っているユーザーの感覚については、まだまだ分析が必要だ。ユーザーは果たして、ロボットとやり取りしているという気持ちなのか、それとも、その先にいる離れた相手とやり取りしている気持ちなのか。このあたりは現在評価中であり、まとまり次第、何らかのかたちで共有できればと思う。

例えば、相手側がロボットに触れたであろう時間帯に自分側のロボットの手が上がらなくなった場合、ユーザーはロボットが故障したと思うだろうか、それとも、その先にいる相手に、何かトラブルが起きたのではないかと思うだろうか。ユーザーにヒヤリングをしている感じでは、おそらく、仮に機械の故障など何かしらの理由があったとしても、後者のケースを想定するユーザーが多いのではないかと思っている。

つまり、親や子どもに何かあったのではないかと考えてしまうのである。そういう意味においては、ロボットは完全に媒介手段、すなわちメディアとして認識されており、ユーザーは、ロボットの奥にいる人とのコミュニケーションを行っていることになる。

人と人の良好な関係性、社会的なウェルビーイングを実現するために、ハイレベルな技術だけが必要なわけではない。

人間には素晴らしい妄想力・想像力・共感力が備わっており、それらの力をうまく引き出すことで、手を上げるという非常にシンプルな動きだけでも、人と人との関係をより良くすることができる。

人と人をつなぐことは、人々の未来をつなぐことでもある。現代においても、コミュニケーションが不足することにより、孤独や寂しさを感じていたり、不安を抱えていたりする人々は多い。内閣官房が令和五年に行った「人々のつながりに関する基礎調査」によれば、孤独感が「しばしば・常にある」「時々ある」「たまにある」と答えた人の割合は、実に約四〇%に上るという。

今回の「OK！マル！」が返ってくるコミュニケーションを生み出すという試みは、未来への希望が感じられる社会を創るための一つのアプローチなのだと思っている。

人と地球の関係性を支援する

ここまで、一人ひとりのウェルビーイングから、人と人の関係の中で生じるウェルビーイングについての話をしてきたが、それはすなわち、「わたしのウェルビーイング」と「わたしたちのウェルビーイング」の話である。

そして、この「わたしたち」という存在をさらに拡張して捉えることが、これからのウェルビーイングにとっては重要になる。

では、「わたしたち」とは何だろう。私に関わるもの全てを「わたしたち」と捉えると、対象は非常に広くなる。「他者」だけでなく、物や空間、社会や自然環境も「わたし」という存在と大いに関わり合っている(図53)。このような関係は、次の三つに整理することができる。

①人と物の関係性
②人と人の関係性
③人と自然の関係性

この中で、ウェルビーイングとの関係が最もピンとこないのが、③「人と自然の関係性」ではないかと思う。その理解を二つの事例紹介を通じて深めてみたい。

最初の事例は、著者らがコンテンポラリーデザインスタジオ「we+(ウィープラス)」と共同開発した「Waft(ワフト)」だ(図54)。

これは、水槽の中にミストを発生させる装置である。水槽の上部にある隙間を介して外界との空気のやり取りがあるため、例えば水槽の前を歩くと、水槽周辺や水槽内の気流が

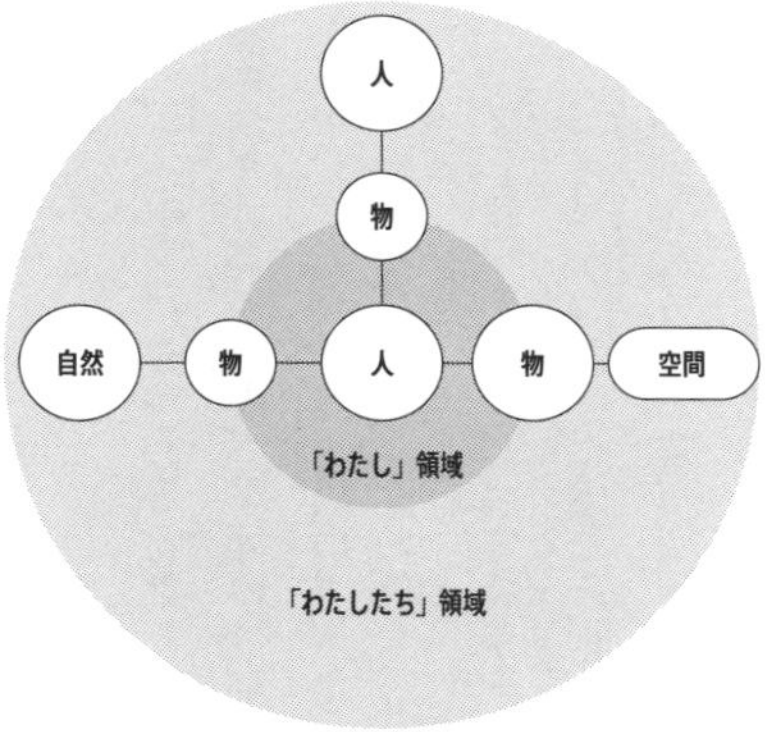

図53. わたしたちの構成要素

図54. ワフト

乱れ、結果としてミストが形を変え、漂う。

言葉ではなかなか表現しにくいが、その表情の変化はとても美しい。雲海を上から眺めているような感覚にもなる。特にセンサーやファンなどは使っておらず、空気の流れの変化が美しく表現されている。

人は昔から、自然と共にくらしを営んできた。特に、豊かな自然に恵まれた日本では、例えば「水」にまつわる言葉だけでも、一〇〇〇以上あるとされる。その自然への繊細な感覚は、俳句や書画、季節の行事など、日本の伝統的な文化の中にも多く見られる。しかし、当たり前が故に、また目に見えず感じにくい存在であるが故に、その大事さや美しさに気づきにくくなっているのも事実だろう。

ワフトは、人々にとって最も身近な存在の一つである「水」と「空気」の振る舞いを、よりピュアかつ鮮明に感じられるプロダクトである。プロトタイプは「現代はあらゆるものを制御しようとしすぎである」という想いから作られ、人が本来持っている自然への細やかな感性を呼び覚まし、自然とのつながりを取り戻すきっかけになることを目指している。

二〇二一年の夏には、パナソニックのＳＴＥＡＭ教育（Science：科学、Technology：技術、Engineering：工学、Art：芸術・リベラルアーツ、Mathematics：数学を統合的に学ぶ教育）のための施設「AkeruE（アケルエ）」にワフトを設置し、一般の人がどう感じるのかを検証する機会があった。

ミストが思い通りには漂わないからこそ、見る人は水槽の前を歩いてみたり、子どもたちは水槽の上の隙間の気流を乱そうと手をバタバタとしてみたり、試行錯誤していた。結果的に、ミストから水や空気という自然を感じ、その美しさや楽しさに気づけた上に、親密な関係を築けることがわかった。

ワフトは、先端テクノロジーを使わずに、人は元来、水や空気といった自然環境の中で、インタラクションを繰り返しながら生活してきたことを実感させてくれる。テクノロジーが実現すべきインタラクションについて、大きな示唆を含んでいる。

そしてもう一つの事例は、クリエイティブカンパニーの「Loftwork（ロフトワーク）」と一緒に開発した、コケに六本足を生やした移動式ロボット「ＵＭＯＺ（ウモズ）」だ（図55）。言葉で説明するよりも動画のほうが圧倒的に伝わるので、ぜひインターネットで見ていただきたい。

ウモズは、コケの「環世界」にインスピレーションを得て開発したロボットだ。環世界とは、生物学者のヤーコプ・フォン・ユクスキュル氏が提唱した「すべての生物は自身が持つ知覚によって独自の世界を構築している」という考え方である。簡単に言うと、「生物ごとに見えている世界は全然違うよ」ということだ。

このウモズの開発に取り組むまで、私も全く知らなかったが、日本だけでも約一八〇〇種類のコケが生息しているとされ、それぞれに、「乾燥に強い」「安定湿度を好む」「日照りを好む」「日陰が好き」といった特徴があるという。私と同じく、勝手に「コケ」という言葉で一つにまとめ、タグ付けをしてしまっている人も多いのではないかと思うが、非常に多様性に満ちた植物である。

そのコケに、「もし足が生えて好きな場所に移動できるとすれば、どんな動きをするのか」を表現したのがウモズだ。もちろん、本当にコケの意図をセンシングしているわけではない。照度センサーと湿度センサーを埋め込むことで、疑似的にコケの特性、コケの環世界を反映させている。

ウモズを発表した際には、ツイッター(現在のX)などで若干バズったこともあり、「カワイイ!」という声をたくさんいただいた。

さらには、「ウモズを見て以来、街を歩くたびに街中のコケが気になって仕方がない」「街の中にコケが増えた気がする」という声も複数聞こえてきた。中には、街中で撮影したコケの写真を送ってくれる人もいた。

これは非常に興味深い現象だった。ウモズの発表によって、街の中のコケが急に増え

図55. ウモズ

たはずはない。つまり、世界や自然は何も変わっていなくても、人の認識が変わるだけで、世界は全く違って見えるのだ。

「おくのほそ道」で有名な松尾芭蕉は、「よく見れば なずな花咲く 垣根かな」という句を詠んだ。「なずな（ぺんぺん草）」という、どこにでも咲いていて、普段は気にすることのないものに気づいた。ウモズがもたらした効果も同じようなものである。

もともとそこにあった自然に目が向けられると、我々自身が自然の中で生きていること、自然と共生していることに気づくことになる。すると人は自然に対して優しくなろうとするだろう。実際に、プロトタイプ体験後のアンケートでは、利用者の四分の一から二分の一が、「もっと自然について知りたくなった」

と答えた。

環世界の専門家である釜屋憲彦さんと対談させていただいたときに、釜屋さんは「環世界は、他者への興味や寛容さを引き出すもの」と表現されていた。それは、種による違い、もしくは立場による違いから生み出される環世界に対して、その多様性を適応（adapt）させるのではなく、異なるもの、異なることを大事にしながら、調和（harmonize）させていくことが重要だということだろう。

ワフトとウモズという二つのプロダクトは、身の回りに当たり前に存在している空気や水、コケなどの存在をあえて可視化することで、人がその存在を知覚・認識し、それをきっかけに、人と自然、それぞれの環世界の調和を考えられるようになること、つまり、人と自然の関係性をよりウェルビーイングにすることを目指したものである。

人間のことなど気にせずに、当たり前に自然は存在している。私たちは地球の中で、空気に包まれ生きている。人間も自然の一部として存在しているのだ。そして、一つひとつ違う生物、一人ひとり違う人に囲まれ、多様性の中で生きている。

当たり前であるが故に、可視化したり、なくなったりしないと意識しにくいものでもある。逆に、もしもそのことに気づけたら、もう少し地球に優しく、そして人に優しく、寛容になれるのかもしれない。

ドミニク・チェン氏は、著書『未来をつくる言葉―わかりあえなさをつなぐために―』の中で以下のように書いている。

そもそも、コミュニケーションとは、わかりあうためのものではなく、わかりあえなさを互いに受け止め、それでもなお共に在ることを受け容れるための技法である。「完全な翻訳」などというものが不可能であるのと同じように、わたしたちは互いを完全にわかりあうことなどできない。それでも、わかりあえなさをつなぐことによって、その結び目から新たな意味と価値が湧き出てくる。

ここでの「互いに」という言葉の中に、人間以外の存在を入れてもよいかはわからないが、テクノロジーをうまく活用することで、他の存在への興味や寛容さ、他の存在との共助を引き出し、結果として異なるものたちの美しい調和を実現できれば、素晴らしい社会、地球になっていくのではないかと思う。

人は長きにわたり、自然と共生してきた。しかし、急速な工業化や経済発展を伴う過度な開発、一方的に自然をコントロールしようとした行いは、地球環境に甚大な被害を与えた。そして異常気象や生態系の崩壊など、私たちのくらしに大きな影響を与え始めている。

最近はＳＤＧｓやサーキュラーエコノミーといった言葉を至る所で耳にする。全くもって否定するつもりはないが、とにかく規模感が大きい。国や企業レベルの活動としては適していても、個人レベルでの実践はイメージしにくい。

欧州などと比較すると、日本は特に環境的価値を販売価格に転嫁するのが難しいと言われている。多くの日本人の感覚としては、限られた収入の中で、環境に良いという理由だけでは高価なものは買いにくいというのが一般的なものだろう。たとえ環境問題が大切であると十分に理解し、今後は環境に配慮した製品がニューラグジュアリーになるのだといくら説明されたとしてもだ。

このような話は、経済的な裕福度や教育内容にも依存する、テクノロジーだけでは解決しにくい問題だ。だが、少なくとも、地球レベルの大きな問題（大義）をいかに「自分事」にできるかが、美しい調和への第一歩ではないだろうか。そして、利他的な大義を意識しないレベルの利己的意識や活動に、意図せずつなげていくことが重要である。

先ほど紹介した自然との関係性に注目した取り組みを通して、第一義として「美しさ」や「可愛さ」を持ち合わせ、心を豊かにするような質的拡張プロダクトが、その可能性を十分にもっていることがわかった。大きな社会問題を、個人の身の回りの問題に接続し、自分の感性を更新できるのだ。

自然に対する意識は個人差があるにせよ、我々人もまた自然の一部である。そして、「自然」と「人」、「自然」と「技術」というのは、別に二項対立する存在でもない。直接的に、すぐに役に立ったりはしないロボットやテクノロジーかもしれないが、それらを通して、人と自然の関係性やつながりを見つめ直し、異なる存在が共に生きる世界を認識して、より良い仕組みや生き方を実践することが、「わたしたちのウェルビーイング」の実現につながっていくのではないだろうか。

制御しない制御へ拡大するロボティクスの役割

ここまで紹介してきた事例を、あなたはどのように感じただろうか。「これってロボットなの?」と思われた方もいるかもしれない。

ロボットというと、センサーなどを使い、目標となる動作を実現するために高度な制御(コントロール)をしたり、知的に振る舞うようなものを想像するのが一般的だろう。しかし、本章で紹介したロボットは、ただ手を上げたり、ただミストを漂わせたりと、到底「高度」や「知的」といった言葉が似合わないような動きをするものだ。

しかし、これからのロボットは、これまでの「制御」という言葉に代表されるような技術だけでなく、逆にあえて「制御しない」ようなものへと拡大していくのではないかと筆者は考える。

もちろん、物を動かしたりするには、電気信号などを使って何かしらの動きを制御する必要はあるが、ここで言う「制御をしない」とは、何か具体的・物理的な目標値を実現することを大目的としないという意味である。

では、何を目的とするのかというと、これまでの「コントロール（制御する）」ではなく、「ファシリテート（促進する）」や「ナッジ（そっと後押しする）」である。すなわち、ロボットを使うことで人の行動を後押ししたり、可能性を引き出したり、最終的には人の意識や行動の変容を助けることを目的にする。

先ほど紹介したワフトやウモズの事例は、自然に意識を向ける手助けをするものであり、ココロパという手を上げるロボットは、離れて住む家族への想いを伝える手助けをするものだった。

ただし、注目してほしいのは、ウモズやワフトは、ユーザーに対して「自然に意識を向けよう」というメッセージを打ち出しているわけではないし、ユーザーも「後押しをされた」とは思っていないということである。自分が好きなものや綺麗だと感じる対象と純粋に戯れるなかで、無意識のうちに、意識や行動が変容して社会的なウェルビーイングに向かっているのである。

このように、人も制御系の対象に含めて考えるということは、専門的には「Human-in-the-Loop（ヒューマンインザループ）」の考え方と理解することができる。例えば筋電義手といった人間の生体信号（筋肉から発生する微弱な電気信号など）をロボットが読み取って、その信号をもとにロボットが人と一体となって動く技術を開発する際に、この考え方が使われる。本章の前半で紹介したノーバート・ウィーナー氏のサイバネティクスという考え方は、その走りであるとも言える。

しかし、ここで強調したいのは、人を精密に制御し、特定の方向に確実にコントロールすることが目的なのではなく、航海をする船が北極星を目印にするように、人が自分自身を失わずに、さらにはその可能性を引き出しながら生きていける後押しをすることが目的なのだということである。

例えば、オーストラリアの研究者たちは、二〇二〇年、「ソフトバンクロボティクス」製の「ＮＡＯ（ナオ）」というコミュニケーションロボットを使って、食事管理に関する実験を行った。

結果としては、スナック（高カロリーのお菓子や飲み物）の量を五〇％減らし、最初の二週間で体重も平均四・四キログラム減少することに成功した。そして、四週間後には被験者が、スナックを食べる時間や感情を制御する自信を大幅に向上させた。

ロボットが行ったのは、動機付けしたり、うまくできたことと失敗したことの振り返りを促したり、将来へのイメージを膨らませたりすることである。決して強引にスナックを与えないようにしたり、カロリーを制御しようとしたわけではない。あくまで対話の中で、本人の意識や行動の変容をアシストしたのである。

また日本でも、豊橋技術科学大学の岡田美智男先生が「弱いロボット」というコンセプトで様々なロボットを開発している。例えば、自分ではゴミを拾えないが、人の手助けを上手に引き出しながら、結果としてゴミを拾い集めてしまう「ゴミ箱ロボット」や、聞き手の手助けを引き出しながら、一緒に会話を行う「Talking-Ally（トーキング・アリー）」などが有名である。

二章で紹介した「人のスキル・能力を最大限に活かす」に近いかもしれないが、「ロボットの弱さが人の強さを引き出す」という考え方のもとに開発されており、ロボットが不完全であるからこそ、人側がそれを受け入れ、行動が引き出されるようにデザインされている。

ゴミ箱ロボットの場合も、人がゴミを拾う際に、ロボットの立つ角度や位置を制御するのではなく、ロボットのやりたそうなこと、その実力を動きによって見せること、すなわちロボットの弱さを見せ、認めて受け入れてもらうことで、人側の行動を引き出しているのである。

心理系・福祉系の分野で、「自分の弱さを人に見せること」「自分の弱さと向き合って認めること」「人の弱さを受け入れること」という意味合いで使われる「Vulnerability（バルネラビリティ）」という考え方に近いものである。

北極星としてのウェルビーイング

ここまで、繰り返しウェルビーイングの実現に向けたロボットやテクノロジーの使い方の話をしてきたが、だからといってウェルビーイングを数値化し、ＫＰＩ（重要達成度指標）を設定し、効率的に最短距離での実現を目指し始めたら本末転倒である。

幸せを解き明かそうと、計測し、数値化し、可視化したくなることは理解する。実際に政府が進める「デジタル田園都市国家構想」の中でも、どのようにウェルビーイングを定量化するかという議論が積極的に行われ、「地域幸福度（Well-Being）指標」というかたちで公開されている。

国・自治体・企業などの大きな単位で現状を理解するために使うのはよいが、個人レベルでは、その数値を追い求めないほうがよいだろう。ウェルビーイングの値をヒューマンインザループの目標値にし、その値を実現するために人間を制御するというのでは、あまりに悲しすぎる。

幸せづくりは効率的に行うものではなく、捗ったからといって誇るべきものでもない。そして、一ポイント点数を上げるために必死に頑張ったり、隣の人と数値の大小を競い合うものでもない。

ウェルビーイングな状態とは、人や文化、気分によっても違うものであり、厳密に制御する対象ではなく、北極星のようなものだ。人生という航海において、「あっちのほうに行ったらいい感じだよね」という目安のようでありながら、「そっちに行っても永遠にたどり着くことはないよね」くらいの感覚でいたらよいのではないだろうか。

ウェルビーイングのためのテクノロジーは、従来の生産性や便利さを追い求めるテクノロジーとは使われ方も異なってくる。自動化のために使われているロボットは、基本的には継続的に使われることを前提としている。それこそが生産性を上げることに直結するからである。

一方で、ファシリテートやナッジを目的としたテクノロジーにおいては、最後には使わなくなることが理想となる。テクノロジーがなくても自然に対して優しくなれたり、離れた家族と想いを通わせることができるのであれば、無理にテクノロジーを使う必要はない。それは幼い頃に使った自転車の補助輪のような存在であり、身に付けてしまえば不要になるものである。ドミニク・チェン氏らの著書『ウェルビーイングのつくりかた』から言葉を借りれば、「卒業できるテクノロジー」なのだ。

ビジネスのことだけを考えれば、なくてはならないほどに病みつきになるテクノロジーのほうが優秀であるかもしれないが、それを突き詰めていくと、結局は「Attention Economy（アテンションエコノミー：関心経済）」と同じところに行き着いてしまう。卒業できるテクノロジーの場合は、社会全体で資産を共有するなど工夫をしながら、社会全体がより良い方向に向かい続けるための仕組みづくりを進めていく必要がある。

このような考え方は、思想家のイヴァン・イリイチ氏が提唱した「Conviviality（コンヴィヴィアリティ：自立共生）」や、それをもとにデザインエンジニアの緒方壽人氏が唱える「Convivial Technology（コンヴィヴィアル・テクノロジー）」に近い。

イリイチ氏は、テクノロジーには二つの分水嶺があると指摘している。一つ目の分水嶺を超えるときには、技術は人をアクティブにし、道具は生産的なものになる。一方で、二つ目の分水嶺を超えると、人が技術に使われるようになる。

冒頭から述べたように、技術はあくまでも手段である。ウェルビーイングのために、人とテクノロジーの関係性や距離感を意識し、必要に応じて見直すべきタイミングに来ているのかもしれない。

また、人とテクノロジーの「持続的な関係性」をどのように生み出していくかが非常に重要になる。人や組織は、どうしても短期的な効果や強い刺激があるほうに心が動きやすい。何かを購入してもらうために、こうした効果や刺激に訴えることは多いだろう。しかし、この瞬間的な快楽だけではなく、人とモノ、人と空間が長期的かつ持続的に良好な関係性を構築できるものを提供していかなければならない。

人間のホルモンに焦点を絞って考えると、快楽的な感覚は達成報酬と関連する「ドーパミン」の影響を受け、持続的な感覚は愛情やつながりに関係する「オキシトシン」の影響を受ける。こうした知見も何らかのヒントになるかもしれない。

また、オキシトシン的幸福には、「つながり」と「時間の積み重ね」という積分的な要素が必要である。瞬間的・微分的に起こる関係性では不十分で、長期的な視点で、人とモノや空間の間に存在する余白をどうデザインするかを考えなければならない。時間軸を含めた全体デザインを考えることも不可欠になるだろう。

余白の必要性や、「サービス・ドミナント・ロジック」における持続的関係の重要性は、本書でも幾度となく触れてきた。このあたりはコンテクストデザイナーの渡邉康太郎氏が提唱する「Context Design(コンテクストデザイン：それに触れた一人ひとりからそれぞれの物語が生まれるようなモノづくりの取り組みや現象)」とも大いにつながる考え方である。

「Context」の語源を調べると、「con-(一緒に)」「texus(編んだ)」であり、さらに遡ると、「texus」は「tek-(作り出す)」にたどり着く。

あえて手間をかけることにより、一人ひとりがそれぞれの価値をプロダクトや空間と一緒に編み上げていくことができる。まさにその「余白」が持続的関係のポイントになる。

これからのロボット業界に必要なもの

一章では、現時点でのロボティクスの活用状況を、二章ではさらにRXを実現し、ロボティクスの活躍を拡大するために必要な「全体最適化」という視点の重要性を紹介した。そして、本章ではここまで、今後のロボティクスが従来のロボティクスの枠を大きく越えていくことを紹介した。

では、ここまでの内容を踏まえて、改めて今後我々が取り組むべきことは何かを考えてみよう。

やるべきことは色々とありそうだ。技術開発も必要だし、ロボットフレンドリーな社会環境づくりも必要だ。そして何よりも欠かせないのは、全体を構想する力、すなわち「アーキテクト力」を我々が身に付けることだ。

ここで言う「アーキテクト力」とは、ソフトウエアにおけるシステム的なアーキテクチャーを考える力という意味だけでなく、「産業全体の持続可能なエコシステムを考える力」のことだ。

ロボットから少し話題が逸れるが、アメリカのシリコンバレーで七〇年以上にわたってイノベーションを生み出し続けてきた、世界最高峰の研究開発機関「ＳＲＩインターナショナル」のＣＥＯを務めたカーティス・カールソン氏らの著書『イノベーション５つの原則』に紹介されている事例を取り上げたい。

この本によると、テレビは一九二七年に発明されたそうである。しかし、実際にテレビが消費者に届けられたのは、一二年後の一九三九年だった。

この一二年間に何があったのか。一言で言えば、ビジネスを実現するためのモデルが構築されたのである。すなわち、テレビ本体だけでなく、カメラや報道局、番組コンテンツや広告などをまとめて提供する仕組みをつくったのである。

もちろん、テレビというデバイスを発明した、その価値は大きい。しかし、必要なピースを生み出し、それらをつなぎ合わせ、「産業」に昇華させたのは後者の「仕組み」だろう。手術ロボット「ダビンチ」の原型を作り上げたＳＲＩの代表がこのような指摘をしているのは、とても興味深い。

では、今のロボット産業はどうか。産業用ロボットは、ロボットメーカーやシステムインテグレーターを中心としたエコシステムができ上がっている。

しかし、それ以外の領域で使われるロボットに関しては、まだまだ「仕組み」が不十分である。近年比率は下がってきているように思われるが、どちらかというと、ロボットそのものの研究開発に多くの人的・金銭的なリソースが割かれているのではないだろうか。

サービスロボットの領域では、ビジネスモデルや業界の中のエコシステムをつくり上げることが必要な段階である。二章でバリューチェーンについて紹介したように、ロボット本体を作る前の工程であるハードウエアやソフトウエアの開発、後ろ側の工程になるシステムインテグレーションやオペレーション、保守・メンテナンスなども重要な要素であり、それらのプレイヤーが持続可能なビジネスモデルを構築する必要がある。

ここで問題になるのが、一章の「ロボット・トランスフォーメーション（ＲＸ）の必要性」で触れたように、サービスロボットは、現状の産業用ロボットほどロボットそのものの稼働率が高くないと想定されることである。それ故に、エコシステム全体が受ける便益をシェアするようなモデルが必要だろう。

また、ロボット産業のビジネスモデルは、かつての製造業に多く見られる垂直統合型のモデルから、新しいかたちのモデルへと転換していくだろう。ハードウェアは、「Software Defined（ソフトウェア・デファインド）」の考え方のもと、ソフトウェアが使いやすく、更新しやすいようにモジュール化される。ハードモジュールの組み合わせとソフトウェアをコアとしたレイヤー型のビジネス、すなわち水平分業のモデルへと転換するのである。

こうした変化に伴って、レイヤー間の連携や情報の受け渡し方法などを、全体最適化の視点から検討する必要が出てくるだろう。これまで以上にバリューチェーンにおける前後や、レイヤー構造における上下の企業間連携と共助の重要性が増すのである。

本章で触れてきた、社会全体のウェルビーイング実現に貢献するロボットにおいては、さらに全体像が描きにくいかもしれない。エコシステムの範囲や規模が格段に大きくなり、社会構造そのもののリデザインが求められるからだ。

違う表現をすると、これまでと現在、その延長線上にあるロボットの活用に関しては、困りごとや困っている人が明確で、コストや価値の算出も比較的容易だった。しかし、今後のロボットが解決すべき問題というのは、自然とのつながりの喪失や環境問題、人と人のつながりやコミュニティの醸成となる。受益者が誰で、どれくらいの価値があるのか、原資はどこから出すべきかは、いずれも曖昧であることが多い。

例えば、サステナビリティの受益者は、おそらく今を生きる子どもたちや、もっと言えば、これから生まれてくる地球人たちであるし、人と人のつながりが必要なのはわかるが、どれくらいつながればどれくらいの価値があるのかはわかりにくい。

我々は今、「Good Ancestor（グッド・アンセスター：よき先祖）」になれるかを試されており、瞬間的なバズや四半期決算といった短期的な視野ではなく、数十年から数百年の長期的な視野で物事を考え、行動することを求められているのである。

もちろん、現状の資本主義の中で、長期的な視点だけで物事が動くことは少ない。環境問題においても、今必要なエネルギーとのバランスをとって「最適解」を導き出さなければならない。サステナビリティにおいて重要なのは、現在の地球人と将来の地球人のどちらもが満足する「満足解」を探すことなのだ。未来の地球人だけのことを考えた解決方法では、物事は進まない。「未来のために我慢してください」では、持続可能にはならない。

例えば、人と人のつながりが生み出す価値を考えてみよう。つながりによって、孤立する人や孤独な人を減らせれば、孤独に伴って起こる様々な疾病、うつ病や認知機能の低下、心血管系疾患を減らせるだろう。さらには、それらの治療にかかる医療費や行政対応コストの低減といった効果が期待できる。

これを全て行政に委ねず、欧米を中心に導入が進んできた「Social Impact Bond（ＳＩＢ：

ソーシャル・インパクト・ボンド：社会的コストを低減する、行政が未だ実施していない事業を、民間投資によって行い、行政がその成果に対する対価を支払う社会的インパクト投資モデル）」などを参考にしながら、現在の事業活動に紐づけることもできるかもしれない。

もしくは、人と人がつながり、くらす人がいきいきとした街をつくることで、その街の地域価値が上がり、結果として不動産価値も上がるという、現在から少し先の未来に貢献するやり方もあるかもしれない。

今挙げたＳＩＢや不動産価値への転嫁というアプローチが正解だというわけではないが、持続可能なモデルを構築することは、決して現時点での最適解を探すことではないのだ。それはまさに、社会構造そのもののリデザインを行いながら、現時点での未来可能性を示し、未来の住人も含めた一人ひとりの満足解を追い求めるという難問への挑戦なのである。

このような中では、ＳＩＢのように、「官（自治体や中央官庁）」と「産（企業）」の境界が曖昧になっていく可能性があるし、「産（企業）」と「民（住民）」による共助の取り組みも、新たに生まれてくるだろう。

現在の社会においては、行政は住民全員に均質なサービスを提供しなければならない立場であるが故に、そして企業はプロフェッショナルとして安定した品質を提供しなければならない立場であるが故に、多くのムダ・ムリ・ムラが発生している場合がある。

ごはんを作っているときに、醤油が足りなくなったらお隣さんに借りに行ったという話を祖母から聞いたことがある。仮に今、料理中に醤油がなくなったら、皆さんはどうするだろうか。近所のコンビニやスーパーに買いに行く人もいれば、その場は別の味付けでやり過ごし、のちにECサイトで注文し、遠く離れた倉庫からトラックを経由して自宅に届くのを待つ人もいるだろう。今必要な醤油は、隣の家にあるにもかかわらずだ。

もちろん、昔と今ではご近所さんとの付き合いの濃度が全く違うので、「ないなら隣から借りましょう」というソリューションが現代にフィットするとは思わない。

しかし、先ほどサービスロボットのエコシステム構築において、レイヤー間同士や前後の工程間での企業の「共助」が重要になると書いたが、そこに住民の「共助」も加わるべきである。

「共助」という考え方は、国が推し進める「デジタル田園都市国家構想」の中でも積極的に謳われており、自治体によって提供される公助サービスと企業によって提供される利潤追求サービスの間のものとして定義されている。

しかし、サービス基盤の運営・構築を持続可能なかたちで担うのは、官単独でも事業者単独でも難しく、様々な主体が担い手・受け手となることが望ましい。まさに、メーカー

（サービサー）がユーザーに、ユーザーがメーカーになるような状況が生まれる。提供と支援が入れ替わり、「ありがとう」が循環するシステムだ。

外出困難者であっても、遠隔から就労できるようにした分身ロボットカフェを運営する吉藤オリィ氏は、「ありがとうを言い続けるのは結構しんどい」という表現をされていたが、常時サービスを享受するのではなく、自分も他人に対してサービスや価値を提供するというのは、働きがいや生きがいに直結する。

見方によっては、自分の生きがいのためという利己的な姿勢とも捉えられるが、その誰かの「したい」を技術を使ってサポートすることが、結果的には人の役に立ったり、社会のムダ・ムリ・ムラを減らすという、利他的なものにつながる。それが、「ありがとうが循環する社会」だ。

街の中にあるコスト・リソース・ノウハウ・ナレッジを共有し、官民学の全員が参加し、民を中心に管理・運営する「共助」のモデルが、今後普及していくことになるだろう。

個人のスキルを売り買いする「ココナラ」、自分が使い終わったリソースを他の人に提供する「ジモティー」、食という切り口で地域のお店と住民のマッチングを行う「ウーバーイーツ」などは、考えようによっては共助モデルに近いものである。今後は官や民との連携を深め、よりサービス基盤の運営・構築の持続可能性が担保しにくい領域にも展開されていくだろう。

もう少しロボットが関係するシーンも想像してみたい。例えば、街の中の行政サービスとして移動ロボットを使う場合のことを想定してみよう。

移動ロボットが自律的に街の中を移動するためには、事前にロボット用の地図を作成する必要がある。道路工事や季節による草木の変化を考慮するために、定期的に地図のメンテナンスが必要になる。このような作業をロボットメーカーが別々に行うのは、非常に効率が悪い。

サービスロボットにおける企業間の「共助」というのは、例えば異なるメーカーの配送ロボットや警備ロボット、掃除ロボットがそれぞれ走行しながら集めた地図情報をお互いに共有し、一つの地図を作っていくというような、互いに助け合う仕組みをつくることだ。

一方で、住民との「共助」とはどのようなイメージだろうか。例えば、住民の散歩コースや時間帯を把握できるのであれば、地域の学校の下校時間と重なる場合には、そのエリアに対しては警備ロボットは見回りをせず、他の人通りが少ない場所を重点的に警備する。そうすることで、ロボットの活用台数を減らし、全体コストを下げることができるだろう。

掃除ロボットであれば、家の中をルンバブルな環境にするのと同じように、ロボットがゴミを回収しやすいように自宅前の道路にゴミをまとめておく。あるいは、ロボットにアームを付けてロボットがゴミ回収を全自動でできるようにするのではなく、ロボットにゴミ袋を入れる作業は住民が行うなど、作業を分担することで総コストを下げる。このようにして持続可能なモデルをつくっていくのだ。

当然、住民との共助のモデルづくりは、地域や住民の特性に大きく依存するものであり、地域ごとにカスタマイズすることが必要になる。

しかし、日本の住民というのは、良くも悪くも職務記述書に書かれたことだけを行うのではなく、多能工的に様々な活動ができる人や、利他的な活動に喜びを感じる人が多いように思う。もしかすると日本人は、ロボットのあるくらしや社会を主体的につくっていくのは得意なのかもしれない。

これからのロボットのあり方を考えることとは、言うなればこれからの社会のあり方を考えるということである。

これからのロボット業界にとって必要なのは、全体を構想するアーキテクト力だと述べたが、全体を構想するとは、人・モノ・環境を含む広義の「わたしたちのウェルビーイング」という目的を達成するために、相互に作用する要素の関係をつなぎ、全体を俯瞰して捉えることである。

そして、俯瞰するという行いは、なぜそれをするのか（Why）、何をするのか（What）、どのようにするのか（How）という意味軸、過去・現在・未来という時間軸、身近な自分事から地球・宇宙という空間軸を考慮し、モノや人というリソースや制度・仕組みといったルールをリデザインしていくことである。

今後そのような全体俯瞰力や全体構想力をもとに、社会として変わらないこと、変わっていくことを考慮したアーキテクチャーが必要になるだろう。

そして、くらしのインフラへ

ここまで読んでいただくと、もはやロボットの話は社会全体のことだと気づくだろう。直近の人手不足に対する労働力の代替の話から始まり、ＲＸというロボットによる事業変革の話をしてきたが、ロボットについて考えるということは、結局はこれからの社会のあり方を考えることであり、それは社会をどのように変革していくのかという「ソーシャル・トランスフォーメーション（ＳＸ：Social Transformation）」の話なのである。

では、最終的にロボットは、どのような存在になっていくのか。私は「くらしのインフラ」になっていくだろうと考えている。インフラとは、社会や経済、国民全体の生活を支える共通基盤のことであり、水・電気・道路はもちろん、最近ではインターネットもインフラとして機能していると言えるだろう。

別の言い方をすると、インフラとは、生きていく上で「当たり前」として存在しているものだ。自然災害などで水や電気が使えなくなったときに初めて、我々はその存在を改めて認識し、そのありがたみを感じるように、生活のためになくてはならないものだが、余程のことがない限り、その存在やありがたさを感じることはない。

そう考えると、ロボットは残念ながら、まだ「当たり前」として存在しているというよりも、面白がられるような存在である。子どもたちに見つかれば囲まれ、ちょっかいを出される、まだまだ「客寄せパンダ」なロボットもたくさんある。

このような状態からくらしにとって必要不可欠、あって当たり前という「くらしのインフラ」に昇華していかなければならない。

そのためには、先述のアーキテクト力を発揮した上で、全体最適化の視点や、それを実現するための数々のアプローチが欠かせない。

技術開発、ロボットフレンドリーな社会環境整備、さらには法制度の整備も必要である。そして、我々がロボットを受け入れていく社会としての受容性や、一人ひとりのマインドの変革も必要になる。ロボット技術を社会に実装していくという姿勢ではなく、一人ひとりと、そして社会と共に実装していかなければならない。

図56. 日本科学未来館におけるロボット展示

ロボットをはじめとするテクノロジーには、時間的・空間的・生物学的・社会的な制約を超え、人・くらし・社会の可能性を広げるという、素晴らしいポテンシャルが秘められている。この可能性を引き出すも引き出さないも、我々の意志次第なのだ。

東京の台場エリアにある「日本科学未来館」の常設展示におけるロボット展示物について、リニューアル監修を担当した（図56）。国の傘下である科学館の常設展というのは、今の日本、今後の日本の取り組みを、国民やグローバルに発信する場である。

それまでの日本科学未来館のロボットといえば、アメリカのオバマ元大統領など数々の世界のＶＩＰをもてなしてきた二足歩行ロボット「ＡＳＩＭＯ（アシモ）」が有名だった。今回の常設展示のリニューアルでは、アシモが引退することになっていた。そのため、リニューアルの目玉としてアシモの次を担う、象徴的なロボットを展示するというアプローチもあり得たが、我々はその選択をしなかった。

その代わり、一〇年後や二〇年後にインフラとして「当たり前」に存在しているかもしれないロボットを妄想し、仮想の街の中に可能な限り登場させる展示を行ったのである。可能性を最大限に模索し、徹底的に入れ込んでいるので、来訪者からすれば、「え〜こんなロボットは嫌だな」と思ったかもしれないが、むしろ、その感覚を感じてもらうことが狙いだった。

詳細はネタバレになるのでここでは割愛するが、「友達」「身体」「モノづくり」という物語の中で、数々のロボットや住民と触れ合いながら、最終的にはロボットをどのような存在として捉えるのか、ロボットにしてほしいことは何か、逆にロボットにしてほしくない、自分でしたいことは何か、自分自身に問い、考え、答えてもらうような体験型の展示になっている。

すでに一万件近く回答が集まっており、他の人の答えも見えるようになっている。その一つひとつにそれぞれの人の想いが込められており、その中には、ロボット研究者には到底思い付かないようなことも書かれている。この想いの積み重ねこそが、未来の社会を創っていくのだと実感させられる。まだ訪れたことがない人も、機会があればぜひ体験して、その想いを書き込んでほしい。

ますます高まる人の重要性

本章の序盤で、私はこう書いた。

これまで、ロボットが経済成長を支える有効な道具として機能してきたことも間違いない。だからこそ、自動化の次には、人生をより豊かにするためのロボティクスがあってもよいではないか。個々の「生きがい・やりがい」を含めた広義の「生産性」を長期的視点で最大化するためにロボット技術を使っていくことができるはずだ。つまり、「自己拡張技術」による個人の「Quality of Life（ＱＯＬ：生活の質）」向上と、自動化技術による経済合理性を両立できるように、テクノロジーを活用すべきではないだろうか。

この想いがブレることはない。そうすることで、ウェルビーイング＝より良い状態の社会を実現できると考えているからだ。

新型コロナウイルスの影響が一段落し、新たな生活スタイルも定着したようだ。そんな中、配膳ロボットは、飲食店をはじめ世間一般に普及したといえるほど身近な存在になり、一章でも登場したプードゥロボティクスのネコ型配膳ロボットは、世界六〇カ国以上で約七万台を出荷している。業務用掃除ロボットも、主要な提供者であるソフトバンクは、累計出荷台数が三万台を超えたと発表した（二〇二三年一二月現在）。

このように、サービスロボットにおいても着実に成長する分野が現れている。人手不足という文脈の中で、サービス領域における自動化は徹底的に追及されるだろう。

従来の大本流である産業用ロボットも、新型コロナウイルスによる影響からＶ字回復をしている。日本ロボット工業会によれば、二〇二一年の産業用ロボットの年間受注額（会員ベース）は、前年比約三〇％増の九四〇五億円で過去最高になったという。

直近では、中国経済の成長鈍化によって少し業績は下がっているが、グローバルな自動車のＥＶ化の流れや人手不足というトレンドは継続中で、ロボットによる自動化ニーズは底堅いものになっている。長い目で見れば、確実に成長していくだろう。

繰り返しになるが、「人がやるのがつらい、しんどい」業務はどんどん自動化していけばよい。逆に「人がやりたい」と思うことをやり続けられるようにすることもまた、ロボティクスというテクノロジーが果たすべき使命である。生産性を向上させるという、ある意味では時間を捻出するためのテクノロジーとしてだけではなく、今後は自分らしくいられる時間を長くする、有意義な時間の確保を手助けしてくれる技術としての重要性が増すだろう。

二〇二一年度のグッドデザイン大賞に選ばれた「遠隔勤務来店が可能な『分身ロボットカフェDAWN ver. β』」は、外出困難者であっても自宅からパソコンを操作することで、遠く離れたカフェにあるロボットを操り、来店者への接客業を行える仕組みを提供している。まさに、自分がしたいこと、自分らしく振る舞うことの支援を体現している。身体的・時間的・空間的な障壁を取り除き、様々な制約から解放し、外出困難者にとって有意義な時間を生み出しただけではなく、社会に新しい雇用を生み出したことは、「すごい！」の一言に尽きる。

私も、この分身ロボットカフェに何度か訪れてみたが、お世辞抜きにおいしい食事を、楽しい体験と共に味わうことができた。

建築業界などで広がっている「新３Ｋ（給与・休暇・希望）」という取り組みは、全ての業界で実現されるべきだ。少し前から、「新しい資本主義」「脱成長」など、これまでの資本主義や効率化、生産性を求める姿勢に対し否定的な意見が増えているが、脱成長というよりは「成長の方向が変わる」ことが必要なのだろう。生産性や成長という言葉を再定義するときなのかもしれない。

これまでは企業の短期的な生産性や効率性を最大化することが「成長」と定義され、求められてきた。それが今後は、企業の中で働く人、企業が提供するモノやサービスを利用する人、企業に材料を提供する人、これらの人々から構成されるコミュニティや社会がウェルビーイングであること、さらにはそれら全ての土台である地球そのものもウェルビーイングであることが求められる。その方向に、時に量的に、時に質的に成長していく必要があるのだ。私たちが目指すべきは、「人・企業・社会・地球の全てのウェルビーイング」なのである。

「人・企業・社会・地球の全てのウェルビーイング」を目指す上で、フィジカル世界に作用を及ぼすことができるロボットやロボティクスという技術は、非常に大きな役割を担う。もちろん、メタバースをはじめとしたバーチャル空間の中で多くの人が活動し、巨大な経済圏ができることも間違いない。だからといって、フィジカル空間や我々の身体がなくなることはあり得ない。

フィジカル空間で、人・モノ・空間を計測し、人・モノ・空間に物理的に接触して何らかの作用を施し、そのインタラクションの中で現状を維持・変革していくことは、ロボティクスそのものと言える。そして、フィジカル空間におけるインタラクションとインテグレーションの技術こそが、今後重要になっていく。

デジタル・トランスフォーメーション（DX）への関心が高まるなかで、「Society 5.0（超スマート社会）」のフィジカル空間の裏側では、「デジタルツイン」や「ミラーワールド」と呼ばれる「Cyber Physical System（CPS：サイバー・フィジカル・システム）」技術が駆使され、サイバー空間とリンクした状態でモノの流れなどの情報が可視化・最適化される。

さらには、人の情報も「Internet of Human（IoH：インターネット・オブ・ヒューマン）」として加味され、最適化されていくだろう。

これまでも、人の情報は世界を便利にするために利用されてきた。一世代前の「Society 4.0」は「情報社会」と呼ばれ、まさに「情報」の時代だった。GAFA（Google・Amazon・Facebook・Apple）やBAT（Baidu・Alibaba・Tencent）など、米中の巨大インターネット企業が一気に成長した時代である。

この時代において、インターネット上を流れる情報の多くは、ウェブサイトやメール、SNSでやり取りされる情報だ。それらをもとに、個々人に、より最適な広告を提示することが代表的なビジネスモデルになった。

違う言い方をすれば、ウェブサイトやメール、ＳＮＳへの投稿など、人が意図的につくり出した情報の中から最適と思われる情報をサイバー空間で伝達し、人の意識・行動を狙った方向に誘導していったのが「Society 4.0」の時代なのだ。

デザインエンジニアの緒方壽人氏が、その著書『コンヴィヴィアル・テクノロジー』で指摘したように、この時代はインターネット上で、人によって行われる購入や送信という「クリック」作業が起点になる。すなわち、人が情報の発生源であり、その意味でＩｏＨの時代だとも言えるだろう。「Society 4.0」のＩｏＨである、クリックという人の行為から得られる情報に限定せず、フィジカル空間に実在するモノへと拡張したものが「Society 5.0」のＩｏＴと考えることもできる。

この文脈において、「ロボット活用による自動化」は、まさにＩｏＴの代表的な事例だった。工場などの実空間に存在するロボットの最適制御や変動する需要、オンデマンドなオーダーに対応できるフレキシブルかつアダプティブな製造、予防的メンテナンスなど、様々かつ有用な事例が誕生した。

これからのロボットは、本書でも再三述べてきたように、「自動化による生産性向上」という価値に加えて、「自己拡張による幸福度向上」という価値を提供するようになっていく。では、自己拡張の時代に入ると、どのような情報がやり取りされるようになるのだろうか。

　ここまで読んでいただいた読者には、大体想像がつくかもしれないが、私の現時点での考えは、「再びＩｏＨに戻る」というものだ。ただし、「Society 4.0」におけるＩｏＨそのものではない。より無意識的な情報、すなわち心の状態や感情・感性として扱われる情報が含まれる。そうした情報が加わることで、ＩｏＨの価値はさらに高まるだろう。

　例えば、脳にセンサーを直接つないで取得する脳情報は「Internet of Brain（ＩｏＢ：インターネット・オブ・ブレイン）」などと表現される。新しいＩｏＨが扱うのは、脳情報だけではなく、脳情報を処理することで得られる心の状態や感情・感性などだ。それらは「Internet of Emotion（ＩｏＥ：インターネット・オブ・エモーション）」や「Internet of Mind（ＩｏＭ：インターネット・オブ・マインド）」などとも表現できる。

　入力信号である五感のデータ化やインターネット接続に関しては、スウェーデンの通信メーカーである「Ericsson（エリクソン）」が二〇一九年、調査レポート『10 Hot Consumer Trends 2030』において、「視覚・聴覚・味覚・嗅覚・触覚に連動してインターネットとつながる『Internet of Sense（インターネット・オブ・センス）』を使ったサービスが二〇三〇年までに実現する」と報告した。

　同レポートはサービスの実例として、触覚の伝送、味覚の変換、香りの再現などを挙げている。いずれも今日のテクノロジーの進化からすれば、十分に達成できる範疇にありそうだ。

人からの出力信号である動作や筋力などの情報は、すでにネットワークへの接続が可能だ。

例えば、動作を非接触に計測・解析する技術は、従来はモーションキャプチャーシステムとしてマーカーが必要だったが、画像センサーを用いることで特別なマーカーなしで、ミリ単位の精度の推定が可能になっている。筋肉の動きを捉えることができる筋電信号なども、簡易なセンサーで安定した計測ができる。

人の内部の状態に関する情報については、まだまだ未知の領域が多いものの、入力情報である感覚情報や内部情報となる生理信号（例えば、自律神経系に関連するとされる心拍変動や血圧）は、高い精度で計測できるようになった。これによってストレス状態も可視化できる。

ウェアラブルデバイスの普及の影響も大きい。アップル製のスマートウォッチ「Apple Watch」のユーザー数だけでも一億人を超えている。こうしたウェアラブルデバイスを使って、日々のバイタルデータを計測・蓄積する人が増えている。

ただし、これらの情報が本当の意味で、個々人の内部の状態を正確に表現できているかといえば、できていない。人それぞれの感性や価値観などを精神的・社会的に拡張するために、本質的に重要と考えられる情報はデータ化できていないからだ。

そもそも、直接的に感性や価値観などが計測できるのか、あるいは、関連しそうな情報からモデルをつくって推定するのか、リアルタイムに計測しながらパーソナライズできるのか、ある程度のグループに分けた状態で推定していくのかなど、多くの技術的な課題に対して決定的な解決策は見出せていないのが現状である。

自己拡張によるウェルビーイングの実現においては、人それぞれの感性や価値観など、自己の内部状態をデータにすることこそが基盤課題になるだろう。そして感性価値は、今後の製品・サービスの開発においても重要になる。

例えば、USBメモリーなどのシリアルイノベーターとして有名な「monogoto（モノゴト）」の濱口秀司氏は、次のような趣旨を示している。

顧客が認識する価値と潜在顧客数の関係性が機能価値のみの場合には、トレードオフの関係にある。だが、デザインやストーリーといった感性価値を組み込むことで、その関係は変化し、トレードオフを大きく破壊したポジションをつくり上げることが可能になる。

ここで大事なことは、本章の前半で感性に関する円環図を紹介したときにも述べたが、感性価値とは決して外観的なデザインだけの問題ではないということだ。濱口氏の言葉では「ストーリー」と表現されるような物語、ナラティブが重要になってくる。

これは、感性価値がモノ・サービス側の過去の歴史や未来の経験にも依存することを意味する。当然、人の感性も一定ではなく、自分の過去の体験などに影響されて、時々刻々と変化する。

変化し続ける感性や価値観、それらとモノやサービスのインタラクションの結果として生じる感情などをセットに、データとして捉え続けることが「Society 5.0」におけるIoHの特徴になる。

IoHの価値が高まるのは、決して自己拡張の世界だけはない。従来のサプライチェーンにおける「自動化」の文脈でも有用だ。

生産効率を高めるためにロボットの導入が進む工場でも、現実にはまだまだ完全自動化という段階には至っておらず、人が何らかのかたちで介在する仕組みになっている。そうした環境で今後重要になってくるのは、その中で働く人々のモチベーションをどのように高めるのかである。単に安全なだけでなく、高いワークエンゲージメントや働きがいを持って仕事をしてもらうにはどうすべきなのかという観点だ。

そこでは、肉体的・認知的な負荷を減らすように作業内容を改善することもあれば、いわゆる休憩所（ひと昔前のたばこ部屋）のような空間をデザインすることで、人と人の関係性を良くしたり、情報の風通しを良くしようとすることもあるだろう。遠隔から秘伝の技術を教えてもらうこともあるかもしれない。その際に活用されるのが、感性や価値観を捉えられる新しいＩｏＨなのだ。

このように、個々人の内面状態を正しく理解しながら解決策を編み出すことは、既存領域においても重要になり、そのための技術開発も着実に進んでいくと思われる。

実際、文部科学省傘下の科学技術振興機構（ＪＳＴ）が二〇二一年度から「個人に最適化された社会の実現」という領域を新たなテーマとして設定している。

「Society 4.0」におけるＩｏＨは、人による「クリック」という行為であり、人が意図的・明示的にインターネットに自己の情報を載せていた。これに対し「Society 5.0」におけるＩｏＨは、人がかなり「無意識」のレベルに近い状態でネットワークに接続される。

当然のことながら、ＥＵの「General Data Protection Regulation（ＧＤＰＲ：一般データ保護規則）」など、各国が定めるデータ保護に関する法制度に対応する必要があるし、ユーザー側がプライバシーに該当する情報をネットワークに接続したいと思えるだけの利用用途の魅力が必要である。自己の幸福度を高めるためのモノ・サービスは、ますますその意義を問われるようになるだろう。

おそらく、IoHの流れを止めることはできない。意識する・しないに関係なく、人からの情報はネットワーク上に接続される。人から得られた情報を使って、最適化が進んでいくことは間違いない。

このような一連の状況の中で、重要になるのが最適化関数である。もしこれまでと同じような効率性だけを求めて最適化の制御が進めば、人は最適化のための歯車になってしまう。人が最適化のためのツールとなってしまうのである。人のウェルビーイングは目的であって、決して手段ではない。今後つくっていくべき最適化関数は、これまでのような効率化や生産性だけで構成すべきではないだろう。

前述したように、幸せづくりは数値で他人と競争するようなものではなく、効率的に捗らせるものでもない。人それぞれの価値観や環境負荷なども考慮した上で、「人・企業・社会・地球の全てのウェルビーイング」という視点に立ち、「最適解」よりも全ステークホルダーが満足する「満足解」を探していくことなのである。

「最適」というのは、効率の大小があることを前提としている。つまり、効率について議論するとき、自分が持っているものと他人が持っているものが交換可能であること、共通の計測手法となるものさしが存在していることを前提としているのである。ところがウェルビーイングにおいては、そんな金太郎飴のような最適ではなく、人から与えられたものではない、自分ならではの「満足」が重要となる。

それぞれの活動や行為に意味・意義を見出し、自分自身で、周りの人々、周りの環境と関わり合いながら、様々な関係の間に存在する余白を一つずつ、時間をかけて埋める作業を行った先に、みんなの「満足解」はあるのかもしれない。

逆に、人が何をしたいのかを考える

ここまで色々と偉そうに書いてきたが、今から具体的に何をすれば「人・企業・社会・地球の全てのウェルビーイング」が実現されるのかは、私も実は明確な答えを持ち合わせていない。そもそも技術的にそんなことができるのかと問われても、「想い先行型」だとしか答えられないのが実状だ。

だからといって何もしなくてもよいかというと、決してそうではない。ウェルビーイング（Well-being）を実現するためには、やってみる、つまり、「Doing」するしかない。数々の「Doing」の中から「Well-doing」が生まれてくると信じている。

そのためのポイントが「圧倒的当事者意識」であり、それを生むための「持続的な関係性を実現するためのデザイン」である。

仮に、いくつかが「Ill-being」もしくは「何の影響もない『Doing』」であったとしても、やりながら学んでいくしかない。そして、何が何でもPoC死だけは避けたい。二章で紹介したアプローチを参考にしながら、多くの「Doing」にトライしてほしい。

そして、トライするときに大事になるのは、我々人間は何を自ら行いたいか、何を未来に残したいかという意志である。

一章でも言及したように、人手不足という課題が、現時点でのロボット導入の最大の理由になることは間違いない。具体的な数字としては、女性やシニアのさらなる労働参画が実現できたとしても、二〇三〇年までに国内で三〇〇万人ほどの労働力が不足する。

このような表現をすると、「不足する三〇〇万人分の労働力をどのように補填するのか」に意識が向きがちだ。目の前の事業や社会構造の維持を考えると、そのような視点が重要であることに疑いはない。

しかし、もう少し長期で考えるなら、視点を変える必要がある。正確に言えば、短期の場合であっても、異なる視点から問題を捉えてみるべきだ。それは、たとえ三〇〇万人足りないとしても、二〇三〇年であれば、日本には六〇〇〇万~七〇〇〇万人の生産労働人口が存在し、もっと言えば、一億一〇〇〇万人以上の人が生きているのである。

不足する三〇〇万人分の労働力をどう確保するのかだけでなく、生きている一億人以上の人々がどのように生きがいを持ち、六〇〇〇万人以上の人々がどのように働きがいを持ってくらしていくのか、さらには、そのような一人ひとりの集合体であるコミュニティ・社会・地球をどのように創っていくのか。そこにこそ、まず最初に意識を向けるべきなのだ。

社会全体の持続可能性も、個々人が希望を持てる未来可能性も、どちらも実現する全体像を描き、現在の課題を未来への希望に変えていかなくてはならない。

ロボットの活用という議論になると、どうしても何をロボットに任せるのかを考えることが多くなるが、それよりも前に、まずは逆に、人が何をやりたいのかを考え抜かなければならないのだ。その上で、機械やロボットに任せたい自動化することと、人が自ら行いたい自己拡張という割り振りを考えていきたい。

産業用ロボットを除けば、ロボット業界はまだよちよち歩きの状態である。多くの「Doing」を重ねながら、ロボットメーカーだけでなく、システムインテグレーターや、その他のプレイヤー、顧客、そして社会を構成する一人ひとりの市民と共に、持続可能なモデルを創り上げていく必要がある。

筆者自身も企業人として、大学に身を置く教育人として、業界に携わる者として、そして、日々生活を送る地球人として、微力ではあるが、新しい社会への変革を推進していく所存である。共に変革を推進し、イノベーションに挑戦していただける方はお声がけいただきたい。

最後まで読んでいただいたあなたにまたどこかでお目にかかり、ロボティクスなどについて議論し、「人・企業・社会・地球の全てのウェルビーイング」に向けて、一緒に活動できることを楽しみにしている。

おわりに　ロボットを融かすための開発

二〇年後から今を振り返ってみたときには、「二〇二五年頃、ロボット業界は大きな転換期を迎えた」と表現されるかもしれない。まさに今、第四次ロボットブームとも言えるほど、アメリカや中国を舞台に、連日ヒューマノイドロボットなどの最新技術の活用がニュースになっているのだ。実際に数十万円で売られたり、自動車工場などで試験的に運用され始めているヒューマノイドロボットもある。このブームを支えているのは、紛れもなく「ＡＩ」という技術の爆発的な進化だ。これまでのように「ロボットにちょっとＡＩを載せてみました」という次元ではなく、むしろ、「ＡＩが身体性を持ち、実世界で活躍し始めた」という表現のほうが適切なくらいである。

しかし、どれだけ技術が進化したとしても、技術だけでロボットが社会に浸透していくことはない。実際の環境で、実際に運用されるなかで、顧客に鍛えられ、技術は成熟し、仕上がり、融けてなじんでいくのだ。そして、そのような技術はいつ本当に必要とされるかわからない。むしろ、急に求められるのである。少し先の五年後、一〇年後を想定していたとしても、お客様から今すぐ欲しいと言われるものだ。

「はじめに」で紹介したように、私もそんな経験をした。突然自分の父親が、自分が研究していたリハビリロボットを必要とする状況になったのだ。結果としては、「まだ研究段階で……」としか言えず、何も提供できなかった。それ以来、「大切な人の大切なときに使えるように、今全力で準備をする」が私の教訓となった。私の父も、「はじめに」で触れた脳性麻痺の子どもも、残念ながらすでにこの世にはいなくなってしまった。「いつか」に向けた準備が実ることがないという現実を突き付けられた。

もちろん、未来に向けて技術開発を進めることはとても重要だ。しかし、社会で持続的に使われることを想定して、「今」全力で取り組まなければならない。「五年後に」と言って、五年後に社会実装されることはまずない。「今すぐ実装しよう」という思いで開発を進めたとしても、本格的に実装されるには五年くらいかかってしまうものである。

開発すべき対象は技術だけでもない。ここまで本書を読んでいただいた方には繰り返しになるが、ロボットを活用する物理的・情報的な環境やルールを整える必要がある。そして、何よりも我々一人ひとりが、「どのように生きていきたいのか」「その中でロボットを含むテクノロジーをどのように活用していきたいのか」という想いを醸成し、発酵させていくことが重要なのだ。

「開発」という言葉は仏教用語でもある。仏教の中では「かいほつ」と読むが、現在のような新しい技術を生み出したり、土地などの資源から街をつくり出したりするという意味だけでなく、「それぞれの中に秘められている自分や他者に対する前向きな気持ちを解き放ち、顕在化させていく」というような意味合いを含んでいる。この意味は、まず開発していくべきは、技術という手段の前に、我々人側の気持ちだということを示唆しているようにも思われる。

　手段としてのロボットの開発や、目的としてのロボット・トランスフォーメーション（ＲＸ）による企業や社会の変革。そして、その前提となる自己として、社会として、地球としてのありたい姿の顕在化。それらをうまく循環させながら、社会と実装し、くらしのインフラとして、当たり前の存在に技術を融かしていく必要がある。

　もちろん、今現在、現場で課題に苦しんでいる人からしてみれば、「そんな大層なことよりも目の前のことを何とかしてくれ」となるかもしれない。ＲＸなんて現場に痛みを伴うかもしれない変革をドラスティックに行うのは無理だという声も聞こえてきそうだ。ごもっともである。しかし、我々は両方をやらなければならない。飛行機を飛ばしながら改造し、新しい機体にするような難しい挑戦なのだ。

　だからこそ、ありたい姿を顕在化させ、現場とも共有し、じっくりと揉み、なじませ、融かし込んでいくという作業が必要となるのだ。そのプロセスでは、小さいことからでも、現場の方にも変化や価値を感じてもらいつつ、地道に、そして泥臭く積み上げていくことをセットで実行していくことも大事になる。だからこそ、決して未来に先送りせずに、今日も、目の前にある現場から取り組んでいくのである。

「はじめに」でも紹介したように、私自身はロボットとは無縁の幼少期を過ごし、ロボットの研究開発を始めた後も、むしろ人の持つ可能性に魅了され、ロボットの社会実装に長く携わることになりました。

そんな私がロボットの価値について本気で考えるようになったのは、二〇一八年のことです。この年は、現在の勤め先であるパナソニックグループが創業一〇〇周年を迎える年で、当時の上司でもあった小川立夫さん（現・パナソニックグループCTO）から、「次の一〇〇年のロボティクスの役割を考えて、一〇〇周年のフォーラムで発信して」という宿題をもらったことがきっかけでした。今考えても壮大な宿題であるなと思うのですが、当時考えて結果的に発信したのが、三章で紹介したような「Automation」と「Augmentation」という考え方や、「Enlarge」や「Enrich」という概念でした。

まだまだその実現に向けては道半ばという状況ですが、何よりもそのような機会を与えていただいた会社や小川さんには感謝の気持ちでいっぱいです。そして、実際のロボット開発、社会実装を身近で支援・応援してくれている松本敏宏さん（現・パナソニックホールディングス株式会社ＭＩ本部本部長）など、歴代の上司や現場で泥臭く開発や社会実装への挑戦を共にしている職場のたくさんの仲間たちにも感謝を申し上げます。

また、本書はロボット業界に携わる多くの方々から教えていただいたことを自分なりに咀嚼し、まとめた内容になっています。ロボット業界を盛り上げようという大きな目的を共にし、多くの議論に付き合ってくださった関係者の皆様に御礼申し上げます。私の経験・知見の未熟さ故に、業界に関わる重要な視点を見逃している場合もあるかもしれませんし、専門家からの反論などもあるかもしれません。また、変化の激しい業界でもあるため、一部の情報が古くなってしまっているかもしれません。お詫び申し上げると共に、気になる点などありましたら、いつでもご連絡いただければと思います。

そして、本書を書籍として、実際の形にするには多大なる作業が必要でした。企画の段階から丁寧に相談に乗っていただいたNPO法人ミラック代表理事の西村勇哉さんやいつも丁寧にフォローいただいた佐藤絵里子さん、編集というかたちで最大限私の意図を汲んでいただいた赤司研介さん、デザインの視点で執筆を常にエンカレッジしていただいた中家寿之さん、原稿をつぶさに校正いただいた北嶋友香さんには、特に感謝しています。ある意味で、ロボットのある世界というものに洗脳されている私に対して、客観的・主観的にバイアスを取り払っていただき、多くの気づきがありました。

本書は私にとって初めての著書となります。色々と伝えたいことがあるが故に、読みにくい内容があったかもしれませんが、最後までお付き合いいただきました読者の皆様には、足を向けて寝られません。そして、初めての執筆経験により被害を最も被ったのは、妻や二人の娘たちかもしれません。土日の朝や夜、旅行先に行ってもキーボードを叩き続けたこと、お詫びします。これからはより一層の家族サービスに励みたいと思います。

本書は、「ロボット」という言葉を使って、これから新しい技術を社会と共に実装していくために必要な内容を様々な視点で書いたつもりです。「ロボット」という言葉を「テクノロジー」や「技術」という言葉に置換しても、ほとんどの文脈は維持されるはずです。今後の一人ひとりの仕事やくらし、そして、皆さんが属するコミュニティ・社会・地球がテクノロジーと良好な関係を築き、より良い人と技術の関係やありたい姿、創りたい社会について考え、未来に対する希望につながる一助となれば幸いです。

おわりに
森山和道，パナソニックが考える「ソリューション事業」としてのロボティクス―ロボティクスハブを立ち上げ，
自動化の先の人間拡張へ｜https://robotstart.info/2018/11/06/moriyama_mikata-no66.html

全体
安藤健｜note｜https://note.com/takecando
安藤健｜日経クロステック「いまロボットが世界をどう変えているのか」｜https://xtech.nikkei.com/atcl/nxt/column/18/02065/
安藤健｜デジタルクロス「Well-beingな社会に向けたロボットの創り方」
https://dcross.impress.co.jp/industry/column/column20200701/index.html

その他
土屋泰洋｜note（Dentsu Lab Tokyo）融けるロボット｜https://note.com/dentsulabtokyo/n/n7f7caec4fb37

3章

山口周, ビジネスの未来 エコノミーにヒューマニティを取り戻す, プレジデント社, 2020
山口周, クリティカル・ビジネス・パラダイム:社会運動とビジネスの交わるところ, プレジデント社, 2024
中間真一, SINIC理論—過去半世紀を言い当て, 来たる半世紀を予測するオムロンの未来学,
日本能率協会マネジメントセンター, 2022
マーシャル マクルーハン, メディア論—人間の拡張の諸相, みすず書房, 1987
ノーバート・ウィーナー, サイバネティックス—動物と機械における制御と通信, 岩波書店, 2011
ノーバート・ウィーナー, 人間機械論 —人間の人間的な利用 第2版, みすず書房, 2014
公益財団法人 Well-being for Planet Earth | https://wpefoundation.org/
渡邊淳司, ドミニク・チェン, わたしたちのウェルビーイングをつくりあうために—その思想, 実践, 技術, ビー・エヌ・エヌ新社, 2020
渡邊淳司, ドミニク・チェン, ウェルビーイングのつくりかた—「わたし」と「わたしたち」をつなぐデザインガイド, ビー・エヌ・エヌ, 2023
Aimee Mullins, My 12 pairs of legs, TED Talk, 2009 | https://www.ted.com/talks/aimee_mullins_my_12_pairs_of_legs?subtitle=en
川村義肢, 義肢装具の歴史 | https://www.kawamura-gishi.co.jp/tour/exhibition/history/
パナソニックホールディングス株式会社, Aug Lab | kansei Augmentationに関わる領域円環図
https://tech.panasonic.com/jp/auglab/news/20200214.html
安西洋之, 中野香織, 新・ラグジュアリー 文化が生み出す経済 10の講義, クロスメディア・パブリッシング, 2022
Harvard Business Review 2012年 05月号, ダイヤモンド社, 2012
Kate Soper, Post-Growth Living: For an Alternative Hedonism, Verso Books, 2020
荒川直哉, 脳における行動決定の機序のサーベイ, こころの科学とエピステモロジー, 1巻, 1号, p.65-73, 2019
林要, 温かいテクノロジー—みらいみらいのはなし, ライツ, 2023
パナソニックホールディングス株式会社, Aug Lab | [Aug Labセミナー 第二弾] 人間らしさを引きだす空間づくりとWell-being
https://www.youtube.com/watch?v=ShhtD4vDenw
木村大治, 共在感覚:アフリカの二つの社会における言語的相互行為から, 京都大学学術出版会, 2003
Satoru Suzuki, Noriaki Imaoka, Takeshi Ando, babypapa: Multiple Communication Robots to Enrich Relationship
Between Parents and Child —Design and Evaluation of KANSEI Model to Control Closeness—,
Journal of Robotics and Mechatronics 36 (1), p.158-167, 2024
鈴木聡, 今岡紀章, 安藤健, 内田美紗子, 鈴木健嗣, 家族間の緩やかなつながりを支援するロボットシステムの開発,
vol.123 CNR-347 p.31-35(CNR), 電子情報通信学会, 2024
内閣官房孤独・孤立対策担当室 | 人々のつながりに関する基礎調査, 2023, 調査結果の概要, 2024
Takeshi ANDO, Noriaki IMAOKA, Kazuya YANAGIHARA, Emi Nagashima, Kazuya Ohara, Development of new interfaces
utilizing natural objects for planetary health—New design for mobile robots and switches utilizing moss—,
The Proceedings of JSME annual Conference on Robotics and Mechatronics (Robomec), 1A2-D03, 2023
ユクスキュル, クリサート, 生物から見た世界, 岩波書店, 2005
ドミニク・チェン, 未来をつくる言葉, 新潮社, 2022
Nicole L. Robinson, Jennifer Connolly, Leanne Hides, David J. Kavanagh, Social robots as treatment agents:
Pilot randomized controlled trial to deliver a behavior change intervention, Internet Interventions, Volume 21,2020
岡田 美智男, 〈弱いロボット〉の思考 わたし・身体・コミュニケーション, 講談社, 2017
デジタル庁 | デジタル田園都市国家構想実現に向けた地域幸福度(Well-Being)指標の活用 | https://well-being.digital.go.jp/
パナソニックホールディングス株式会社, Aug Lab | テクノロジーと共在して生きる全ての人類へ。
関係性をWell-beingにする, これからの技術とは。 | https://tech.panasonic.com/jp/auglab/articles/20220819.html
イヴァン イリイチ, コンヴィヴィアリティのための道具 , 筑摩書房, 2015
緒方壽人, コンヴィヴィアル・テクノロジー 人間とテクノロジーが共に生きる社会へ, ビー・エヌ・エヌ, 2021
渡邉康太郎, CONTEXT DESIGN, Takram, 2019
カーティス・R・カールソン, ウィリアム・W・ウィルモット, イノベーション5つの原則, ダイヤモンド社, 2012
吉藤健太朗, 「孤独」は消せる。, サンマーク出版, 2017
独立行政法人情報処理推進機構 | 「Society5.0におけるアーキテクチャの重要性」慶應義塾大学大学院 白坂教授講演
https://www.youtube.com/watch?v=QfSWa-15aiw
塩瀬隆之, 安藤健, 河野美月, 岩澤大地, 佐野広大, 相川直美, ミュージアムにおける体験のデザイン:
ロボットに対する期待の多様さの顕在化, ヒューマンインタフェースシンポジウム2024, 2T-P11, 2024
国土交通省 | 新3Kを実現するための直轄工事における取組, 2015 | https://www.mlit.go.jp/tec/content/001368311.pdf
株式会社オリィ研究所 | 遠隔勤務来店が可能な「分身ロボットカフェDAWN ver.β」 | https://dawn2021.orylab.com/
日立東大ラボ | Society5.0:人間中心の超スマート社会, 日経BPマーケティング, 2018
濱口秀司, 感性重視家電, パナソニック技報 [11月号] , Vol.60 No.2, 2014
石川善樹, フルライフ 今日の仕事と10年先の目標と100年の人生をつなぐ時間戦略, NewsPicksパブリッシング, 2020

James Wright, 高齢者介護を「自動化」する日本の長い実験, MITテクノロジーレビュー, 2023
https://www.technologyreview.jp/s/295513/inside-japans-long-experiment-in-automating-elder-care/
AGRIST株式会社 | https://agrist.com/products/robot
鳥越淳司, 「ザクとうふ」の哲学 相模屋食料はいかにして業界No.1となったか, PHP研究所, 2014
仙北谷康, 金山紀久, 農畜産業振興機構 調査・報告 畜産の情報
2019年4月号, 搾乳ロボットが酪農経営の収益性向上と労働条件の改善に与える影響
https://www.alic.go.jp/joho-c/joho05_000544.html
Michael Koch, Ilya Manuylov, Marcel Smolka, Robots and firms, VOX, CEPR Policy Portal, 2019
Daisuke Adachi, Daiji Kawaguchi, Yukiko Saito, Robots and employment: Evidence from Japan, 1978-2017,
Journal of Labor Economics, Volume 42, Issue 2, p.591-634, 2024.

2章
酒井龍雄, 木下愼太郎, 上松弘幸, 病院向けサービスロボットの事例紹介—自律搬送ロボットHOSPI—, 電子情報通信学会
通信ソサイエティマガジン, 10巻, 3号, p.145-149, 2016-2017
久米洋平, 塚田将平, 河上日出生, 介護ロボット実用化・商品化に向けた取り組み, ロボティクス・メカトロニクス講演会講演概要集,
2A1-A01, p.2A1-A01-, 2020
安藤健, ヘルスケアやサービスの領域でのロボット技術活用, システム/制御/情報, 66巻, 2号, p.56-59, 2022
安藤健, コロナ禍におけるサービスロボットの活用とインタラクション技術, 計測と制御, 61巻, 3号, p.231-234, 2022
パナソニックホールディングス株式会社 | 屋外を自動走行する移動ロボットと遠隔コミュニケーションロボットの融合による
タウンツアーの実証を開始 | https://news.panasonic.com/jp/press/jn230706-2
WIRED | 自動化が加速する現場で, ロボットを裏側で支える"影の労働者"が急増している
https://wired.jp/2021/04/26/serve-food-restaurants-from-couch/
大山英明, 前田太郎, 舘暲, SFと科学技術におけるテレイグジスタンス型ロボット操縦システムの歴史,
日本バーチャルリアリティ学会論文誌, 7巻, 1号, p.59-68, 2002
経済産業省 | 国立研究開発法人 新エネルギー・産業技術総合開発機構
ロボット実装モデル構築推進タスクフォース活動成果報告書, 2020
経済産業省 | ロボット政策 | https://www.meti.go.jp/policy/mono_info_service/mono/robot/index.html
一般社団法人ロボットフレンドリー施設推進機構 | https://robot-friendly.org/
経済産業省 | 惣菜盛付工程のほぼすべてを自動化するロボットシステムの運用が始まりました(令和5年度ロボフレ成果報告会)
https://www.meti.go.jp/policy/mono_info_service/mono/robot/240321_seikahoukokukai.html
Shuhei Konagaya, Takeshi Ando, Toshiaki Yamauchi, Hirofumi Suemori, Hiroo Iwata, Long-term maintenance of
human induced pluripotent stem cells by automated cell culture system, Scientific Reports 5 (1), 16647, 2015
国立研究開発法人新エネルギー・産業技術総合開発機構 | ローソン店舗にて遠隔操作ロボット, Model-Tによる商品陳列を開始
—人手不足の店舗でも遠隔地からの就労を可能に | https://www.nedo.go.jp/news/press/AA5_101352.html
ティム ブラウン, デザイン思考が世界を変える:イノベーションを導く新しい考え方, 早川書房, 2019
一般社団法人日本機械工業連合会 | 平成28年度 関西地域の産業におけるロボット導入状況と今後の活用に関する調査報告書, 2017
経済産業省・日本ロボット工業会 | ここが知りたい! ロボット活用の基礎知識, 2017
https://www.robo-navi.com/webroot/document/robokiso.pdf
厚生労働省 | 介護ロボットの開発・普及の促進 | https://www.mhlw.go.jp/stf/seisakunitsuite/bunya/0000209634.html
ラピュタロボティクス株式会社 | 倉庫のピッキングは「手動」vs「AMR」スピード対決! どちらが速くて正確か?
https://www.rapyuta-robotics.com/ja/2023/03/28/manual-vs-amr/
農林水産省 | 食品産業の持続的な発展に向けた検討会_人口減少PT 公開資料
https://www.maff.go.jp/j/shokusan/kikaku/jizoku/attach/pdf/index-47.pdf
独立行政法人情報処理推進機構 | ITスキル標準V3 2011
https://www.ipa.go.jp/jinzai/skill-standard/plus-it-ui/itss/download_v3_2011.html
J.P. Morgan Healthcare Conference 2024 Presentation
https://isrg.intuitive.com/static-files/04d4e506-f291-4b71-b99a-e45f2de8b530
堀田創, 尾原和啓, ダブルハーベスト 勝ち続ける仕組みをつくるAI時代の戦略デザイン, ダイヤモンド社, 2021
井登友一, サービスデザイン思考 —「モノづくりから, コトづくりへ」をこえて, NTT出版, 2022
経済産業省 | 自動走行ロボットを活用した配送の実現に向けた官民協議会
https://www.meti.go.jp/shingikai/mono_info_service/jidosoko_robot/index.html
一般社団法人ロボットデリバリー協会 | https://robot-delivery.org/

参考文献

はじめに

安藤健, 大木英一, 中島康貴, 秋田裕, 飯島浩, 田中理, 藤江正克, 左右分離型トレッドミルを用いた歩行相フィードバックシステム, 日本機械学会論文集C編, 77(783), p.4189-4203, 2011

Takeshi Ando, Eiichi Ohki, Yasutaka Nakashima, Yutaka Akita, Hiroshi Iijima, Osamu Tanaka, Masakatsu G. Fujie, Pilot Study of Split Belt Treadmill Based Gait Rehabilitation System for Symmetric Stroke Gait, Journal of Robotics and Mechatronics, Vol.24, No.5, p.884-893, 2012

安藤健, 岡本淳, 高橋満, 藤江正克, がん骨転移患者の寝返り支援に向けた筋電制御型体幹回旋拘束装具の開発, バイオメカニズム, Vol. 21, p.21-32, 2012

安藤健, 小島康史, 関雅俊, 川村和也, 二瓶美里, 佐藤春彦, 辰巳友佳子, 大野ゆう子, 井上剛伸, 藤江正克, 重度脳性まひ児の残存機能を利用した人·機械相互学習型電動車いすの開発, 日本ロボット学会誌,Vol.30,No.9, p.873-880, 2012

安藤健, 小島康史, 関雅俊, 川村和也, 二瓶美里, 佐藤春彦, 井上剛伸, 藤江正克, 複数動作の識別における人の学習戦略（人·機械相互学習を用いた足制御型電動車いすの事例）, 日本機械学会学会誌C編, 79(802), p.2037-2047, 2013

1章

カレル·チャペック, ロボット―RUR, 中央公論新社, 2020

国立研究開発法人新エネルギー·産業技術総合開発機構(NEDO) | NEDOロボット白書2014, 2014

安藤 健, ロボティクスの提供価値と今後の期待, 繊維製品消費科学, 63(10), p.638-642, 2022

International Federation of Robotics | World Robotics 2020, 2022, 2023, 2024

村上和夫, 完訳 からくり図彙［改訂版］, 並木書房, 2023

小平紀生, 産業用ロボット全史 自動化の発展から見る要素技術と生産システムの変遷, 日刊工業新聞社, 2023

楠田喜宏, 産業用ロボット技術発展の系統化調査, 産業技術史資料情報センター http://sts.kahaku.go.jp/diversity/document/system/pdf/012.pdf

川崎重工業株式会社 | 米国での産業用ロボット誕生から日本上陸まで https://robotics.kawasaki.com/ja1/anniversary/history/history_01.html

政府広報オンライン | OECD閣僚理事会における安倍総理基調演説, 2014 https://www.gov-online.go.jp/prg/prg9760.html

文部科学省科学技術·学術政策研究所 | 人工知能分野及びロボティクス分野の国際会議における国別発表件数の推移等に関する分析, 2023 | https://nistep.repo.nii.ac.jp/records/6846

NEDO北京事務所 | 中国のロボット産業の動向 | https://www.nedo.go.jp/content/100920459.pdf

NEDO北京事務所 | 「第14次5か年計画」スマート製造発展計画 | https://www.nedo.go.jp/content/100952927.pdf

一般社団法人日本機械工業連合会, 一般社団法人日本ロボット工業会 | 21世紀におけるロボット社会創造のための技術戦略調査報告書, 2001

国立研究開発法人新エネルギー·産業技術総合開発機構(NEDO) | ロボット産業市場動向調査結果, 2013

パーソル総合研究所·中央大学 | 労働市場の未来推計2030, 2019 | https://rc.persol-group.co.jp/thinktank/spe/roudou2030/

リクルートワークス研究所 | 未来予測2040, 2023 | https://www.works-i.com/research/report/forecast2040.html

富士経済 | ワールドワイドロボット関連市場の現状と将来展望 サービスロボット編, 2024

安藤健（あんどう・たけし）
ロボット開発者・博士（工学）
早稲田大学先進理工学研究科博士課程修了。早稲田大学理工学部、大阪大学医学部での研究者としての活動を経て、パナソニック（現、パナソニックホールディングス株式会社）入社。ロボットの要素技術開発から事業化までの責任者を務め、グループ全体の戦略構築も行う。ヒト・機械・社会のより良い関係に興味を持ち、一貫して人共存ロボットの研究開発、社会実装に従事。ロボティクス技術をくらしに活かす共創の場「Robotics Hub」の責任者も務める。日本科学未来館ロボット常設展示監修、日本機械学会ロボメカ部門技術委員長、経済産業省各種委員、ロボット革命イニシアティブ協議会副主査、大阪工業大学客員教授などを担当。文部科学大臣表彰（若手科学者賞）、ロボット大賞（経済産業大臣賞）、Forbes JAPAN NEXT 100など国内外で多数受賞。

MIRATUKU BOOKS

インフォーマル・パブリック・ライフ
人が惹かれる街のルール
飯田美樹

ISBN978-4-9912132-3-6
定価　本体2,700円＋税

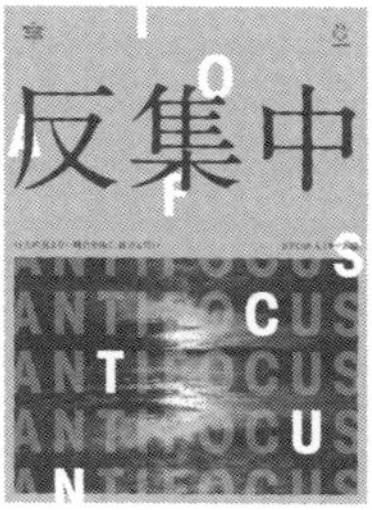

反集中
行先の見えない時代を拓く、視点と問い
NPO法人ミラツク編

ISBN978-4-9912132-0-5
定価　本体2,700円＋税

INTERVIEW

インタビューシリーズ「未来をテクノロジーから考える」
“自己拡張”技術によって、人が人らしく生きることを実現する。
パナソニック「Aug Lab」リーダー・安藤健さん

https://emerging-future.org/newblog/roomf2021_ando/

融けるロボット　テクノロジーを活かして心地よいくらしを共につくる13の視点

発行日　2025年3月16日　第1版　第1刷
著者　安藤健（あんどう・たけし）
発行人　西村勇哉
発行　NPO法人ミラック（〒600-8841　京都府京都市下京区朱雀正会町1－1　KYOCA504）
MAIL　info@emerging-future.org　WEB　https://emerging-future.org
発売　英治出版株式会社（〒150-0022　東京都渋谷区恵比寿南1－9－12　ピトレスクビル4F）
TEL　03-5773-0193　FAX　03-5773-0194　WEB　https://www.eijipress.co.jp
編集　赤司研介（imato）
編集協力　高野達成（英治出版）北嶋友香・佐藤絵里子・鈴木諒子・浜田真弓・高本茉弥・古立守・行徳ゆりな（ミラック）
販売協力　田中三枝（英治出版）
装丁・組版　中家寿之
校正　株式会社ヴェリタ
印刷・製本　中央精版印刷株式会社
乱丁・落丁本は着払いにてお送りください。お取り替えいたします。
本書の全部または一部を無断で複写複製（コピー）することは、著作権法上での例外を除き、禁じられています。
Copyright©Takeshi Ando
ISBN 978-4-9912132-6-7　Printed in Japan